W0262210

ΣΤΟΙΧΕΙΑ
STUDIEN ZUR GESCHICHTE DES ANTIKEN WELTBILDES UND DER
GRIECHISCHEN WISSENSCHAFT HERAUSGEGEBEN VON FRANZ BOLL
HEFT VI

DIE ERDBESCHREIBUNG DES EUDOXOS VON KNIDOS

VON

FRIEDRICH GISINGER

SPRINGER FACHMEDIEN WIESBADEN GMBH 1921

ISBN 978-3-663-15541-6   ISBN 978-3-663-16113-4 (ebook)
DOI 10.1007/978-3-663-16113-4

MEINEN ELTERN

IN DANKBARKEIT UND LIEBE

ZUGEEIGNET

VORWORT

Die vorliegende Arbeit verdankt ihre Entstehung einer gütigen Anregung meines hochverehrten Lehrers, des Herrn Geheimrat Professor Dr. Boll in Heidelberg. Schon vor dem Kriege abgeschlossen, konnte sie wegen verschiedener durch diesen verursachter Hindernisse erst jetzt im Druck erscheinen. Neuere Literatur ist gelegentlich noch kurz berücksichtigt. Manchen Hinweis darauf, wie auf die sonstige Literatur, erhielt ich von Herrn Geheimrat Boll, und ihm hierfür wie überhaupt für die gütige und wohlwollende Förderung meiner Arbeit an dieser Stelle aufrichtig und herzlich zu danken, ist mir daher besonderes Bedürfnis. Auch der andern Herren, deren Namen in der Arbeit gegebenen Orts erwähnt sind, sei für ihre freundlichen Mitteilungen hier nochmals dankend gedacht.

Pforzheim, im November 1920. **Friedrich Gisinger.**

INHALTSÜBERSICHT

ABKÜRZUNGEN

R.-E. — Pauly-Wissowa, Realenzyklopädie. Neue Bearbeitung.

FHG = Fragmenta Historicorum Graecorum ed. C. et Th. Mueller, Paris 1868 ff.,
I—V.

GGM = Geographi Graeci Minores, ed. C. Mueller, Paris 1855—61, I. II.

EINLEITUNG

Die Kunde, die der Nachwelt von dem Leben und Wirken des Eudoxos von Knidos geblieben ist, läßt trotz des Unterganges seines gesamten Schrifttums noch mittelbar erkennen, welch einflußreiche, ja zum Teil zentrale Stellung er in der exakten Wissenschaft seiner Zeit und weit darüber hinaus behauptete. Das gilt, wie längst erkannt, ebensosehr von der Wirksamkeit des Knidiers auf dem Gebiete der Mathematik[1]) wie auf dem der Astronomie, worin Eudoxos nicht nur als Vermittler[2]) zwischen orientalischer und griechischer Himmelskunde, sondern auch selbstfördernd[3]) in jeder Weise tätig war. Noch ein weiterer Bereich wissenschaftlicher Tätigkeit, um von seiner offenbar ebenfalls einflußreichen Wirksamkeit als Philosoph hier nicht weiter zu sprechen, verschaffte dem Astronomen von Knidos dereinst geradezu autoritatives Ansehen, seine Wirksamkeit als Geograph, die sich in der Schöpfung seines $\Gamma\tilde{\eta}\varsigma$ $\pi\varepsilon\varrho\iota o\delta o\varsigma$ betitelten[4]), aber gleichfalls nur mehr trümmerhaft erhaltenen geographischen Werkes kundgab, und die im Gegensatze zu ihrer einstigen Bedeutung bis jetzt noch kaum gewürdigt[5]) als Gegenstand dieser Abhandlung eine zusammenfassende Behandlung finden soll. Daß jenes Werk nicht weniger als die andern Schriften den Ruhm seines Autors im Altertum begründete, lehrt die Beurteilung des Eudoxos,

---

1) Vgl. Hultsch, R.-E. u. Eudoxos 8, S. 930 ff.

2) Vgl. Christ-Schmid, Gesch. d. griech. Lit.[5] II (1911) 125, 4; Boll, Heidelb. Akad. Sitz.-Ber. philol.-hist. Kl., 7. Abh. (1911) 10/1; außerdem Boll u. Cumont, N. Jahrb. f. d. klass. Altert. 21 (1908) 119 ff., bzw. 27 (1911) 5 f.

3) Darüber hat besonders Schiaparelli Klarheit geschaffen, vgl. Hultsch, R.-E. II 1838 f.

4) Vgl. fr. 7. 9. 11. 12. 16. 19. 20. 22. 24. 25. 26. 29. 30. 32. 34. 36 nach der am Schluß dieser Arbeit vervollständigt wiedergegebenen Fragmentsammlung von Brandes, worauf auch für alle folgenden Eudoxoszitate verwiesen sei, Schol. zu Apoll. Rhod. IV 264 (s. fr. 41), Agath. I 1 (= GGM II 471). Bezeugt ist die Periodos oder überhaupt die geographische Tätigkeit des Eudoxos außerdem durch fr. 1. 2. 5.

5) Gegeben bis jetzt außer der Sammlung von Brandes und ihrer Ergänzung von Jacoby, R.-E. u. Eudoxos 7 auf den bis dahin bekannten Fragmenten beruhende knappe Inhaltsangaben der Periodos von Unger, Philol. N. F. IV (1891) 228/9 und Hultsch a. a. O. § 22, wobei indes die Fragmentsammlung noch weiterer Ergänzung wie auch die Inhaltsangaben der Berichtigung bedürfen.

zu der die Kenntnis der Periodos den Eratosthenes, Polybios und Strabon[1]) führte, ferner das vorteilhafte Urteil Plutarchs über die Schrift[2]), namentlich aber auch die weitreichende Benutzung der Periodos, wovon sich bereits Spuren bei Aristoteles und Theophrast (s. unten zu fr. 38 und im Schlußabschnitt), sodann aber auch in der Folgezeit bei hervorragenden Autoren des Altertums vorfinden.

In neuerer Zeit hat vorzugsweise die Frage nach dem Autor der Periodos die gelehrte Kritik beschäftigt. Doch das Verdienst, hierin das entscheidende Wort gesprochen zu haben, gebührt schon August Boeckh, der in seiner berühmten Untersuchung 'Über die vierjährigen Sonnenkreise der Alten' (Berlin 1863, S. 16ff.) für die Periodos mit guten Gründen die Autorschaft des Eudoxos von Knidos erwiesen hat.[3]) Denn seine Beweisführung, deren Ergebnis neben andern noch Hugo Berger bezweifelte, wird durch eine genauere Untersuchung der Periodosfragmente selbst nur bestätigt und andererseits jeder Gegenbeweis entkräftet.

Doch neben der Aufgabe, aus dem Inhalte der Fragmente Boeckhs Standpunkt zu rechtfertigen, ist es, wie bereits angedeutet, im besonderen Ziel und Zweck der vorliegenden Arbeit, aus ihnen ein zusammenfassendes Urteil über die Periodos des Astronomen Eudoxos zu gewinnen und zu ermitteln, was sich über ihre Komposition, ihren Inhalt, über die Quellenbenutzung und namentlich über die Glaubwürdigkeit ihres Verfassers in seiner geographischen Darstellungsweise noch feststellen läßt.

---

1) Eratosthenes (bei Strab. p. 2 [= fr. 5]; s. auch M. Dubois, Examen de la géogr. de Strab., Paris 1891, S. 226/7) nannte den Eudoxos unter seinen bedeutsamsten Vorgängern. Über die Beurteilung des Eudoxos bei Polybios bzw. bei Strabon selbst s. Strabon p. 465 und 390/1 (= fr. 6 und 71).

2) Non posse suav. vivi sec. Epic. 10 (= fr. 2) ist die Periodos unter den lesenswerten Büchern genannt. Auch De Is. et Os. 10, fr. 88, wo Eudoxos unter den Weisesten der Hellenen angeführt ist, sowie die milde Polemik Plutarchs gegen ihn (s. fr. 63 u. 85 [= De Pyth. or. 17] in der am Schluß beigegebenen Fragmentsammlung) zeigt, wie hoch er ihn als Quelle wertete.

3) Vor bzw. nach ihm haben — jedoch ohne weiteren Beweis — die Periodos als Werk des Eudoxos von Knidos anerkannt: Ideler, Abh. Berl. Akad. 1828, S. 200ff.; Künsberg, Eudoxos von Knidos, Progr. Dinkelsbühl 1888, S. 19ff.; F. Kähler, Die Entw. der Geogr. bis auf Strabon, Jahresber. Stadtgymn. Halle a. S. 1900, S. 22; Boll, Sphaera 1903, S. 370; Jacoby u. Hultsch, R.-E. u. Eudoxos 7 bzw. 8 § 22; Gruppe, Griech. Myth. u. Religionsgesch. 1906, S. 242, 16; Baudissin, Adonis u. Esmun, Leipzig 1911, S. 305ff.; Christ-Schmid, Gesch. d. griech. Lit. II⁵ 162 u. I⁶ 643, 3; P. Friedländer, Arch. Jahrb. XXIX (1914) 118, 1; einen gegenteiligen Standpunkt vertraten: Brandes, N. Jahrb. f. Philol. XIII (1847) 208—221; 4. Jahresber. d. Ver. f. Erdk. Leipzig (1865) 23—70; Unger, Philol. N. F. IV 218 bis 228; Susemihl, Gesch. d. griech. Lit. i. d. Alex. I 697, 315; Berger, Gesch. d. wiss. Erdk. d. Griech.² (1903) 242—46; Christ, Gesch. d. griech. Lit.⁴ (1905) 592.

I. ZUSAMMENSTELLUNG DER PERIODOS-FRAGMENTE UND NACHWEIS IHRER ECHTHEIT

Als Grundlage für die Untersuchung über die Periodos ist im folgenden zunächst eine Zusammenfassung und kritische Sichtung der direkten und indirekten Eudoxoszitate gegeben, für die die Periodos als Quelle in Frage kommt.

Die Fragmente 1. 2. 5 — nach Brandes: ich habe ihre Nummern nicht verändern wollen und bei den neuen Fragmenten daher nur fortnumeriert — enthalten keine inhaltliche Bezugnahme, kommen daher als Fragmente der Periodos im engeren Sinne des Wortes nicht in Betracht; ebensowenig fr. 4, worin wohl Eudoxos von Rhodos gemeint ist, fr. 3. u. 52, die diesem Autor sogar ausdrücklich zugeschrieben werden. Auch fr. 54 ist kein Periodoszitat, sondern bloß eine Anspielung auf das Kalendarium des Eudoxos von Knidos (s. Boeckh a. a. O. S. 11ff.).

Ferner stammt auch die neuerdings von Schmid (Christs Gesch. d. griech. Lit.[6] I [1912] 643, 3) der Periodos vindizierte Eudoxosstelle bei Aeneas von Gaza[1]) wohl kaum aus diesem Werke des knidischen Astronomen, sondern ihrem Auferstehungswunder berührenden Inhalte nach wahrscheinlich aus den ϑαυμάσιαι ἱστορίαι des Eudoxos von Rhodos.

Von den drei Eudoxoszitaten bei Aelian können zwei aus sachlichen und chronologischen Gründen der Periodos nicht entlehnt sein: fr. 43 nicht, weil sein Autor die Säulen des Herakles aus Autopsie kannte, was schwerlich auf Eudoxos von Knidos, wohl aber auf den von Rhodos, den Verfasser eines Periplus (s. Boeckh a. a. O. S. 21/2. 150, Jacoby R.-E. u. Eudoxos 7, Strenger, Strab. Erdkunde v. Libyen, Sieglins Quell. u. Forsch. 28, S. 33ff.), als Autor Aelians für jenes Fragment hindeutet. Fr. 44 ist aus chronologischen Gründen als Periodoszitat undenkbar; denn die darin enthaltene Anspielung auf die östlichen oder kleinasiatischen Galater lehrt, daß der Autor des Fragmentes nicht vor dem

---

1) ed. Boissonade, Paris 1836, p. 71: ὑμεῖς γὰρ εἰ τὸν Γλαῦκον τὸν Μίνωος ἀποπνιγέντα τῷ μέλιτι Πολύειδος ὁ μάντις ἐξ Ἄργους εἰς Κρήτην ἀφικόμενος ἀναστῆσαι λέγοιτο παρὰ τοῦ δράκοντος μαθὼν τὴν πόαν, ἀβασανίστως δέχεσθε. καὶ ὅτι τὸν Ἱππόλυτον ὁ Ἀσκληπιὸς ἢ τὸν Τυνδάρεων (λέγεται γὰρ καὶ τοῦτο), καὶ ὡς τὴν Ἄλκηστιν Ἡρακλῆς καὶ τὸν Θησέα καὶ Τίμωνα Λυδὸν καὶ Τιμοσθένην τὸν Ἀθηναῖον, Εὐδόξῳ τὰ τοιαῦτα συγγράφοντι πείθεσθε. Wäre dieser Lyder Timon, den Herakles — wenn nicht ein anderer Name ausgefallen ist — auferweckt haben soll, identisch mit dem Statthalter Antiochos' des Großen bei Livius 37, 44, 80 würde zugleich für Eudoxos von Rhodos ein Terminus post quem gegeben sein, aber nichts spricht dafür.

3. Jahrh. v. Chr. geschrieben haben kann (s. auch Boeckh a. a. O. S. 21). Dagegen ist wohl fr. 42 bei Aelian über die Kultivierung des Nilbodens, wie dies auch Baudissin, Adonis S. 148, wennschon ohne Beweis, an nimmt, eine Notiz aus der Periodos. Hierfür spricht, daß der Verfasser der Periodos, wie wir sehen werden, in Ägypten war und darüber eingehend in seinem Werke gehandelt hat, sodann der Umstand, daß auch andere Angaben Aelians über Ägypten die Periodos als Quelle verraten (s. unten die Behandlung des zweiten Buches der Periodos; Wellmann, Hermes 31 [1896] 242—44, Boeckh a. a. O. S. 20), und drittens schließlich, daß in fr. 42 Herodot II 14 benutzt und ergänzt ist; denn auch sonst hat Eudoxos von Knidos in seinem Werke Herodot exzerpiert und mitunter berichtigt. Aelian hat also in fr. 42 wie in Var. hist. VII 17, wo auf die sizilische Reise des Eudoxos von Knidos angespielt ist, diesen, in fr. 43. 44 den Eudoxos von Rhodos zitiert, ohne dabei die beiden Autoren in der Benennung voneinander zu unterscheiden. Das läßt vermuten, daß für ihn Eudoxos von Knidos mit dem von Rhodos identisch war, ein Irrtum, der bei Aelian wohl darauf beruht, daß er die Zitate aus beiden aus zweiter Hand hatte (s. Wellmann a. a. O. S. 242f.; Boeckh a. a. O. S. 21; die Periodoszitate sind wohl durch Vermittlung des Favorinus, den Rudolph [s. unten im Abschnitt über Ägypten] als Hauptquelle Aelians annimmt, und der auch sonst die Periodos des Eudoxos benutzt zu haben scheint, dem Aelian zugeflossen).

Die Eudoxoszitate bei Plinius entstammen wohl alle der Periodos: fr. 27 schon ob seiner inhaltlichen Übereinstimmung mit fr. 26. In fr. 57 ist Eudoxos nach Ephoros, aber vor Timosthenes, dem Flottenbefehlshaber des zweiten Ptolemaios, genannt; auch hier kann also entgegen der Meinung von Klotz, Quaestiones Plin. geogr., Quell. u. Forsch. z. a. Gesch. u. Geogr. 11 (1906) 45 nur das geographische Werk des Eudoxos von Knidos zitiert sein, der als jüngerer Zeitgenosse des Ephoros nach diesem, aber vor Timosthenes zu nennen war, ganz abgesehen davon, daß es sich in fr. 57 um bereits seit alter Zeit bekannte Inseln handelt, von denen Eudoxos von Knidos also schon Kenntnis haben konnte. Für fr. 58 und für das Brandes noch unbekannte Fragment bei Plinius Nat. hist. XXXI 13 [1]), Zitate, deren geographischer Inhalt der Annahme ihrer Provenienz aus

---

1) Daß hier für Eudicus, einen in der Antike literarisch bedeutungslosen Namen, Eudoxus zu lesen ist, hat schon Sylburg bemerkt (vgl. Schrader, Jahrb. f. Philol. u. Pädag. 97 [1868] 218, 3). Erfreulicherweise hat neuerdings auch H. Oehler, Paradox. Flor., Tüb. Diss. 1913, S. 5, 3 in diesem Pliniuszitat ein echtes Fragment des Eudoxos v. Knidos wiedererkannt (s. fr. 90 = S. 123).

der Periodos zum mindesten nicht widerspricht, ist zu beachten, daß Plinius inhaltsverwandte Zitate gewöhnlich in der chronologischen Reihenfolge ihrer Verfasser angeführt hat. Da nun in der Nat. hist. auf fr. 58 wie auf das Eudoxoszitat XXXI 13 inhaltlich sich anlehnende Notizen aus Megasthenes bzw. Theophrast folgen, liegt der Grund dieser Einfügung der Eudoxoszitate vor die Angaben aus Megasthenes bzw. Theophrast auch hier wohl darin, daß Plinius unter seinem Autor Eudoxos den von Knidos verstanden wissen wollte, der chronologisch vor Megasthenes und Theophrast zu zitieren war. Auch für fr. 59 bei Plinius war Eudoxos von Knidos Quelle; denn es bezieht sich auf persisches Geistesleben, und daß hierüber Eudoxos in seiner Periodos schrieb, zeigt fr. 38. Daß in fr. 59 Zoroaster zu Platon in Beziehung gesetzt ist, erweist ebenfalls als Verfasser des fr. 59 den Eudoxos von Knidos, der seinem großen Zeitgenossen Platon persönlich nahestand und ihn wohl deshalb als den Weisesten der Hellenen mit dem der Perser in einen chronologischen Zusammenhang gebracht hat. Bei einem andern, späteren Eudoxos wäre eine gerade auf Platon Bezug nehmende Zeitbestimmung Zoroasters kaum verständlich, da sonst antike Chronologen bei der Fixierung der Zeit Zoroasters nicht vom Lebens- oder Todesjahr eines einzelnen, sondern von bedeutsamen geschichtlichen Ereignissen ausgingen (s. S. 22f.). Schließlich weist auf fr. 59 als Periodoszitat, daß nach ihm Zoroaster mehrere tausend Jahre vor Platon gelebt hat. Denn da derselbe Irrtum, durch den das Zeitalter des persischen Philosophen in eine so ferne Vergangenheit gerückt ist, sonst nur bei Autoren des früheren Altertums sich findet (s. S. 22, 1), ist wohl auch schon deshalb in dem Eudoxos des fr. 59 eher ein Autor der klassischen als der hellenistischen Zeit zu erblicken.[1]) Plinius hat also in seinen Eudoxos-

---

[1]) Für die noch nicht feststehende Chronologie des Eudoxos von Knidos bildet das von Unger, Philol. N. F. IV 219 durchaus mit Unrecht angezweifelte Periodosfr. 59 in doppelter Hinsicht einen terminus post quem, sowohl für die Abfassungszeit der Periodos wie für das Todesjahr des Eudoxos. Denn da dieser nach fr. 59 den Tod Platons in der Periodos erwähnte, so folgt, daß er nach 348/7 v. Chr. mit der Abfassung seines geographischen Werkes beschäftigt war und entgegen bisherigen Annahmen (s. Boeckh a. a. O. S. 140 ff., Unger a. a. O. S. 191 ff., Hultsch, R.-E. u. Eudoxos 8) erst nach Platon gestorben ist. Geboren ist er also, da er nach Apollodor (s. Jacoby, Die Chronik Apoll., Berlin 1902, Philol. Unters. XVI 314) nur 53 Jahre alt wurde, frühestens bald nach 400/399, sehr wahrscheinlich aber später, etwa um 395 v. Chr., wie Susemihl, Rh. Mus. N. F. 53 (1898) 626 ff. gezeigt hat. Für diesen (nicht aber den von Boeckh und Unger gegebenen) Ansatz der Geburt spricht auch, daß in fr. 57 Eudoxos hinter Ephoros (geb. um 408 v. Chr.) genannt, gewissermaßen also als der jüngere bezeichnet ist. Auch die weitere Annahme Susemihls a. a. O., die übrigens schon Boeckh a. a. O. S 157 (ihm folgend Usener, Vortr. u. Aufs. 1907, S. 88 u. Ritter,

zitaten bei bloßer Namensnennung von 'Eudoxus' jeweils an den von Knidos gedacht, was sich auch weiterhin positiv wie negativ bestätigt. Denn einerseits lehrt auch Nat. hist. II 130 (wo in einer meteorologischen Frage wie in den genannten Fragmenten zwar kurzweg Eudoxus zitiert ist, bei der damals anerkannten Autorität des Eudoxos von Knidos in Fragen jener Art aber, wie auch Klotz a. a. O. mit Recht hervorhob, nur der von Knidos gemeint sein kann), daß Plinius bei der bloßen Angabe 'Eudoxus' stets an den von Knidos dachte. Und umgekehrt zeigt Nat. hist. II 169, wo Plinius einen ihm offenbar sonst unbekannten Eudoxos in der unbestimmten Form 'Eudoxum quendam' erwähnt, daß er (entgegen Klotz a. a. O.) es schon in der Art der Namensnennung zum Ausdruck gelangen ließ, wo er einen andern Eudoxos als den von Knidos verstanden wissen wollte. Auch der Autorenkatalog zu Buch IV und VI, wo der Name des Eudoxos nach Damastes, aber vor Dikaiarch wohl von Plinius selbst eingefügt ist (s. E. A. Wagner, Die Erdbeschr. d. Timosth. v. Rhod., Leipzig 1888, S. 29), spricht deutlich genug dafür, daß der von Plinius jeweils kurzweg Eudoxus genannte Autor Eudoxos von Knidos ist, der entsprechend seiner Lebenszeit zwischen Damastes und Dikaiarch vor diesem, aber hinter jenem zu nennen war (in den zwei Büchern IV und VI selbst wird Damastes nicht genannt, so daß nicht etwa der Platz im Autorenverzeichnis ihm durch den Text zugewiesen war). Da Plinius die Periodos des Eudoxos kaum direkt gekannt hat, haben ihm wohl seine Quellen Anhaltspunkte geboten, die direkten Zitate aus Eudoxos von Knidos, namentlich fr. 58 und Nat. hist. XXXI 13 (s. oben S. 4/5), als solche zu erkennen.[1]) Über indirekte Periodosfragmente bei Plinius s. zu fr. 46. 55 f. 57. 74. 77.

Auch für die übrigen, auf den bloßen Namen Eudoxos lautenden

Platon I [1910] 140) vortrug, die italische Reise des Eudoxos v. Knidos habe ausgangs der 60er Jahre des 4. Jahrh. v. Chr. stattgefunden, wird durch ein Periodoszitat bestätigt (s. zu fr. 83), da nach demselben die sizilische Reise des Eudoxos frühestens in das Jahr 362 v. Chr. fallen kann; wahrscheinlich aber fand sie zusammen mit der dritten Platons erst um 361 v. Chr. statt (s Boeckh, Usener, Ritter a. a. O.), wofern Eudoxos, wie Boeckh aus Aelian. Var. hist. VII 17 schließt. nicht gar erst nach Platons Ankunft den Boden Siziliens betrat. Dagegen war der Eudoxosschüler Helikon — so wird die Angabe im ps.-plat. Brief XIII 360 C, nach der Platon den Helikon Dionys dem J. für seine Studien empfahl, zu deuten sein — wohl schon vor Platon und auf dessen Empfehlung hin bei Dionys angelangt, so daß zunächst Helikon (über ihn und seinen Aufenthalt in Syrakus s. Boll, R.-E. u. Helikon 3), dann Platon und vielleicht noch später Eudoxos bei Dionys eintrafen.

1) Inwiefern fr. 57, dessen Autorenreihe Ephorus, Eudoxus, Timosthenes Plinius wohl schon in seiner Quelle vorfand (s. Wagner a. a. O. S. 56), und fr. 59 für ihn als Zitate aus Eudoxos v. Knidos erkennbar waren, s. S. 4 f.

Fragmente bei Brandes läßt sich mehr oder minder klar die Periodos als Quelle erweisen. So für fr. 53, eine Notiz in dem ps.-aristot. Traktat Mir. ausc.; dessen Verfasser zeigt sich an zwei anderen Stellen seiner Schrift (vgl. z. B. unten zu fr. 51) von zwei entsprechenden Periodoszitaten auffallend abhängig. Er hat daher auch in fr. 53, wofür im Gegensatz zu jenen Stellen Eudoxos als Quelle ausdrücklich genannt ist, schwerlich einen andern Eudoxos als den von Knidos zitiert, aus dessen Periodos also außer jenen zwei Stellen auch fr. 53[1]) geflossen ist.

Ebenso entstammen, wie schon Nebert, Stud. z. Antig. v. Karyst., N. Jahrb. f. Philol. u. Pädag. 153 (1896) 777 für fr. 50 freilich ohne Begründung betonte, die Eudoxoszitate bei Antig. Hist. mir. (fr. 45. 46. 47. 48. 49. 50. 51) der Periodos. Denn der von Antigonos exzerpierte Autor Eudoxos lebte, wie Antigonos selbst andeutet[2]), vor Kallimachos und kann daher nur der von Knidos sein, dem also jene geographischen Fragmente und somit auch nach Antigonos die Periodos selbst gehört.

Sofern die Eudoxoszitate bei Antigonos nur durch Kallimachos auf uns gelangt sind, lassen sie sich schon ohnedies auf Eudoxos von Knidos zurückführen, weil Kallimachos (s. Diog. Laert. VIII 86) nachweislich über Eudoxos von Knidos geschrieben hat; ebenso ist die in fr. 51[3]) noch vorliegende Eudoxosstelle um so leichter als ein Periodoszitat erkenntlich, als sie bereits von Aristoteles benutzt ist (s. Partsch, Abh. d. Sächs. Ges. d. Wiss. phil.-hist. Kl. XXVII [1909] 573), der auch sonst die Periodos exzerpierte. Außer diesen Fragmenten hat Antigonos noch zwei weitere Periodoszitate erhalten, die von ihm im Gegensatze zu den übrigen autorlos wiedergegeben und daher von Brandes noch nicht als Fragmente gezählt sind: Hist. mir. 148 und 163. § 148 ist

---

1) Die von Susemihl, Gesch. d. griech. Lit. i. d. Alex. I 697 Anm. 315, v. Wilamowitz und Geffcken, Timaeus' Geogr. d. West., Philol. Unters. XIII (1892) 85, 2 gegen die Echtheit dieses Fragmentes geäußerten Bedenken sind nicht stichhaltig, zumal es sich in ihm nicht um eine Fabelei, sondern lediglich um eine Erscheinung des Hekatekultes handelt, wie unten gezeigt werden soll. Die mit fr. 53 gleichlautende, aber dem Agatharchides zugeschriebene Notiz bei Ps.-Plutarch. de fluv. et mont. nom. X 5 (vgl. H. Frieten, De Agath. Cnid., Bonn 1848, S. 20, H. Leopoldi, De Agath. Cnid., Rostock 1892, S. 51, F. de Mély, Rev. des étud. grecq. 5 (1892) 327 ff) ist entgegen bisheriger Annahme wohl als ein echtes Zitat aus Agatharchides von Knidos aufzufassen, der es wie auch anderes vgl. S. 38) seinerseits wiederum der Periodos seines nicht minder berühmten Landsmannes Eudoxos von Knidos entlehnt hat.

2) In fr. 50 wird Eudoxos von Antigonos vor Kallimachos genannt, in fr. 46 ebenso (s. Schneider, Callimachea II [1873] 332. 345 auch zu fr. 47. 48. 49. 50. 51) von ihm sogar nur durch Vermittlung des Kallimachos zitiert.

3) Inwiefern dieses und fr. 48 sich auch sonst als Eigentum des Eudoxos v. Knidos erweisen, s. unten bei der Einzelbesprechung der Fragmente (S. 68/9).

dem Zusammenhange nach bei Antigonos von den Einleitungsworten des § 147 *Εὔδοξον δ' ἱστορεῖν* abhängig und daher gleich diesem mit Keller, Rer. nat. scriptt. I (1877) praef. 44 als ein Eudoxoszitat aufzufassen, fr. 91.   Dasselbe gilt für Hist. mir. 162. 163, von denen § 163 durch seine Eingangsworte *καὶ περὶ τοῦ* ... so eng mit § 162 *λέγειν δὲ τὸν Εὔδοξον περὶ τῶν* ... zusammenhängt, daß er ebenfalls für ein Periodoszitat zu halten ist, fr. 93. Von einer dritten wohl auch auf Eudoxos zurückgehenden Notiz bei Antigonos wird später im Zusammenhang mit dem 'Eudicus'- Fragment (vgl. S. 4, 1. 123) gehandelt werden (s. auch S. 115).

Die Eudoxoszitate bei Strabon waren wiederholt Gegenstand gelehrter Kontroversen, indem von Niese, Rh. Mus. 32, 303, Unger a. a. O. SS. 225—27 und Berger, Gesch. d. wiss. Erdk. d. Gr.², S. 246 teils die Autorschaft des knidischen Astronomen in Frage gestellt, teils die direkte Benutzung der Periodos durch Strabon verneint wurde. Was nun die Autorfrage angeht, so kann auf Grund einer Reihe von Stellen, wo Eudoxos ohne Gentilizium genannt ist, aber nur der von Knidos gemeint sein kann[1]), auch in den übrigen nur Eudoxos von Knidos von Strabon zitiert sein, da hier ebenfalls, wie auch E. Stemplinger, Strabons literarhist. Notiz., München 1894, S. 46, 1 betont, Eudoxos stets ohne Heimatsangabe genannt ist. Diese Folgerung bestätigen einige der Eudoxosfragmente bei Strabon durchaus: so die Fragmente 70. 71 (*οὕτω δ' εἰρηκότος Εὐδόξου, μαθηματικοῦ ἀνδρός* ...), insbesondere aber auch fr. 72. Denn seinem Wortlaut zufolge *Ζηνόδοτος* ... *οὐκ ἔοικεν ἐντυχεῖν* ... *τοῖς* (sci. *λεχθεῖσιν*) *ὑπ' Εὐδόξου* dachte sich Strabon seinen Autor Eudoxos zeitlich v o r Zenodot, was ebenfalls zeigt, daß er bei einfacher Namensangabe in den Fragmenten den (vor Zenodot lebenden) Eudoxos von Knidos zitiert hat. Für diesen Nachweis bietet das bisher noch unbeachtete Eudoxoszitat Strab. VII 52 verglichen mit der inhaltsgleichen Notiz in den Scholien zu Apoll. Rhod. I 922 (fr. 87. 24) eine nicht unwesentliche Ergänzung. Denn da Strabon wie der Scholiast a. a. O. für dieselbe Notiz (über den Melas Kolpos) auch denselben Autor, den Eudoxos, verzeichnen, und da der Scholiast überdies ausdrücklich das Werk des Eudoxos, die Periodos, als Quelle anführt, ist zweifelsfrei erwiesen, daß auch Strabon VII 52 und daher auch sonst in den

---

1) Vgl. Strab. p. 119. 656. 806: daß es sich hier um Eudoxos v. Knidos, den Astronomen und Freund Platons, handelt, lehrt der Augenschein; s. auch Boeckh a. a. O. S. 18. Strab. p. 465 ist Eudoxos (und zwar mit einem gewissen Grund) v o r Ephoros genannt, was immerhin zeigt, daß Strabon auch hier an Eudoxos von Knidos, den Zeitgenossen des Ephoros, gedacht hat. Zudem lehrt Strab. p. 98 *Εὔδοξόν τινα Κυζικηνόν*, daß er gleich Plinius (s. S. 6) andere Eudoxos benannte Autoren von dem von Knidos auch im Ausdruck streng geschieden hat

Fragmenten, wo er ja ebenfalls kurzweg Eudoxos zitiert, die Periodos des Eudoxos von Knidos exzerpiert hat. Ihr entnahm er auch noch einige weitere Stellen, die von ihm zwar autorlos wiedergegeben, aber inhaltlich mit direkten Eudoxoszitaten identisch sind (darüber später). Hinsichtlich der Frage einer direkten oder indirekten Benutzung der Periodos durch Strabon sprechen die Fragmente fast unzweideutig zugunsten der ersten Annahme. So mögen in fr. 72, das nach der wohl irrigen Ansicht Nieses a. a. O. von Strabon ganz aus Apollodor entlehnt ist, die Worte Zenodots aus Apollodor stammen[1]), indes die weitere Bemerkung Strabons τοῖς (sci. λεχϑεῖσιν) ὑπ' Εὐδόξου πολὺ χείρω λέγοντος περὶ τῆς Ἄσκρης verrät deutlich, daß die Periodos mit ihrem ungünstigen Urteil über Askra Strabon unmittelbar vorlag. Dasselbe besagt wohl die Bestimmtheit des strabonischen Wortlauts in fr. 71 im Anfange und Schluß (φησὶ δ' Εὔδοξος ... οὕτω δ' εἰρηκότος Εὐδόξου ...), ferner in gewissem Sinne fr. 75, wo Eudoxos allein mit Namen genannt ist (die ἄλλοι bzw. ἄλλων, auf die Strabon sich in fr. 75 noch beruft, waren vermutlich die Gewährsmänner des Eudoxos), und der Wortlaut des fr. 77 (Εὔδοξος ... οὐ διορίζει τὸν τόπον ... λέγων οὐδὲν σαφές), nach dem zu schließen Strabon den mehr oder minder ausführlichen Text des Eudoxos wohl ebenfalls direkt vor sich hatte. Schließlich weist hierauf auch die Autorenangabe in dem Eudoxoszitat Strab. VII 52; denn gleich der hier angeführten Notiz aus Herodot, die von Strabon wohl dem herodoteischen Geschichtswerk direkt entlehnt ist, hat auch der in engstem Zusammenhang an jener Stelle gegebene Hinweis Strabons auf eine analoge Notiz bei Eudoxos (καϑάπερ Ἡρόδοτος καὶ Εὔδοξος) wohl in Strabons unmittelbarer Kenntnis der Periodos seinen Grund.[2])

In dem Eudoxoszitat bei Jamblich De vit. Pyth. 2 ist Eudoxos als Autor vor Xenokrates genannt, also wohl auch zeitlich früher als dieser gedacht, was für Eudoxos von Knidos als Verfasser jenes Fragmentes spricht; die Reihenfolge der Autoren für die Jamblichstelle, Eudoxos, Xenokrates, deutet sogar auf eine Benutzung der Eudoxosstelle durch Xenokrates, und in diesem Falle wäre es ohnedies über jeden Zweifel erhaben, daß der von dem Platoniker Xenokrates exzerpierte Eudoxos der gleichfalls platonischen Kreisen nahestehende Eudoxos von Knidos

---

1) Besonders spricht das unbestimmte ἔοικεν in fr. 72 für die bloß indirekte Benutzung Zenodots durch Strabon.

2) Es ist natürlich auch sehr wohl möglich, daß Strabon trotz der direkten Benützung auf die eine oder andere Eudoxosstelle durch Benutzung anderer Geographen, die ihrerseits wieder aus Eudoxos geschöpft hatten, besonders aufmerksam wurde.

ist. Übrigens zeigt auch fr. 36, daß in dem Eudoxoszitat b. Jamblich[1]), fr. 86, Eudoxos von Knidos gemeint ist; denn es bestätigt, daß dieser in seiner Periodos über den Gegenstand jener Jamblichstelle, Pythagoras, literarhistorische Angaben gemacht hat.

Bei Agathemeros I 1, fr. 1 (= GGM II 471), ἐξῆς Δημόκριτος καὶ Εὔδοξος καὶ ἄλλοι τινὲς γῆς περιόδους καὶ περίπλους ἐπραγματεύσαντο ist auf die Periodos angespielt, und daher geht das kurz darauf von Agath. I 2 wiedergegebene fr. 80 wohl in letzter Linie gleichfalls auf sie zurück (s. auch Boeckh S. 19/20, Müllenhoff, D. Altertumskunde I [Berlin 1870] 240).

Daß fr. 56 in der Sprichwörtersammlung des Bodleianus (und damit auch das inhaltsgleiche fr. 55 bei Hesych) auf Eudoxos von Knidos bzw. dessen Periodos zurückgeht, ergibt sich aus dem Vergleich einer weiteren Notiz im Bodleianus über die Wiedererweckung des Herakles durch eine Wachtel mit fr. 7 bei Athenaios (s. S. 31 f.). Ihr ist auch das ebenfalls mit fr. 7 identische fr. 8 bei Zenobius (wie fr. 55. 56 wohl indirekt) entlehnt. Auch chronologisch steht einer Zurückführung der fr. 55. 56 sowie der hiermit übereinstimmenden Angaben bei Diogenian III 49. V 80 auf Eudoxos von Knidos nichts im Wege, da sich eine Anspielung auf die in ihnen erwähnte angebliche Eigenart kyprischer Rinder bereits bei Antiphanes, dem Komödiendichter und etwas älteren Zeitgenossen des Eudoxos von Knidos, vorfindet.

Die Fragmente 65 und 81 in den Homerscholien sind schon auf Grund eines astronomischen Scholions aus Eudoxos zu Σ 468 als Eigentum des Eudoxos von Knidos zu betrachten. Denn wie der Scholiast hier unter Eudoxos nur den Astronomen von Knidos gemeint haben kann, so auch in den Fragmenten 65. 81, wo wie in jener astronomischen Notiz Eudoxos gleichfalls ohne Heimatangabe genannt ist. fr. 64 gehört

---

1) Die Zweifel E. Rohdes, Kl. Schr. II (1901) 128 an der Echtheit dieses Periodoszitates sind daher gänzlich unbegründet, um so mehr, als die von Eudoxos (bei Jambl.) behauptete Verbindung des Pythagoras mit Apollo, die Rohde irrig für eine Fiktion des Apollonios von Tyana hielt (Kl. Schr. II 165), auch durch das aristotelische Zeugnis bei Aelian. Var. hist. II 26 als eine Tradition des früheren Altertums erwiesen (s. auch W. Bertermann, De Jamblichi vit. Pyth. font., Diss. Königsberg 1913, S. 39), wenn nicht gar, wie so manches andere bei Aristoteles (s. S. 15 f. 21. 35) durch Eudoxos veranlaßt ist. Daß das Eudoxoszitat bei Jambl. echt ist, zeigt sich zudem auch schon darin, daß es sich enge mit Porphyr. de vit Pyth. 2 berührt, wofür wie für Porphyr. de vit. Pyth. 6/7 ohne Frage ebenfalls die Periodos benutzt ist. Eudoxos hat daher wohl wie auch nach ihm Xenokrates (s. Zeller, Philos. d. Griech. I⁴ 284, 3) die Abstammung des Pythagoras von Apollo nicht als Tatsache, sondern als Tradition berichtet. Ähnlich mag auch Speusipp seinen Oheim Platon als Sohn Apollos bezeichnet haben.

dem Eudoxos von Knidos ob seiner Konkordanz mit dem soeben der Periodos zugewiesenen fr. 65 sowie deshalb, weil sein Inhalt bereits von Aristoteles benutzt ist, der auch sonst aus der Periodos geschöpft hat: s. S. 7; Diels, Doxogr. 1879, S. 228/9.

Das in den Proklosscholien zu Hesiod überlieferte fr. 73 über das extreme, im Sommer ungewöhnlich heiße, im Winter kalte Klima Askras erweist sich als ein Periodoszitat durch einen Vergleich mit dem als echt erkannten Eudoxosfragment 72 (s. o. S. 8).

Fragment 79 schließlich in den von Bekker herausgegebenen Anecdota Gr. ist auf Eudoxos von Knidos bzw. seine Periodos zurückzuführen, weil der in ihm genannte Eudoxos zusammen mit Autoren des früheren Altertums angeführt und daher ohne Frage mit dem der klassischen Zeit angehörigen Eudoxos von Knidos identisch ist. Hierfür scheint auch die in fr. 79 vorkommende, vorwiegend in der klassischen Zeit angewandte, neutrale Namensform *Αἶμον* zu sprechen.

Im folgenden sei noch kurz auf jene Periodoszitate verwiesen, die keines weiteren Nachweises bedürfen, weil sie ausdrücklich als Exzerpte aus Eudoxos von Knidos bzw. der Periodos bezeichnet sind. Das gilt zunächst von fr. 35 bei Apoll. Hist. mir., ferner von allen durch Plutarch auf uns gelangten Periodosstellen. Denn gleich fr. 17 hat Plutarch zweifelsohne auch alle übrigen Eudoxoszitate der Periodos entnommen, fr. 60. 61. 62. 63. Hierher gehören überdies die von Jacoby, R.-E. u. Eud. 7 namhaft gemachten Fragmente, Plut. de Pyth. or. 17 und De Is. et Os. 30, fr. 85 u. 84, das entgegen der Behauptung Schaarschmidts, Die angebl. Schriftstellerei des Philolaos, Bonn 1864, S. 44 nicht allein wegen seines altpythagoreische Lehren betreffenden Inhaltes (vgl. Newbold, Arch. f. Gesch. d. Philos. 19 [1906] 204, Boll, N. Jahrb. f. d. kl. Alt. 21 [1908] 119ff), sondern auch schon deshalb Eudoxos von Knidos zuzuweisen ist, weil es wie das ausdrücklich als Periodoszitat bezeichnete fr. 17 in De Is. et Os. sich erhalten hat und daher wie dieses ebenfalls der Periodos entstammt.

Auch De Is. 10 fr. 88 (μαρτυροῦσι . . .), wo Eudoxos neben andern als Gewährsmann für ägyptische Bräuche genannt ist, gehört zu den Periodoszitaten bei Plutarch, dazu noch verschiedene andere Notizen in De Is., für die die Periodos von Plutarch als Quelle zwar nicht genannt, aber sehr wahrscheinlich benutzt ist (darüber im Abschnitt über Buch II = S. 42 ff.).

Außer diesen Stellen bei Plutarch entstammen der Periodos, wie ohne weiteres an ihnen erkenntlich, die Fragmente bei Harpokration, Sextus Empiricus, Diogenes Laert., Athenaeus, Clemens Alex., Porphyrius und Stephanus Byz.; bei diesem hat sich außer den bereits bekannten Fragmenten noch ein weiteres, v. Brandes unbeachtetes Periodoszitat s. v. *Φλέγρα* erhalten, fr. 89.

Auf die noch vielfach umstrittene Frage, wieweit Stephanus Byz. von Herodian abhängig ist (s. Schultz, R.-E. u. Herodian 4) und mit welchem Recht A. Lentz (Herodiani technici reliquiae I. II, Lipsiae 1867—70, Index u. Eudoxos) die Eudoxoszitate bei Stephanus auf Herodian zurückgeführt hat, sei hier nicht eingegangen, da sie für den Zweck dieser Abhandlung nebensächlich ist.[1]

Der Vollständigkeit der Zusammenstellung halber sei hier noch der Rest der Fragmente angeführt, die alle wie die eben genannten unmittelbar als Periodoszitate kenntlich sind: fr. 83. fr. 41, das aus dem von Brandes zu fr. 41 angemerkten Eudoxosfragment in dem Scholion zu Apoll. Rhod. IV 264 geflossen ist, und fr. 24.

II. DIE PERIODOS NACH FORM UND INHALT AUF GRUND DER FRAGMENTE

A. DIE ÄUSSERE FORM

1. BÜCHERZAHL

Nach Ukert, Geogr. d. Griech. u. Röm., Weimar 1816, I 1 S. 90 umfaßte die Periodos acht Bücher. Dieselbe Auffassung teilten Unger, Philol. N. F. IV 228/9, der sogar ein neuntes Buch vermutete, und Hultsch, R.-E. u. Eudox. 8, 22, beide auf Grund der Lesart des fr. 37 bei Brandes, wonach Harpokration ein achtes Buch zitiert hat. Daß es sich indes hierbei um die falsche Schreibung einer späteren Zeit handelt, zeigt ein Blick auf den kritischen Apparat zu fr. 37 in den Harpokrationausgaben von Bekker und Dindorf, die den Hss. folgend[2] in ihrem Text selbst beide *ὡς Εὔδοξος ζ΄ περιόδου* bieten. In fr. 37 ist also keinesfalls von einem achten, sondern vom siebenten Buche der

---

1) Für einen Teil der Eudoxoszitate hat jedenfalls mit guten Gründen E. Stemplinger, Stud. zu den Ethnika des Steph Byz., Progr. München 1902, S. 29/30 unter Ausschaltung Herodians den Favorinus als Quelle glaubhaft gemacht, während B. Niese, De Steph. Byz. auctoribus, Kiliae 1873, S. 15/16 für die unwahrscheinlichere Annahme der direkten Benutzung des Eudoxos durch Stephanus von Byz. eintritt.

2) Die älteste Harpokrationhs., d. Heidelbergensis 375 (s. Bekker, Harpocr. praef. p. 3, in der Ausg. von Dindorf praef. p. XV), hat hier, auf fol. 30ᵛ, eine Lücke.

Periodos die Rede, und nichts deutet in der antiken Literatur auf mehr
Bücher hin. Doch auch der Inhalt der einzelnen Bücher spricht, soweit
er durch die Fragmente noch feststeht, dafür, daß die Periodos nicht
mehr als sieben Bücher enthielt. Denn bei der durch die Überlieferung
gut begründeten Aufstellung, daß Eudoxos in den drei ersten Büchern
seiner Erdbeschreibung über Asien, in den folgenden über Europa, im
sechsten überdies über Libyen und im siebenten schließlich über die
Inseln der Ökumene geschrieben hat, bliebe die Frage offen, welchem
Zwecke ein achtes Buch gedient haben sollte. Noch ein anderes Moment spricht für bloß sieben Bücher der Periodos. Bei dieser Voraussetzung nämlich umfaßte die Beschreibung Europas und Asiens bei weitem den größten Raum im Gesamtwerke, während der Behandlung Libyens nicht einmal ein Buch zukam. Mit diesem Prinzip der Stoffver-
teilung aber befindet sich die Periodos in gleicher Linie mit nahezu
allen übrigen uns noch bekannten geographischen Darstellungen des
Altertums. So ist bereits in dem Periplus des Ps.-Skylax, einem Werke,
dessen Abfassungszeit dem Zeitalter des Eudoxos von Knidos noch sehr
nahesteht, der Beschreibung Europas und Asiens mit 105 Paragraphen
der größte Teil des Gesamtwerkes zugemessen, demgegenüber auf die
Schilderung Libyens nur sechs Paragraphen fallen. Ganz ähnlich verfuhr (nach Susemihl, Gesch. d. gr. Lit. i. d. Alex. I 694) Artemidor, der
der Periegese Europas und Asiens neun und der Libyens nur ein Buch,
das letzte, zukommen ließ; auch Strabon verwandte mit 13 Büchern (Buch
IV—XVI) den größten Teil seines Werkes auf die Geographie Europas
und Asiens und nur ein Buch (XVII) auf Libyen. Vgl. hierzu auch noch
die Periegese des Dionys, wo in 94 von 1187 Versen (175—269) über
Libyen gleichfalls am wenigsten ausführlich gehandelt ist.

Die Siebenzahl ist bei dem Schüler der Pythagoreer, der sehr tief
in ihre mystischen Spekulationen sich einließ (s. oben S. 11) wahrscheinlich kein bloßer Zufall, so wenig wie etwa bei den 2×7 Büchern des
pythagoreisierenden Numa, von denen Valerius Antias erzählt.[1]

2. DIE ERDKARTE DES EUDOXOS

Es darf für sicher gelten, daß Eudoxos, der nicht allein Schöpfer
eines Himmelsglobus war (vgl. E. Maaß, Comment. in Arat. rell., Berol.
1898, S. 318), sondern auch, dem gesteigerten Bedürfnis seiner Zeit nach
Kenntnis der Ökumene[2]) entsprechend, eine graphische Darstellung des

---

1) Vgl. über diesen Roscher, Hebdomadenlehren d. griech. Philos. u. Ärzte
Abh. Sächs. Ges. Bd. XXIV (1906), Anm. 65 und über weitere Werke mit sieben
Büchern Anm. 276.

2) Vgl. Boll, R.-E. u. Glob. Sp. 1429/30.

Erdbildes geliefert hat, diese Erdkarte selbst in engstem Zusammenhang mit seiner Periodos, zur Erläuterung seines Werkes, geschaffen hat.

Bezeugt ist die Erdkarte des Eudoxos von Knidos durch:

1. die Scholien zu Dionys. perieg. (= GGM II 428): τίνες πρότερον ἐν πίνακι τὴν οἰκουμένην ἔγραψαν; πρῶτος Ἀναξίμανδρος· δεύτερος Μιλήσιος Ἑκαταῖος· τρίτος Δημόκριτος Θαλοῦ μαθητής· τέταρτος Εὔδοξος. οὗτοι οἱ μὲν στρογγυλοειδῆ ἔγραψαν, Δημόκριτος προμήκη, Κράτης ἡμικύκλιον, [Ἵππαρχος] τραπεζοειδῆ, ἄλλοι δὲ οὐροειδῆ.

2. Davon abhängig Eustath. zu Dionys. perieg. (= GGM II 208): Ἡ γὰρ οὕτω μικροῦ πεποιήκασιν, ὅσοι τὴν τῆς οἰκουμένης πινακογραφίαν μεμελετήκασιν ὀνυχιαίῳ που τάχα τινὶ διαστήματι τὴν ἀπείρονα περικλείσαντες, καὶ τὸ τοῦ κατὰ γῆν πληρώματος ἀπερίληπτον ἐπιπέδῳ βραχυτάτῳ καὶ μικροδιαστάτῳ ἐμπεριγράψαντες. οὗ δὴ τολμήματος κατάρξαι μὲν ἱστόρηται Ἀναξίμανδρος μαθητευσάμενος Θάλητι, Ἑκαταῖος δὲ μετ᾽ αὐτὸν τῇ αὐτῇ τόλμῃ ἐπιβαλεῖν, μετὰ δὲ Δημόκριτος καὶ τέταρτος Εὔδοξος.

Ein weiteres Zeugnis für die Erdkarte des Eudoxos liegt vielleicht noch bei Geminos Εἰσαγ. εἰς τὰ φαιν. XVI 3 f. vor: διπλάσιον δέ ἐστιν ὡς ἔγγιστα τὸ μῆκος τῆς οἰκουμένης τοῦ πλάτους. δι᾽ ἣν αἰτίαν οἱ κατὰ λόγον γράφοντες τὰς γεωγραφίας ἐν πίναξι γράφουσι παραμήκεσιν, ὡς διπλάσιον εἶναι τὸ μῆκος τοῦ πλάτους. οἱ δὲ στρογγύλας γράφοντες τὰς γεωγραφίας πολὺ τῆς ἀληθείας εἰσὶ πεπλανημένοι. ἴσον γὰρ γίνεται τὸ μῆκος τῷ πλάτει, ὅπερ οὐκ ἔστιν ἐν τῇ φύσει ... ἔκτμημά τι γὰρ ἐστι σφαίρας τὸ οἰκούμενον μέρος τῆς γῆς διπλάσιον ἔχον τὸ μῆκος τοῦ πλάτους, ὅπερ οὐ δύναται ἀποτερματίζεσθαι κύκλῳ. Denn für den eudoxischen Charakter dieser Stelle spricht nicht wenig, daß in ihr (διπλάσιον ... τὸ μῆκος τῆς οἰκουμένης τοῦ πλάτους) die Größe der Ökumene in den von Eudoxos in fr. 80 gegebenen Maßen wiedergegeben ist[1]), nicht zu reden davon, daß bei Gem. XVI 3 die drei Teile der Ökumene in der von Eudoxos in der Periodos eingehaltenen Reihenfolge Asien, Europa, Libyen (s. S. 17 f.) verzeichnet sind.

Die Überlieferung gestattet für einen Fall sogar noch einen Einblick in die Beschaffenheit der eudoxischen Erdkarte. Denn unleugbar enthält fr. 71 (Strabo IX p. 390) noch das Bild von der graphischen Darstellung Griechenlands auf der eudoxischen Karte der Ökumene und zeigt, daß der knidische Geograph bei der Anlage seiner Karte gewisse geographische Linien sich gezogen dachte.

---

1) Somit kann Eudoxos nicht, wie es nach dem Schol. zu Dionys. perieg. scheinen könnte, die Ökumene kreisrund gezeichnet haben (οἱ μέν). Die Scholionstelle scheint überhaupt nicht gut in Ordnung auf uns gekommen zu sein.

B. KOMPOSITION UND INHALT DER PERIODOS

1. BUCH I

a) DIE ALLGEMEINE ERDGEOGRAPHIE DES EUDOXOS

Eine sichere Kunde darüber, ob Eudoxos von Knidos zu Beginn seines Werkes, im ersten Buche, eine allgemeine Beschreibung der Erde und Ökumene gegeben hat, liegt nicht vor; aber diese selbstverständliche Annahme kann sich zu Recht schon darauf stützen, daß nicht nur moderne, sondern schon antike Erdbeschreibungen meist mit einer Exposition über Gestalt und Größe der Erde und Ökumene im allgemeinen begonnen haben: man vergleiche z. B. nur die Geographie des Eratosthenes bei Berger, Die geogr. Fragm. d. Eratosth., 1880, S. 52 f., und Strabon Buch I u. II. Der Behandlung der Fragmente aus Buch I der Periodos sei darum als zur Einleitung dieses Buches gehörig vorausgeschickt, was über die allgemeine Erdgeographie des Eudoxos von Knidos noch bekannt ist.

Die Lehre der Pythagoreer[1]) von der Kugelgestalt der Erde war auch für ihn eine unabweisbare Doktrin, und es ist vielleicht nicht zu gewagt, die Beweise für jene Lehre bei Aristoteles meteor. 365 a 14 ff. (de caelo 296 a 24 ff.) wie andere aristotelische Notizen mit F. Kähler, Strabons Bedeut. f. d. mod. Geogr., Progr. Halle a. S. 1900, S. 23 auf den knidischen Geographen zurückzuleiten. In seiner Auffassung von der Stellung der Erdkugel im Weltall jedoch dem Gedankenkreise des Parmenides[2]) folgend, dachte sich Eudoxos die Erde in der Mitte des Weltalls schwebend, wie die sogenannte *Εὐδόξου τέχνη* augenscheinlich zeigt:

$$\text{'Η } \delta \grave{\varepsilon} \ \gamma \tilde{\eta} \ \sigma\varphi\alpha\iota\rho\rho\varepsilon\iota\delta\grave{\eta}\varsigma \ o\mathring{v}\sigma\alpha \ \dot{\varepsilon}\nu \ \mu\acute{\varepsilon}\sigma\omega \ \tau\tilde{\omega} \ \varkappa\acute{o}\sigma\mu\omega \ \varkappa\varepsilon\tilde{\iota}\tau\alpha\iota \ \sigma\varphi\alpha\iota\rho\rho\varepsilon\iota\delta\varepsilon\tilde{\iota}$$
$$\mathring{o}\nu\tau\iota = \text{ars Eudoxi ed. F. Blaß, Kiel 1887, S. 17 col. VI.}[3])$$

---

1) Berger, Gesch. d. wiss. Erdk. d. Gr[2] S. 171 ff.; ders., Die Lehre von d. Kugelgestalt d. Erde im Altert., Geogr. Zeitschr. 12 (1906) 27—37.

2) Diels, Doxogr. 1879, S 166; über diese Lehre bei Platon, in dessen Kreis Eudoxos verkehrte und möglicherweise mit der Theorie des Parmenides bekannt wurde, s. Friedländer, Die Anfänge der Erdkugelgeographie, Jahrb. d. Arch. Inst. XXIX (1914) 98.

3) Auch die Erwähnung der *ἄντοιχοι* in fr. 64 setzt die Erkenntnis der Kugelgestalt der Erde bei Eudoxos voraus; denselben Gedanken finde ich nachträglich bei der durch den Krieg verzögerten Revision meiner Arbeit bei P Friedländer, a. a. O. S 118, der ebenfalls in Eudoxos eine der geographischen Quellen des Aristoteles erkennt. Vgl. hierzu auch Hultsch, R.-E. u. Eudoxos 8, 15; Günther, Hdbch. d. math Geogr. 1890, SS. 40. 617 ff.; H. Künsberg. Eudoxos v. Knidos, Progr. Dinkelsbühl 1888, S. 24; Schäfer, Entw. d. Ansicht d. Alten über Gestalt u. Größe d. Erde, Progr. Insterburg 1868, S. 17 f.

Selbsttätig suchte er die Kenntnis der Erde durch genaue Bestimmung und Berechnung ihres Inhaltes[1]) wie ihres Umfanges zu fördern, den er, wie eine wohl auf ihn zu beziehende Nachricht bei Aristoteles de caelo II 298 a 15 f. (s. außer Kähler a. a. O. S. 32 Hultsch R. E. u. Eudoxos 8, 22, Berger a. a. O. S. 265 ff., Künsberg S. 25) besagt, auf 400000 Stadien festsetzte. Unter den Erdmeridianen dürfte ihm besonders der Teilmeridian von Ägypten, der auch sonst in der antiken Geographie als einer der wichtigsten galt, bekannt gewesen sein (vgl. Berger S. 266, Hultsch a. a. O.). Ebenso ist kaum zu bestreiten, daß er die Zonenlehre der Pythagoreer und des Parmenides[2]) vertreten hat, um so weniger, als eine Eudoxosstelle noch zeigt, daß er der Ökumene eine der gemäßigten Zone[3]) adäquate Form gegeben hat: fr. 80 = Agath. I 2 (= GG M II 471): Εὔδοξος δὲ τὸ μῆκος[4]) διπλοῦν τοῦ πλάτους (s. S. 14).

Genauer lag für ihn wohl ähnlich wie für seine Zeitgenossen Platon und Aristoteles (s. Berger S. 215 ff.; ders., Die Lehre von der Kugelgestalt d. Erde i. Altert., Geogr. Zeitschr. 12 [1906] 37) die Ökumene in der nördlichen gemäßigten Zone, der auf dem entsprechenden Erdgürtel der südlichen Halbkugel eine Antiökumene durch die Lage ungefähr entsprach. Wenigstens ist nach der Erwähnung der ἄντοικοι in fr. 64 die Kenntnis einer Antiökumene bei Eudoxos vorauszusetzen.[5]) Und zwar bildeten, nach der eudoxischen Auffassung von den auf der Antiökumene entspringenden Quellen des Nil zu schließen, wie Friedländer mit Recht betont (a. a. O. S. 118 f.), bei Eudoxos wie auch bei dem von ihm abhängigen Aristoteles Ökumene und Antiökumene eine über die heiße Zone hinweg sich erstreckende einheitliche Ländermasse, eine Vorstellung, die überdies für die auch sonst begründete Annahme der relativen Kleinheit der Erdkugel bei Eudoxos und dem hierin von

---

1) Hultsch a. a. O. 8, 15; P. Tannery, Mém. de la Soc. des Sciences de Bord. 2 sér. V (1883) 239 ff (= Tannery, Mém. scientif. I 372 ff)

2) Strab. p. 94; Berger a. a. O. S. 208; ders. in Geogr. Zeitschr. 12 (1906) 442; Hultsch R.-E. u. Astronomie § 7; Berger, Die Entsteh. d. Lehre v. d. Polarzonen, Geogr. Zeitschr. 3 (1897) 89. Vgl. aber neuestens gegen Berger K. Reinhardt, Parmenides (1916) S. 147 f., wonach die Nachrichten über Parmenides' Zonenlehre mit Vorsicht aufzunehmen sind, weil ihre Fassung auf Poseidonios zurückgeht.

3) Nach einer Vermutung Müllenhoffs, Deutsch. Altert. I (1870) 243, hätte er die Breite dieser Zone auf 30° berechnet. Wenn statt der fünf Erdzonen in einer eudoxischen Partie bei Diodor I 40, 1 ff. bloß drei genannt sind, so ist daran zu erinnern. daß es sich an jener Stelle lediglich um die für den Lauf des Nils in Betracht kommenden Zonen handelt.

4) Brandes ergänzt hinter μῆκος statt τῆς οἰκουμένης fälschlich τῆς γῆς.

5) Über die Lage der Antiökumene vgl. auch die von Eudoxos wohl beeinflußte Partie bei Gemin. Εἰσαγ. εἰς τὰ φαιν. XVI 1 ff.

ihm abhängigen Aristoteles spricht. Die Länge der Ökumene bestimmte
Eudoxos nach fr. 80 in bezug auf die Breite durch das Zahlenverhält-
nis 2/1 im Gegensatz zu dem des Aristoteles 5/3[1]); und einer der Haupt-
gründe, weshalb er sich die Ökumene nach der Länge hin weiter ausgedehnt dachte als Aristoteles, war wohl der, daß ihm vornehmlich im
Osten die Erde weit über den Indus hinaus bewohnt erschien. Hierauf
konnte ihn schon die damals mehr und mehr sich Bahn brechende Auffassung von der Geschlossenheit des Kaspischen Meeres führen[2]), insonderheit aber auch die von seinem Landsmann Ktesias übernommene
Lehre von der gewaltigen Ausdehnung Indiens nach Osten[3]) hin, wobei ihm allerdings die irrige Meinung Herodots III 98. IV 40 von der
im Osten nur bis zum Indus hin reichenden Bewohnbarkeit der Erde
als überwunden gelten mußte. Daß er gleich Aristoteles (s. Friedländer
a. a. O. S. 113 ff.) an das Vorhandensein eines Meeres zwischen dem Ost-
und Westende der Ökumene, also zwischen Indien und den Säulen des
Herakles, geglaubt hat, ist, wenn auch nicht erweisbar, so doch mehr
als wahrscheinlich, da Aristoteles wie sonst (s. oben) wohl auch hier
dem Urteil des großen Geographen gefolgt ist.

Nächst Herodot als einer der ältesten, wenn nicht als der älteste,
der uns namentlich bekannten Geographen teilte er die Ökumene in
drei Teile, Asien, Europa und Libyen (vgl. außer dem Zeugnis bei Geminos a. a. O. die Beschreibungsfolge der sieben Bücher), und knüpfte damit unmittelbar an die von Hekataios von Milet[4]) noch nicht vertretene,
wohl aber von Herodot II 16 mitgeteilte, fortgeschrittene Anschauung
der ionischen Geographie an (für Herodot vgl. Strenger a. a. O. S. 51).
Denn daß er Libyen als einen dritten Erdteil für sich behandelte und
nicht mehr zu Asien rechnete, lehrt die Beschreibung Libyens in Buch VI,
die von der Asiens in Buch I, II und III durch die eingeschobene Be-

---

1) Berger S. 325; ähnlich **war** die Ökumene nach Ephoros gestaltet: vgl.
E. Dopp, Die geogr. Stud. d. Ephoros, Progr. Rostock 1900, S. 5; P. Friedländer
a. a. O. S. 119 faßt die aristotelische Maßangabe als eine Korrektur der eudoxischen auf.

2) P. Camena d'Almeida, De Caspio mari apud veteres, Paris 1893, S. 22;
Berger S. 166.

3) Vgl. W. Sieglin, Beitr. z. alt. Gesch. u. Geogr., Festschrift f. H. Kiepert,
Berl. 1898, S. 325, 1; die Zeugnisse des Ktesias bei Strab. p. 689 ἔκ δὲ τούτων πάρε-
στιν ὁρᾶν ὅσον διαφέρουσιν αἱ τῶν ἄλλων ἀποφάσεις, Κτησίου μὲν οὐκ ἐλάττω τῆς
ἄλλης Ἀσίας τὴν Ἰνδικὴν λέγοντος und Arrian. Ind. 3, 6 Κτησίης δὲ ὁ Κνίδιος τὴν
Ἰνδῶν γῆν ἴσην τῇ ἄλλῃ Ἀσίῃ λέγει.

4) Vgl. J. Großstephan, Beitr. z. Periegese des Hekatäus v. Milet, Diss.
Straßburg 1915, S. 20 f.; F. Strenger, Strab. Erdkunde v. Libyen, Quell. u. Forsch.
28 (1913) 3. 50; F. Jacoby, R.-E. VII 2703 f. und G. Pasquali, Hermes 48 (1913)
187, 4 haben daher unrecht.

schreibung Europas völlig getrennt ist; vgl. fr. 34. 35, worin zugleich
wie in fr. 7 ($\varepsilon i\varsigma\ \Lambda\iota\beta\acute{v}\eta\nu$) Libyen als Name des dritten Erdteils bei Eudoxos bezeugt ist. Als Grenze zwischen Asien und Europa galt ihm höchst-
wahrscheinlich der Tanais (vgl. S. 27), als solche zwischen Asien und
Libyen die Westgrenze Ägyptens, die kanopische Nilmündung; darüber
später.[1])

b) DIE BESCHREIBUNG ASIENS IN BUCH I

Sämtliche als Zitate aus Buch I bezeichneten Fragmente beziehen
sich auf Asien, fr. 7. 9—15 nebst 67. Aus den Fragmenten 14. 15 über
die Massageten, 13 über die Sauromaten, 9 über Armenien, 10. 11. 12
über den Pontus und 7. 67 über Syrien sowie aus dem Umstande, daß in
Buch I auch über Syrien, in Buch II über Ägypten, in Buch III wohl über
Kleinasien und in Buch IV bereits über Europa gehandelt war, ergibt
sich mit einiger Sicherheit noch so viel, daß Asien vom Pontus und
Syrien an östlich, allgemein gesprochen also etwa östlich des den Alten
besonders vertrauten Meridians Tanais—Nil (s. zu Buch II) in Buch I
der Periodos behandelt war, während Buch II, wohl in Anlehnung an
das gegen Ende des I. Buches beschriebene Syrien, im wesentlichen
die Darstellung des von Eudoxos noch zu Asien gerechneten Ägypten,
Buch III die Kleinasiens und Buch IV den Beginn der Periegese Europas enthielt. Eudoxos hat also, da von den Fragmenten der übrigen
Bücher auch nicht eines mehr auf Asien Bezug nimmt, entgegen der
wenig klaren Auffassung Hultschs R.-E. u. Eudoxos 8, 22 die Behandlung Asiens offenbar auf die drei ersten Bücher beschränkt; und dem
ersten Buche besonders haben wir obigem zufolge außer den bereits genannten auch alle übrigen Fragmente zuzuweisen, die sich, wenngleich
sie ohne Buchzahl sind, auf die östlich vom Pontus und Syrien gelegenen Gebiete Asiens beziehen, so fr. 38. 58. 59. 75 und einiges aus
Eudoxos bei Aristoteles und Theophrast (vgl. S. 5. 21. 28 35).

Für die Feststellung der ursprünglichen Reihenfolge in der Länder-
beschreibung des ersten Buches bieten die Fragmente kaum noch einen
Anhaltspunkt. Doch hat Eudoxos, wie das für die Periegese Europas
feststeht, auch für die Asiens wohl in erster Linie den Grundsatz geographischer Reihenfolge beobachtet und ist auf Grund derselben, wie
schon angedeutet, höchstwahrscheinlich nach der Schilderung Syriens

---

1) Die auf fr. 71 sich stützende Meinung Günthers (Hdb. d. math. Geogr.,
1890, S. 247, 1; vgl. auch Künsberg a. a. O S 25 f.), Eudoxos habe wie nach
ihm Eratosthenes die Ökumene in Klimata eingeteilt, ist durch jenes Fragment
kaum begründet, wennschon er sie gelegentlich berücksichtigte (s. S. 130).

gegen Schluß des ersten Buches im zweiten zu der Ägyptens übergegangen. Begonnen hat er die Beschreibung Asiens wohl kaum, wie die Mehrzahl späterer antiker Geographen (Ps.-Skyl. 70, Ps.-Skymn. 874ff., Strab. p. 492f., Dionys. perieg. 652f.) mit den nordwestlichen Länderstrichen, beim Tanais, da er, wie schon die Periegese des eigentlichen Asiens in Buch I, die Ägyptens in Buch II, die Kleinasiens wohl in Buch III und der Beginn der Beschreibung Europas in Buch IV lehrt, im Gegensatze zu jenen Geographen augenscheinlich in der Reihenfolge Ost—West beschrieb. Vielmehr führt der Umstand, daß gerade mit Westasien die Beschreibung Asiens endigte, zu dem Schlusse, daß sie von Eudoxos im Osten begonnen ward[1]), und zwar mit Indien, das allgemein bei den Alten als östlichstes Land der Ökumene galt und nicht allein bereits in der Periodos des Hekataios von Milet (s. Jacoby R.-E. u. Hekat. 3, 13f.), sondern auch später in den Erdbeschreibungen des Eratosthenes (s. Berger, Die geogr. Fragm. d. Eratosth., Leipzig 1880, S. 224) und Artemidor (s. Susemihl, Gesch. d. griech. Lit. i. d. Alex. I 694 Anm. 302) allgemein als östlichstes Land Asiens genannt war. Die übrigen im Westen etwa bis zum Meridian Tanais—Nil hin sich erstreckenden Länder Asiens in Buch I mögen sodann wie die Europas in ostwestlicher Reihenfolge behandelt gewesen sein und demgemäß die für Buch I in Frage kommenden Fragmente in nachstehender Ordnung besprochen werden: fr. 58 Indien, 38. 59 Persien[2]), 75 Kaspisches Meer und Hyrkanien, 14. 15 Massageten, 13 Sauromaten und Tanais, 9 Armenien, 10. 11. 12 Pontus, 30 Kilikien, 7. 8. 67 Syrien, wobei dann Buch II mit Ägypten die natürliche Fortsetzung der Beschreibung Asiens bildete.

α) INDIEN

Erhalten ist darüber nur fr. 58 bei Plin. Nat. hist. VII 24 (nach Münzer, Quellen des Plinius S. 25 und Klotz, D. Arbeitsweise des ält. Plinius, Hermes 42 (1907) 327, 1 unsicher, ob durch Varro vermittelt):

---

1) Die irrige Meinung Hultschs (R.-E. u. Eudox. 8, 22), Eudoxos habe in seiner Periodos die Beschreibung Asiens mit Armenien begonnen, ist wohl daraus entstanden, daß fr. 9 über Armenien von Brandes — abgeseh. v. fr. 7. 8 — als erstes Fragment aus Buch I genannt ist.

2) Auch bei Eratosthenes (Berger, Die geogr. Fragm. d. Erat., S. 238. 253ff.) wie umgekehrt viell. ähnlich bei Hekataios von Milet (s. Jacoby a. a. O.) folgt auf Indien die Persis. Für die Rekonstruktion des weiteren Darstellungsverlaufes bei Eudoxos läßt sich indes die Periegese Asiens bei Eratosthenes nicht verwerten, da dieser im Gegensatze zu Eudoxos, der zunächst Asien (abgesehen von Kleinasien und Ägypten) in Buch I und dann erst Ägypten in Buch II behandelte, zuvörderst ganz Südasien mit Ägypten und hierauf erst Nordasien beschrieben hat.

Eudoxus in meridianis Indiae viris plantas esse cubitales, feminis adeo parvas, ut Struthopodes appellentur.[1]

Nicht allein für seine Angaben über die Größe Indiens (s. S. 17), auch für die Einzelschilderung des Landes hat Eudoxos wohl die Ἰνδικά seines Landsmannes Ktesias, dem er auch sonst gefolgt ist, als direkte Quelle benutzt. So verdankte er sehr wahrscheinlich auch fr. 58 über eine ethnographische Eigentümlichkeit dem Berichte des Ktesias, eine Nachricht, die entgegen andern Angaben des Ktesias durchaus glaubwürdig ist, da sie sich wohl auf die noch jetzt im fernen Orient herrschende Sitte der Fußverstümmelung bezieht; vgl. die Bemerkung von Ploß u. Bartels[2] über fr. 58: „Ein einziges Volk nur ist es, welches eine Verkrüppelung der Beine und Füße absichtlich herbeiführt: das sind die Chinesen. Allerdings gab es vielleicht schon dereinst in Asien ein Volk, das den Brauch hatte, die Füße der Frau zu verkleinern." Da zur Zeit des Eudoxos der Name China noch nicht existierte, vielmehr die ganze östliche Ökumene von den Alten als Indien bezeichnet wurde, läßt sich fr. 58 ebensogut auf die Chinesen oder die Bewohner Indochinas beziehen. Unmöglich erscheint es jedenfalls nicht, daß in fr. 58 bereits eine Nachricht aus dem fernsten Osten, vielleicht aus China selbst, vorliegt, die den Weg zu den Griechen gefunden hat. — Ein Blick auf Abbildungen nach chinesischer Art verstümmelter Frauenfüße (s. Ploß a. a. O. S. 187ff.) genügt, um die Ähnlichkeit zwischen jenen Mißbildungen und Straußfüßen zu zeigen, so daß der Beiname Struthopodes[3] für verstümmelte Füße jener Art vollauf verständlich erscheint. Im Vergleich zu derart verkümmerten Gliedmaßen freilich mögen dem Auge griechischer Fremder die durch nichts in ihrem Wachstum behinderten Füße der Männer jener östlichen Völker beim ersten Blick wohl 'ellenlang', cubitales, wie das Fragment sagt, erschienen sein.

---

1) Nur offenbar fehlerhafte hss. Varianten: Euduxus Cod. L(eid.) VII, Eudoxius (vgl. über diese nicht seltene Verderbnis Boll, Catal. codd astr. VII 182; auch Ptolem. ed. Heiberg vol. II p. 30, 19 im Apparat) Excerpt. Rob. Cricklad. — feminas ... strutophodes L. Vindob. CCXXXIV, Crickl. — appellantur L. u. Florent. (nach Mayhoff).

2) Das Weib i. d. Natur- u. Völkerkunde, Leipzig 1908, I 183; s. auch K. Koßmann u. J. Weiß, Mann u. Weib i. ihren Bezieh. z. Kult. d. Gegenwart III 469; C. H. Stratz, D. Rassenschönheit d. Weibes, Stuttgart 1901, S. 81. 163.

3) Das durch 'fr. 58 bezeugte Vorkommen des Beinamens Struthopodes in Asien spricht dafür, daß der Strauß in Asien auch im Altertum vorkam, was übrigens bereits auf Grund der Xenophonstelle Anab. I 5, 2 in einem in Peterm. Mitt. 16 (1870) 380 anonym erschienenen Aufsatze 'Über das Vorkommen des Straußes in Asien' vermutet ist. — Falsch gibt der Scholiast zu Aristoph. Av. v. 877 die Auslegung μεγαλόποrr für στρουθόποδε.

β) PERSIEN

Die beiden hierüber noch vorliegenden Fragmente religionsgeschichtlichen Inhaltes stehen bei Diog. Laert. prooem. 8 = fr. **38**:

Ἀριστοτέλης δ᾽ ἐν πρώτῳ περὶ φιλοσοφίας καὶ πρεσβυτέρους εἶναι (sci. τοὺς μάγους) τῶν Αἰγυπτίων· καὶ δύο κατ᾽ αὐτοὺς εἶναι ἀρχάς, ἀγαθὸν δαίμονα καὶ κακὸν δαίμονα· καὶ τῷ μὲν ὄνομα εἶναι Ζεὺς καὶ Ὠρομάσδης, τῷ δὲ Ἅιδης καὶ Ἀρειμάνιος. φησὶ δὲ τοῦτο καὶ Ἕρμιππος ἐν τῷ πρώτῳ περὶ Μάγων καὶ Εὔδοξος ἐν τῇ Περιόδῳ καὶ Θεόπομπο ἐν τῇ ὀγδόῃ τῶν Φιλιππικῶν.

Plin. Nat. hist. XXX 3 = fr. 59:

Eudoxus, qui inter sapientiae sectas clarissimam utilissimamque eam (sci. magicam) intellegi voluit, Zoroastren hunc sex milibus annorum ante Platonis mortem fuisse prodidit[1]); sic et Aristoteles. Hermippus, qui de tota ea arte diligentissime scripsit, … tradidit … ipsum vero quinque milibus annorum ante Troianum bellum fuisse.

Auf dieselbe durch Hermippos vermittelte Eudoxosstelle (Diogenes hat noch andere aus ihm) geht zurück das Scholion zu Plat. Alcib. I 122 A: Ζωροάστρης ἀρχαιότερος ἑξακισχιλίοις ἔτεσιν εἶναι λέγεται Πλάτωνος.

Die von Diogenes bezeugte Übereinstimmung zwischen dem Eudoxos- und Aristoteleszitat lehrt, daß Aristoteles seine Notiz über die persische Religion aus Eudoxos geschöpft hat, dem er auch sonst und namentlich in seiner Angabe über die Zeit Zoroasters, des Hauptbegründers jener Religion, gefolgt ist (s. Plinius a. a. O. sic et Aristoteles). Inhaltlich zeigt fr. 38, daß Eudoxos über das dualistische persische Religionssystem mit seiner Lehre von einem Prinzip des Guten und Bösen durchaus zuverlässige, durch persische Schriftquellen[2]) unmittelbar als richtig sich erweisende Nachrichten besaß, ja daß seine Kenntnis der altiranischen Religion und der Lehren der Magier die Herodots (I 131) übertraf, der von jener Hauptlehre persischen Glaubens noch nichts wußte und naiverweise persischen Gottheiten griechische Namen gab (s. auch Herod. VII 40, wo wie bei Xenophon an vielen Stellen der

---

1) eudoxius Paris. lat. 6797 — zoroastrem Paris. lat. 6797 u. 6795, dem die alten Herausgeber und Detlefsen folgten, zoroasten cod. incogn., aus dem die Verbesserungen des cod. Florent. Riccard. stammen, sowie der cod. Paris. lat. 6796.

2) Vgl. A. V. W. Jackson, Die iran. Relig., Grundr. d. iran. Philologie, Straßburg 1896, II 627 ff., 632 ff., 648 ff. Die Belege in der antiken Literatur s. bei Kleuker, Anh. z. Zendavesta II 1 (Leipzig-Riga 1783) S. 5 ff; vgl. auch Rapp, Relig u Sitt. d. Perser u. übrig. Iran. n. d. griech. u. röm. Quell., Zeitschr. d. Deutsch. Morgenl. Ges. XIX (1865) 77 ff.

Kyropädie vom Zeus der Perser die Rede ist). Daß Eudoxos von Knidos über die Lebensweisungen der Magier Informationen besaß, zeigt ohne weiteres der Wortlaut des Plinius in fr. 59: qui inter sapientiae sectas clarissim·m utilissimamque eam intellegi voluit, der eine genaue Kenntnis persischer Lebensmoral bei Eudoxos voraussetzt und eine Behandlung derselben in der Periodos wenigstens vermuten läßt. Das ist schon deshalb nicht ganz unbegründet, weil nicht allein die Worte Herodots (I 136) und Xenophons (s die Kyropädie), sondern auch der pseudo-plat. Alcibiades I 121ff. Zeugnis ablegen von dem hohen Interesse, das die Griechen im 5. und 4. Jahrh. v. Chr. der Religionslehre der Perser entgegenbrachten. Platon selbst soll ja eine Reise zu den Magiern geplant haben und nur durch Kriegsausbruch an deren Ausführung verhindert worden sein (Diog. Laert. III 7, Plin. Nat hist. XXX 9; s. auch Ritter, Platon I (1910) S. 89 f.), und daß sonst in platonischen Kreisen die Lehren Zoroasters und der Magier mit großem Verständnis aufgenommen wurden, lehrt gerade das Urteil des Eudoxos in fr. 59: das Wort utilissima secta kann man sich aus Theopomp bei Plut. de Is. c. 47 über die Götter der εὔνοια, ἀλήϑεια usw. aufhellen. Ob Platons Erwähnung eine mehr als rein chronologische Bedeutung hatte, können wir nicht mehr sagen; da nach Theopomp abwechselnd Ormuzd und Ahriman je 3000 Jahre herrschen, so könnte wohl für Eudoxos mit Platon ein neues Zeitalter der Herrschaft des guten Gottes bezeichnet gewesen sein. Die eudoxische Chronologie Zoroasters weist einen bedenklichen Irrtum auf, der indes in der Hauptsache wohl schon auf Xanthos, den Gewährsmann des Eudoxos, zurückgeht, nur hat letzterer die Zeit Zoroasters von Platons Todesjahr ausgehend bestimmt, während Xanthos[1]) hierbei vom Übergang des Xerxes über den Hellespont, also

---

1) Xanth. fr. 29 b. Diog. Laert. prooem. 2: Ξάνϑος δὲ ὁ Λυδὸς εἰς τὴν Ξέρξου διάβασιν ἀπὸ τοῦ Ζωροάστρου ἑξακισχίλια: so zu lesen statt dem ἑξακόσια zweier anderer Hss ; denn wie alle übrigen Autoren des früheren Altertums, die über die Zeit Zoroasters schrieben, Theopomp (bei Plut. de Is. et Os. 46: denn Quelle Plutarchs für dieses wie für das 47. Kapitel war sehr wahrscheinlich Theopomp da Kapitel 46 zum Teil mit der Theopompstelle bei Diog. Laert. a. a. O. sich deckt und Theopomp zudem gegen Ende des Kap. 47 von Plutarch ausdrücklich als Quelle genannt ist). Eudoxos in fr 59, Hermodor bei Diog. Laert. prooem. 2 und Hermipp a. a. O., so hat ohne Frage auch Xanthos die Zeit Zoroasters nicht um Jahrhunderte, sondern um Jahrtausende in die Vergangenheit zurückverlegt; übrigens scheint Xanthos nicht bloß für Eudoxos, sondern auch für Theopomp, Hermodor und Hermipp Quelle gewesen zu sein: denn seine Zahl von 6000 Jahren setzt die Zeit Zoroasters mitten in eine große Weltperiode (s. S. 23 Anm. 1) von 12000 Jahren. verrät also noch deutlich den persischen Ursprung. Theopomp, Hermodor und Hermipp dagegen lassen in ihren Angaben den persischen Ursprung nur noch schwer erkennen, da sie vom trojanischen Kriege bis

einem markanten Ereignis seiner Zeit, ausgegangen war. Jedenfalls hängt die Zeitangabe (6000 Jahre) mit iranischen Weltperioden zusammen.[1]) Erst das spätere Altertum gelangte in der Feststellung des Zeitalters Zoroasters (etwa 600 v. Chr.) zu einem richtigeren Ansatze.[2])

Daß Eudoxos wie über die Persis in der Periodos auch über das westlich davon gelegene Mesopotamien gehandelt und hierbei einen Hinweis auf die uralte Astrologie der Chaldäer gegeben hat, steht wohl außer Frage, zumal er als Astronom von ihr wohl besonders genaue Kenntnis besaß. Vielleicht geht sogar auf einen derartigen Zusammenhang in der Periodos noch jene Warnung des Eudoxos bei Cicero de divin. II 42 § 87 zurück 'ad Chaldaeorum monstra veniamus; de quibus Eudoxus, Platonis auditor, in astrologia iudicio doctissimorum hominum princeps, sic opinatur id quod scriptum reliquit, Chaldaeis in praedictione et in notatione cuiusque vitae ex natali die minime esse credendum.' Denn auch über die ägyptische Religion wie über die Lehren der Magier (s. oben) hat er in der Periodos geurteilt.

γ) HYRKANIEN UND DAS KASPISCHE MEER

fr. **75** = Strab. XI 7, 5 p. 510:

καὶ τοῦτο δ᾽ ἐκ τῶν κατὰ τιν Ὑρκανίαν ἱστορουμένων παραδόξων ἐστὶν ὑπὸ Εὐδόξου καὶ ἄλλων, ὅτι πρόκεινταί τινες ἀκταὶ τῆς θαλάττης ὕπαντροι, τούτων δὲ μεταξὺ καὶ τῆς θαλάττης ὑπόκειται ταπεινὸς αἰγιαλός, ἐκ δὲ τῶν ὕπερθεν κρημνῶν ποταμοὶ ῥέοντες τοσαύτῃ προφέρονται βίᾳ ὥστε ταῖς ἀκταῖς συνάψαντες ἐξακοντίζουσι τὸ ὕδωρ εἰς τὴν θάλατταν, ἄρραντον φυλάττοντες τὸν αἰγιαλὸν ὥστε καὶ στρατοπέδοις ὁδεύσιμον εἶναι σκεπαζόμενον τῷ ῥεύματι, οἱ δ᾽ ἐπιχώριοι κατάγονται πολλάκις εὐωχίας καὶ θυσίας χάριν εἰς τὸν τόπον, καὶ ποτὲ μὲν ὑπὸ τοῖς ἄντροις κατακλίνονται, ποτὲ δ᾽ ὑπ᾽ αὐτῷ τῷ ῥεύματι ἡλιαζόμενοι

---

auf Zoroaster 5000 Jahre rechneten. Sie haben also wohl die Angabe des Xanthos benutzt, aber wie Eudoxos in ihrer Weise modifiziert.

1) Vgl. Jackson, The Date of Zoroaster, Journ. of the Americ. Orient. Soc. XVII (1896) 3: Such extraordinary figures (6000 years), however, are presumably due to the Greeks have misunderstood the statements of the Persians, who place Zoroaster's millennium amid a great world-period of 12000 years, which they divided into cycles of 3000 years, and in accordance with which belief Zoroaster's fravashi had in fact existed several thousand years — Cumont, Textes et Monuments de Mithra I 310,6: L'histoire du duel entre Ormuzd et Ahriman comprend pour les Mazdéens trois ou quatre périodes de 3000 ans.

2) S. Geldner, Encycl. Brit. 11. ed. XXVIII (1911) unter Zoroast. S. 1041 2; Jackson, The Date of Z. SS. 15 f. 19 ff.: Grundr. d. iran. Philol. S. 621 f.

ἄλλως ἄλλοι τέρπονται, παραφαινομένης ἅμα καὶ τῆς θαλάττης ἑκατέρω-
θεν καὶ τῆς ἠόνος ποώδους καὶ ἀνθηρᾶς οὔσης διὰ τὴν ἰκμάδα.[1])

Der Wortlaut des Fragmentes lehrt ohne weiteres, daß es sich um eine Landschaft im alten Hyrkanien, wohl an der Süd- oder Südostküste des Kaspischen Meeres[2]) handelt. Diese Küstenstriche waren den handeltreibenden Griechen des 5. und 4. Jahrh., die zur Vermeidung der Gefahren auf hoher See meist der Südküste jenes Meeres entlang fuhren[3]), wohl besonders bekannt, und so kann es nicht wunder nehmen, wenn schon Eudoxos — wohl durch Vermittlung griechischer Kaufleute bei seinem Aufenthalte im nördlichen Kleinasien (vielleicht in Kyzikos: Hultsch R.-E. u. Eudox. 8, 1 ff.), wo der Handel vom Pontus Euxinus und Kaspischen Meere her besonders geblüht haben mag — über jene entlegenen südlichen Küstengebiete genauer unterrichtet war. Die heutige Südostküste, ein ausgedehntes Flachland (s. W. Sievers, Asien², Leipzig-Wien 1904, S. 227; A. F. Stahl, Reisen in Nord- und Zentralpersien, Peterm. Mitt. Ergänzhft. 118 [1896] 16 und besonders N. Iwaschinzoff, Die russ. Aufnahme des Kasp. Meeres, übers. von Schmitt, Peterm. Mitt. 1863, S. 57), stimmt mit der ein gebirgiges und unterhöhltes Ufergestade verratenden Angabe in fr. 75 nicht überein, eine Tatsache, die mir zudem von zwei mit der Südostküste des Kaspischen Meeres zum Teil durch Autopsie vertrauten schwedischen Forschern, den Professoren Sven Hedin und Hj. Sjoegren in Stockholm, sowie von den hervorragenden Kennern der Geschichte Hyrkaniens und Geologie Transkaspiens, Prof. Marquart und Dr. Herrmann-Berlin (brieflich, 30. IV. und 31. VII. 1912 bzw. 4. VII. und 5. V. 1913) in entgegenkommender Weise bestätigt wurde. Aber trotz dieses Widerspruchs zwischen der Wirklichkeit und dem Berichte des Eudoxos wird fr. 75

---

1) Der Text im wesentlichen nach Meineke-Kramer: für ἐκ τῶν Casaub. ἐν — τήν in κατὰ τὴν Ὑρκ. fehlt in Venet. 379 — ὑπόκεινται ταπεινοὶ αἰγιαλοί in Paris. 1398, Venet 379. — σκεπαζόμενον auf αἰγιαλόν bezogen: so lese ich gemäß den Hss. (ausgenommen das sinnlose σκεπαζόμενοι im Escurial) statt mit Coray-Meineke-Kramer σκεπαζομένοις. — Für θυσίας in Medic. plut. 28, 19 θεᾶς — ποτὲ δ᾽ ὑπ᾽ — τέρπονται fehlt in Venet. 379 — ἄλλοι δ᾽ ἄλλως Paris. 1393, ἄλλοσε ἄλλοι τρέπονται Coray, der indes lieber ἄλλοτε ἄλλῃ τρέπονται lesen möchte (nach Kramer).

2) Daß die Geschlossenheit dieses Meeres wie für Herodot (s. E. Eichwald. Alte Geogr. d. Kasp. Meeres, Berlin 1838, S. 11 ff.; de Hell, Les steppes de la mer Caspienne, Paris 1844, III 147 ff.; J.-B. Paquier, De Caspia atque Aralica regione Asiae, Paris 1876, S 19 ff.; P. Camena d'Almeida, De Caspio mari ap. vet., Paris 1893, S 16 ff.) und Aristoteles (meteor. I 13 = 351 a 8 ff.; II 1 = 354 a 3 ff.), so auch für Eudoxos wohl feststand, ist schon oben (S. 17) berührt.

3) P. Camena d'Almeida a. a. O. S. 17; D. A. G. Kephalides, De historia maris Caspii, Gott. 1814, S. 7 ff.; Eichwald a. a. O. S. 13.

schwerlich mit Kephalides a. a. O. S. 316 (vago hominum rumore —
sci. fr. 75 — inniti) für eine Erfindung des Eudoxos gehalten werden dür-
fen; denn unten durchpassierbare Wasserfälle kommen (vgl. z. B. Coray,
Strab. IV 243) auch sonst vor, und zudem spricht die bis ins einzelne
anschauliche Schilderung eher für alles andere als eine Erdichtung.
Auch der Versuch Bartholds, Quell. u. Forsch. z. Erd- u. Kulturk. II
(Leipzig 1910) 10ff., das Eudoxoszitat auf den alten oder gar Oberlauf des Oxus[1]) zu beziehen, ist hinfällig, da in fr. 75 von einer Kü-
stenlandschaft des hyrkanischen Meeres und überdies nicht nur von
eines, sondern mehrerer Flüsse Wasserfall die Rede ist. Vielmehr ist
fr. 75 entweder auf die Südostküste des Kaspischen Meeres, also die
eigentliche hyrkanische Küste, zu deuten, und dann kann es sich, da
ja die Verhältnisse jetzt so ganz andere sind, nur auf die einstige Beschaffenheit einer südkaspischen Uferlandschaft beziehen, auf eine Phase
in der Entwicklungsgeschichte des Kaspischen Meeres, in der dieses
selbst durch einen höheren Wasserspiegel noch den größten Teil des
heutigen Flachgestades bedeckte und so nahe an die Nordabhänge des
nordpersischen Randgebirges herantrat, daß die zahlreichen noch jetzt
jenem Gebirge entströmenden Flüsse im Gegensatze zu jetzt in weitem
Bogen über einen schmalen Küstensaum hinweg in das südliche Kaspische Meer sich ergossen. Für diese Auffassung, daß das heutige
flache Küstengestade einst nicht vorhanden, sondern Meeresboden war,
spricht die Auffindung von dem Altertum entstammenden Schiffsgeräten,
insonderheit eines Ankers, in jenem Schwemmlande, wie G. Melgunoff
bezeugt (Die südl. Ufer des Kasp. Meeres, Petersburg 1863, S. 32 und
Krauth, Verschollene Länder des Altertums, N. Jahrb. f. Phil. u.
Pädag. 153 [1896] 789). Daß jene Auffassung geologisch möglich
ist, dafür genügt schon der Hinweis auf den schwankenden Wasser-
stand des Kaspischen Meeres[2]) und die zahlreichen Erdbeben[3]),

---

1) Von ihm berichtet Polybios X 48, 2 ähnliches wie Eudoxos in fr. 75,
wofern er nicht gar nach Prof. Marquarts Vermutung, die ich mir hier wieder-
zugeben gestatte, die Angabe des Eudoxos über die Flüsse Hyrkaniens in rein
theoretisierender Weise auf den Oxus übertragen hat. S. auch Rößler, Die Aral-
seefrage, Sitz.-Ber. d. Wien. Akad. d. Wiss., phil.-hist. Kl. 74 (1873) 229, nur
ist hier (S. 229 Anm. 2) fr. 75 ebenfalls falschlich auf den Oberlauf des Oxus
bezogen

2) Vgl. E. Huntington, The pulse of Asia, Lond. 1907, S. 329, worauf mich
zur Rechtfertigung meiner Hypothese dankenswerterweise Herr Dr. Herrmann-
Berlin verweist; s. auch Walter, Peterm. Mitt. 44 (1898) 212 und Halbfaß,
Geogr. Zeitschr. 20 (1914) 346. Kiessling, R-E u. Hyrkania Sp. 456 spricht
von Küstenstellen des Kaspischen Meeres, wo das Gebirge hart ans Meer tritt.

3) S. Sievers a. a. O.

deren umgestaltender Wirkung die kaspischen Gestade von jeher unterworfen waren. Freilich ließe sich fr. 75 auch auf das südwestliche kaspische Ufer beziehen, da Griechen der älteren Zeit wie Herodot und wohl auch die Gewährsmänner des Eudoxos unter Hyrkanien wohl die ihnen zunächstgelegenen Küstengebiete des Kaspischen Meeres, die südwestlichen, verstanden (s. Krauth a. a. O. S. 799).[1]) Die Vermutung, fr. 75 sei in dieser Weise zu deuten, teilt mir auch Prof. Marquart in dankenswerter Weise mit, und was für sie besonders spricht, ist, daß es an der gebirgigen Südwestküste im Gegensatze zu dem heutigen Südostufer wohl mehrere Landschaften gibt, auf die die Angaben des fr 75 passen.[2]) Jedenfalls sprechen die Erklärungsmöglichkeiten für die Glaubwürdigkeit des Fragmentes, obschon sein Inhalt für uns nicht eindeutig ist.

δ) MASSAGETEN UND SAUROMATEN

fr. **14** = Diog. Laert. IX 83:

Καὶ Μασσαγέται μέν, ὥς φησι καὶ Εὔδοξος ἐν τῇ πρώτῃ τῆς περιόδου, κοινὰς ἔχουσι τὰς γυναῖκας . . . Hiermit identisch fr. **15** bei Sextus Emp., Pyrrh. hypot. I 152:

παρὰ δὲ Μασσαγέταις ⟨ἐν⟩ ἀδιαφορίας ἔθει παραδεδόσθαι (sci. *τὰς γυναῖκας*), *ὡς Εὔδοξος ὁ Κνίδιος ἱστορεῖ ἐν τῷ πρώτῳ τῆς περιόδου.*[3])

Die Sitte der Weibergemeinschaft bei den Massageten [4]) erwähnt schon Herodot I 216, der daher, wie sonst (vgl. z. B. fr. 9 mit Herod. VII 73), so auch für die angeführten Periodosstellen ohne Frage Quelle des Eudoxos war Auch für Strabon, der allein noch von antiken Autoren jener Sitte der Massageten gedenkt (p. 513), mag Herodot Quelle gewesen sein, viel-

---

1) Vgl. auch Kiessling a. a. O., wonach die Griechen ursprünglich unter Hyrkanien ein sehr viel weiteres Gebiet als das südöstliche Küstengebiet verstanden.

2) Prof. Marquart will in fr. 75 *κατὰ τὴν Ὑρκανίαν ⟨θάλασσαν⟩* lesen, wobei sich fr. 75 naturgemäß auf jede Uferlandschaft des Kaspischen Meeres, also auch auf eine westliche, beziehen könnte. Doch vgl. dieser Lesart gegenüber Strab. p. 511 *οἱ μὲν οὖν Ἴταρνοι πλησιαίτατα τῇ Ὑρκανίᾳ παράκεινται καὶ τῇ κατ' αὐτὴν θαλάττῃ.*

3) Text nach Mutschmann: *δέ* fehlt in Laurent. 85, 11 — *μασαγέταις* in Laurent. u. Monac. 439 — *ἐν* vor *ἀδιαφορίας* ergänzt Mutschmann nach Pyrrh. hyp. I 125 *ἐν⟨τῷ⟩ ψυχρῷ.*

4) Außer von den Massageten ist diese Sitte aus dem Altertum bezeugt von den Persern (Procop. bell. Pers I 5 = Corp. scriptt. hist. Byz. part. II vol. I 14 C), den Tyrrhenern (Athen. XII 14 p. 517 e), den Nasamonen, Agathyrsen (Herod. IV 172 104) und den Skythen Europas (Strab p. 302); s. auch E. Meyer, Gesch. d. Altert I 1 (1910) 25 ff., Minns, Skythians and Greeks, Cambridge 1913, S. 8 f. 111, wo auch (. 93) auf das Fortbestehen der Sitte bei mongolischen Völkern in den einst von den Massageten bewohnten Länderstrichen aufmerksam gemacht ist.

leicht aber auch Eudoxos, der gleich Herodot von Strabon wiederholt als Autor genannt ist (s. S. 9). Hinsichtlich der Wohnsitze der Massageten ist Eudoxos wohl gleichfalls Herodot gefolgt, der sie sich in Übereinstimmung mit der sonstigen Überlieferung des Altertums (s. Herod. I 201; Forbiger, Hbch. d. alt. Geogr., 2. Ausg., II 467) in den weiten Ebenen östlich des Kaspischen Meeres lokalisiert dachte und auch für die Wohnsitze der Sauromaten als Quelle des Eudoxos gelten kann. Denn analog Herodot IV 21. 57. 116 ließ auch Eudoxos die Sauromaten am Tanais seßhaft sein: fr. 13 bei Steph. Byz. (vgl. Lentz, Herod. tech. rell. I 72, 18 f.): Συρμάται, οἱ Σαυρομάται, ὡς Εὔδοξος πρώτῳ „ποταμὸν τοῦ Τανάιδος Συρμάτας κατοικεῖν.“[1]) Von den übrigen antiken Zeugen, die sich nahezu alle die Sauromaten beim Tanais dachten (Ps.-Skyl. 68, Timosth. bei Agath. I 7, Artemid. bei Plin. Nat. hist. II 246, Strab. p. 114, Plin. VI 19), weicht nur Ephoros (bei Ps.-Skymn. 860 f.) ab, der zwischen Wohnsitzen von Syrmaten und Sauromaten unterschied. Trifft übrigens die Vermutung von Minns a. a. O. S. 118 über die Wohnsitze der Sauromaten im 4. Jahrh. zu, so erweist sich auch durch fr. 13 die Periodos als ein Werk des früheren Altertums.

ε) DER TANAIS ALS NORDWESTGRENZE ASIENS

Da die auf Asien sich beziehenden 2 bzw. 3 ersten Bücher der Periodos (s. S. 18 f.), soweit aus den Fragmenten zu erkennen ist, Schilderungen nur solcher Völker enthielten, die bis zum Tanais hin seßhaft waren (s. besonders fr. 13), ist es mehr als wahrscheinlich, daß der Tanais dem knidischen Geographen wie fast allen andern Autoren[2]) des Altertums (vielleicht in Verbindung mit dem Asowschen Meere, der Palus Maeotica) als Nordwestgrenze Asiens galt. Hierfür spricht auch fr. 16 aus Buch IV. Denn da alle Fragmente aus Buch IV von Europa und fr. 16 namentlich von den europäischen Skythen handelt, ist es geradezu erwiesen, daß Eudoxos die Schilderung Europas mit den rechts des Tanais seßhaften skythischen Völkerschaften bzw. beim Tanais als der Ostgrenze Europas und Nordwestgrenze Asiens begonnen hat.

---

1) **Text** nach Meineke; Συρμᾶται Codd. Rehdig., Voss.. — Σαυρομᾶται Voss. — ποταμός Rehdig., Voss. — Συμάτας Rehdig. (nach Meineke zu Steph. Byz a. a. O.).

2) S. Herod. IV 45: οἱ δὲ Τάναιν ποταμὸν — sci. οὔρισμα — λέγουσι, Soph. fr. 502, Ps.-Arist. περὶ κόσμου 393 b 25/6, 30/1, Ephoros b. Ps.-Skymn. 874; Ps.-Skyl. 68, Erat. bei Berger, D. geogr. Fragm. d. Erat. 1880 S. 64, Polyb. III 37, 3, Artemid. bei Plin. Nat. hist. V 47, Diod. I 55, 4, Strab. p. 490. 509, Dionys. perieg. 14, Arrian. Peripl. Pont. Eux. 29, Anonym. Peripl. Pont. Eux. 43, Agath. I 3 u. a.; s. auch Forbiger, Hbch. d. alt. Geogr.² II 39; Ukert, Geogr. d. Griech. u Römer III 2 S. 193; Berger, Gesch. d. wiss. Erdk. d. Griech.² S. 88.

ζ) ARMENIEN

fr. 9 = Steph. Byz. (vgl. Lentz, Herodian. II 877, 25—28):

Ἀρμενία, χώρα πλησίον τῶν Περσῶν . . . οἱ οἰκήτορες Ἀρμένιοι, ὡς Εὔδοξος πρώτῃ γῆς περιόδου ῾Αρμένιοι δὲ τὸ μὲν γένος ἐκ Φρυγίας καὶ τῇ φωνῇ πολλὰ φρυγίζουσι παρέχονται δὲ λίθον τὴν γλύφουσαν καὶ τρυπῶσαν τὰς σφραγῖδας᾽.[1]

Auch für diese Notiz war, soweit sie von der Abstammung der Armenier handelt, wohl Herodot (VII 73 Ἀρμένιοι δὲ καθάπερ Φρύγες ἐσεσάχατο, ἐόντες Φρυγῶν ἄποικοι) Vorlage des Eudoxos. Die neuere Forschung ist über jene Angaben[2] Herodots und des Eudoxos noch nicht einig.[3]

Die Angabe des Eudoxos über eine für die antike Glyptik bedeutsame Steinart Armeniens hat Theophrast übernommen, dem auch sonst die Periodos als Quelle vorgelegen zu haben scheint. Theophr. fr. II 7 περὶ λίθων (bei Wimmer, Theophr. opp. III 44): καὶ πάλιν ὁ λίθος ᾧ γλύφουσι τὰς σφραγῖδας ἐκ τούτου ἐστὶν ἐξ οὗπερ αἱ ἀκόναι, ἢ ἐξ ὁμοίου τούτῳ. ἄγεται δὲ ἡ ⟨ἀρίστη⟩ ἐξ Ἀρμενίας. θαυμαστὴ δὲ φύσις καὶ τῆς βασανιζούσης τὸν χρυσόν. δοκεῖ γὰρ δὴ τὴν αὐτὴν ἔχειν τῷ πυρὶ δύναμιν καὶ γὰρ ἐκεῖνο δοκιμάζει. Aus Theophrast schöpfte Plin. Nat. hist. XXXVI 54 und 164.

Diese zweite in fr. 9 enthaltene Notiz des Eudoxos über Steine Armeniens ist durchaus glaubwürdig. Denn wie Bauer (Edelsteinkunde, Leipzig 1896, S. 17) in Anlehnung an die vorgenannte Pliniusstelle vermerkt, kommt Schmirgel, wie er von den Alten aus Naxos und Arme-

---

1) ὄντες hinter ἐκ Φρυγίας verm. Meineke. — Seine weitere Vermutung, nach φρυγίζουσι sei etwas ausgefallen, ist nicht begründet. Fr. 9 aus Steph. Byz. bei Eustath. zu Dionys. perieg. 694, nur hat dieser hinter παρέχονται δέ ein sinnwidriges καί eingeschoben (vgl. Mein., Steph. Byz.).

2) Vgl auch Cramer, Anecd. Gr., Ox 1837, IV 257: Δαλμάται Ἀρμένιοι εἶναί μοι δοκοῦσι καὶ Φρύγες und Aristot. Hist. anim. epit. II 607 (= Suppl Aristot. ed. Lambros Berol. 1885 vol. I pars I); Th. Reinach, Mithridate Eupator, Paris 1890, S 20, 4.

3) Vgl. auf der einen Seite E. Meyer, Gesch. d. Alt. I² (1909) 613: ʻWahrscheinlich erst in dieser Zeit (um 700) haben die Armenier von Phrygien aus sich in das Bergland am oberen Euphrat und bis an und über den Wansee in dasjenige Land vorgeschoben, das seitdem nach ihnen benannt wird᾽; S. 614: ʻDagegen wird die Überlieferung, daß Thraker, Phryger und Armenier eng verwandt sind, durch ihre Sprachen durchaus bestätigt᾽; vgl. auch H. F. B. Lynch, Armenia, travels and studies, London 1901, II 67. Dagegen aber Bartholomae in Hoops, Reallexikon der german Altertumskunde II 557: ʻDas Phrygisch-Thrakische, dessen Zusammengehörigkeit mit dem Armenischen zum mindesten fraglich bleibt᾽.

nien importiert und dem fr. 9 zufolge zur Gemmenherstellung verwendet wurde, noch heutzutage auf Naxos und in Kleinasien vor.[1])

η) PONTUS

Nach den drei Fragmenten über den Pontus zu schließen, war Eudoxos über denselben wohl informiert, da in ihnen nicht allein die Wohnsitze der Chalyber im Gegensatze zu anderweitiger Überlieferung aufs genaueste bezeichnet sind, sondern sogar eine sonst unbekannte Völkerschaft mit ihren Bräuchen erwähnt ist (s. S. 30). Hier folge zunächst fr. 11 über die Mossynöken, die, im östlichen Pontus seßhaft, deshalb von Eudoxos in seiner Periegese Asiens von Osten her wohl auch bald hinter den Armeniern, aber vor den mehr im westlichen Pontus hausenden Chalybern (fr. 10) und Chabarenern (fr. 12) erwähnt waren.

fr. **11** == Steph. Byz. (vgl. Lentz, Herod. a. a. O. I 151, 10—12): Μοσσύνοικοι, ἔθνος, περὶ οὗ Εὔδοξος ἐν πρώτῳ γῆς περιόδου. τὸ κτητικὸν Μοσσυνοικικός.[2])

Den Alten waren die Mossynöken[3]) vornehmlich durch ihre Wildheit bekannt (s. Strab. p. 549, Diod. XIV 30, 5; Forbiger, Hbch. d. alt. Geogr. II 410; Ukert, Geogr. d. Griech. u. Röm. III 2 S. 529ff.), und die Eigenart des Volksstammes mag, wie noch der Wortlaut in fr. 11 περὶ οὗ zu besagen scheint, auch Eudoxos in der Periodos erwähnt haben.

Das zweite Fragment über den Pontus handelt von der den Alten vielleicht bekanntesten Völkerschaft des Pontus (s. S. 30 Anm. 1), den Chalybern, fr. **10** == Steph. Byz. (vgl. Lentz, Herodian. a. a. O. I 247, 4—7): Χάλυβες, περὶ τὸν Πόντον ἔθνος ἐπὶ τῷ ποταμῷ Θερμώδοντι, περὶ ὧν (περὶ οὗ Lentz) Εὔδοξος ἐν πρώτῳ ʿἐκ δὲ τῆς Χαλύβων χώρας ὁ σίδηρος ὁ περὶ τὰ στομώματα ἐπαινούμενος ἐξάγεταιʼ.[4])

Dem Fragment zufolge waren die Wohnsitze der Chalyber lediglich auf den Flußbereich des Thermodon beschränkt. Mit dieser An-

---

1) Vgl. auch H. O. Lenz, Mineral. d. alt. Griech. u. Römer, Gotha 1861, SS. 139. 153/4; J. H. Krause, Pyrgoteles od. die edl. Steine d. Alt., Halle 1856, S. 225; H. Blümner, Technol. d. Gewerbe u. Künste bei d. Griech. u. Röm. IV (1887) 353; Roßbach, R.-E. u. Gemmen S. 1103.

2) Text nach Meineke. Μοσσύνοικοι lese ich mit Berkel, Holsten u. Meineke statt d. Μοσύνοικοι d. Hss. — πρώτῳ: ᾱ Voss, ἁ Rehd. — Μοσυνοικηκός Paris., während die Codd. Voss. und Rehdig. συνοικικός bzw. Μοσυνοικός (oder Μοσσυνικός) haben.

3) S. Th. Reinach, Mithridate Eupator, Paris 1890, S. 14, 4.

4) παρά Rehdig., Χαλύβων 2. Paris., Χαλκοῦς Ald., Χαλοῦν Rehdig, Χαλκοῦν Voss. — στομώματα mit Xylander u. Meineke statt d. στόματα d. Hss. — λέγεται statt ἐξάγεται Rehdig. — Dasselbe wie in fr. 10 bei Eustath. zu Dionys. perieg 768.

gabe befand sich Eudoxos nicht allein mit Herodot I 28, der die Chalyber unter den Völkerschaften westlich des Halys anführte, in offenem Widerspruch, sondern auch mit nahezu allen übrigen Autoren[1] des Altertums, die allenthalben da im Pontus Chalyber sich lokalisiert dachten, wo Eisenerz sich fand, und von denen nur der Anonym. peripl. Ponti Eux. 31 (= GGM I 409; vgl. hierzu die Anm. K. Müllers GGM I 65 zu § 88) wie auch der Scholiast zu Apoll. Rhod. II 373 und Mela I 105 eine Ausnahme machten; diese stimmen in ihrer Lokalisierung der Chalyber mit der Angabe des Eudoxos in fr. 10 im wesentlichen überein, sind darum, wie sonst, so auch hier ziemlich wahrscheinlich von Eudoxos abhängig.

Wie einer der besten Kenner Kleinasiens im 19. Jahrh., der berühmte englische Forschungsreisende W. J. Hamilton, Researches in Asia Minor, London 1842, I 271. 274 ff. bezeugt, sind die im Altertum mit dem Namen der Chalyber so eng verknüpften Eisenbergwerke des Pontus, auf die nach fr 10 auch Eudoxos in seiner Erdbeschreibung hingewiesen, noch vorhanden. Zur weiteren Stütze dieses Nachweises s. Koch, Wander. i. Orient II, Reis. i. pont. Gebirge, Weimar 1846, S. 289 und Reclus, Nouv. Géogr. Univ., Paris 1884, IX 362; daneben auch C. Ritter, Erdkunde v. Asien IX 1 (1858) 99, Th. Reinach, Mithridate Eup. S. 231 f.

Das dritte Fragment über den Pontus, fr. 12, über die sonst nirgends genannten Chabarener, steht gleichfalls bei Steph. Byz. (vgl. Lentz, Herodian. a. a. O. I 181, 16—20):

Χαβαρηνοί, ἔθνος. Εὔδοξος πρώτῳ γῆς περιόδου· ὀνομάζονται γὰρ καὶ Χαβαρηνοὶ οἱ περὶ Χαλύβην οἰκοῦντες, οἳ τῶν ξενικῶν γυναικῶν, ὦν ἴσως γένωνται κύριοι, ⟨τοὺς⟩ τιτθοὺς ὠμοὺς ἐσθίουσι, τὰ δὲ παιδία κατευωχοῦσι'.[2]

---

1) Hekat. fr. 195; Äsch. Prom. 740 ff.; Xenoph. anab. IV 5, 34; 7, 35, V 5, 1; Ephor. fr. 80. 82. 103; vgl. auch F. Cumont, Ubi ferrum nascitur, Rev. de phil. 26 (1902) 280, 1; Ruge, R.-E. u. Chal. 1. Außerdem findet sich das Eisen der Chalyber erwähnt bei Soph. Trach. 1260 (schol. zu 1259); Eurip. Alk. 980/1; Kratin. fr. 247 (Kock); Ps.-Arist. Mir. ausc. 48; Schol. zu Apoll. Rhod. A 1323, B 141, 373, 375/6, 1001 ff., 1005; Lykophr. 1109 (u. Schol. hierzu); Daim. fr. 9 = FHG II 442; Strab. p. 549—51: Dionys. perieg. 768/9 = GGM II 152; Arrian. fr. 51 = FHG III 596, fr. 58 ebenda S. 597; Suid. u. Χάλυβ.; Hesych. u. χάλυβ.; Etym. Magn. u. χαλκός: Catull 66, 48; Prop. I 16, 30; Ovid. fast. IV 405; Vergil. Georg. I 58, Aen. VIII 421, X 174; Silius Ital. I 171, II 107; Val. Flacc. Argon. IV 611/2; Senec. Thyest. 364; Lucan. IV 223, VI 397. 547. 797; Plin. Nat. hist. VII 197, VIII 222; Amm. Marc. XXII 8, 21: Avien. 947/8 (= GGM II 185); Priscian. perieg. 744/5 (= GGM II 196) u. a.

2) Χαραβηνοί Rehd. (in dem nach Meineke eine ausführlichere und eine verkürzte Epitome des Steph. Byz. benutzt und infolgedessen die Notiz über die

Dem $\varkappa\alpha\grave{\iota}\ X\alpha\beta\alpha\varrho\eta\nuo\acute{\iota}\ \varkappa\tau\lambda.$ zu entnehmen scheint Eudoxos von zwei Chabarener genannten Stämmen gehandelt zu haben, einem andern uns sonst überhaupt nicht mehr bekannten und dem im Grenzgebiet der Chalybe (so ist wohl das $\pi\varepsilon\varrho\acute{\iota}$ hier zu deuten analog dem in fr. 45) wohnenden. Stimmt diese Erklärung, so ist jener erste aus dem Wortlaut des fr. 12 bloß vermutete Stamm der Chabarener vielleicht mit den am Kyros in Armenien wohnenden $'\Omega\beta\alpha\varrho\eta\nuo\acute{\iota}$ zu identifizieren, auf die auch Tomaschek R.-E. unter $X\alpha\beta.$ verweist. Im Gegensatz zu diesen $'\Omega\beta\alpha\varrho\eta\nuo\acute{\iota}$ oder $X\alpha\beta\alpha\varrho\eta\nuo\acute{\iota}$ in Armenien scheinen die in fr. 12 genannten gleich den Chalybern (s. Reinach, Mithridate S. 18) aus Armenien nach dem Pontus eingewandert zu sein. Hinsichtlich der von Eudoxos erwähnten rohen Sitten der Chabarener im Pontus ist interessant, daß auch Hamilton von äußerst wilden Stämmen in den einst vermutlich von den Chabarenern bewohnten Regionen des Pontus zu berichten weiß.

Von den südlich des Pontus liegenden Gebieten, deren Beschreibung auf die des Pontus in der Periodos wohl folgte (s. S. 18 f.), haben sich, abgesehen von fr. 30 über die sonst unbekannte Ortschaft Kilikiens Asine ($\mathcal{A}\sigma\acute{\iota}\nu\eta,\ \pi\acute{o}\lambda\iota\varsigma\ \mathcal{A}\alpha\varkappa\omega\nu\iota\varkappa\acute{\eta}\ .\ .\ .\ \tau\varepsilon\tau\acute{\alpha}\varrho\tau\eta$ [sci. $\pi\acute{o}\lambda\iota\varsigma$] $K\iota\lambda\iota\varkappa\acute{\iota}\alpha\varsigma.$ $\tau\grave{o}\ \grave{\varepsilon}\vartheta\nu\iota\varkappa\grave{o}\nu\ \mathcal{A}\sigma\iota\nu\alpha\tilde{\iota}o\varsigma\ \varkappa\alpha\grave{\iota}\ \mathcal{A}\sigma\iota\nu\varepsilon\acute{v}\varsigma,\ \varkappa\alpha\vartheta\grave{\omega}\varsigma\ E\check{v}\delta o\xi o\varsigma\ ...$), deren Erwähnung bei Stephanus wie auch das übrige in fr. 30 vielleicht auf Eudoxos zurückgeht, nur über Syrien Fragmente erhalten.

ϑ) SYRIEN

Von den drei Fragmenten über Syrien folgen zunächst die über Phönikien, dann das über das im Süden gelegene Askalon, entsprechend etwa ihrer ursprünglichen Stellung in der Periodos, worin wohl auf die Behandlung Syriens von Nord gen Süd in Buch I (s. S. 18 f.) die natürliche Fortsetzung in Buch II mit Ägypten folgte.

Von Phönikien bzw. dem Herakleskult in Tyros handeln:

fr. 7 bei Athen. IX 47 p. 392 de:	fr. 8 bei Zenob. V 56:	Proverb. e cod. Bodleiano 725, ed. Gaisford, S. 878:
$E\check{v}\delta o\xi o\varsigma\ \delta'\ \acute{o}\ K\nu\acute{\iota}\delta\iota o\varsigma\ \grave{\varepsilon}\nu$ $\pi\varrho\acute{\omega}\tau\omega\ \gamma\tilde{\eta}\varsigma\ \pi\varepsilon\varrho\iota\acute{o}\delta ov\ \tauo\grave{v}\varsigma$	$"O\varrho\tau v\xi\ \check{\varepsilon}\sigma\omega\sigma\varepsilon\nu\ '\Eta\varrho\alpha\varkappa\lambda\tilde{\eta}\ \tau\grave{o}\nu$ $\varkappa\alpha\varrho\tau\varepsilon\varrho\acute{o}\nu\cdot\ \alpha\H{v}\tau\eta\ \pi\alpha\varrho'\ o\check{v}\delta\varepsilon\nu\grave{\iota}$	$"O\varrho\tau v\xi\ \check{\varepsilon}\sigma\omega\sigma\varepsilon\nu\ '\Eta\varrho\alpha\varkappa\lambda\tilde{\eta}$ $\tau\grave{o}\nu\ \varkappa\alpha\varrho\tau\varepsilon\varrho\acute{o}\nu\cdot\ \grave{\varepsilon}\pi\grave{\iota}\ \tau\tilde{\omega}\nu\ \sigma\varphi$-

---

$X\alpha\beta\alpha\varrho\eta\nuo\acute{\iota}$ doppelt wiedergegeben ist, zunächst mit andern Notizen in der kurzen Fassung $X\alpha\beta\alpha\varrho\eta\nuo\acute{\iota}\ \check{\varepsilon}\vartheta\nuo\varsigma.$ $E\check{v}\delta o\xi o\varsigma\ \alpha'\ \gamma\tilde{\eta}\varsigma\ \pi\varepsilon\varrho\iota\acute{o}\delta ov$ und dann in der ausführlichen, bereits oben mitgeteilten); vielleicht ist die Form $X\alpha\varrho\alpha\beta\eta\nuo\acute{\iota}$ sprachlich aus $'A\varrho\mu\acute{\varepsilon}\nu\iota o\iota$ entstanden, indem, abgesehen von den übrigen sprachlich leicht erklärbaren Wandlungen, nach Analogie von $K\acute{\iota}\mu\beta\varrho o\varsigma,\ K\iota\mu\mu\acute{\varepsilon}\varrho\iota o\varsigma$ das μ zu β wurde. Sachlich würde zu dieser Erklärung von $X\alpha\varrho\alpha\beta\eta\nuo\acute{\iota}$ aus $'A\varrho\mu\acute{\varepsilon}\nu\iota o\iota$ passen, daß die $X\alpha\varrho\alpha\beta\eta\nuo\acute{\iota}$ oder $X\alpha\beta\alpha\varrho\eta\nuo\acute{\iota}$ höchstwahrscheinlich ursprünglich in Armenien heimisch waren. — $\pi\varrho\acute{\omega}\tau\omega$ fehlt im Voss. — $\delta\acute{\varepsilon}$ Rehdig. statt $\gamma\acute{\alpha}\varrho$ — $K\alpha\lambda\acute{v}\beta\omega\nu$ Rehdig., $X\alpha\lambda\acute{\iota}\beta\omega\nu$ Voss.; ich lese mit Xylander $X\alpha\lambda\acute{v}\beta\eta\nu$: $\langle\tau\grave{\eta}\nu\rangle\ X\alpha\lambda\acute{v}\beta\omega\nu$ oder $X\alpha\lambda\upsilon\beta\acute{\iota}\alpha\nu$ Meineke — $\tauo\acute{v}\varsigma$ ergänzt Meineke — $\varkappa\alpha\tau\varepsilon\nu\omega\chi o\tilde{v}\nu\tau\alpha\iota$ verm. Meineke.

Φοίνικας λέγει θύειν τῷ Ἡρακλεῖ ὄρτυγας διὰ τὸ τὸν Ἡρακλέα τὸν Ἀστερίας καὶ Διὸς πορευόμενον εἰς Λιβύην ἀναιρεθῆναι μὲν ὑπὸ Τυφῶνος, Ἰολάου δ᾽ αὐτῷ προσενέγκαντος ὄρτυγα καὶ προσαγαγόντος ὀσφρανθέντα· ἀναβιῶναι· ἔχαιρε γάρ φησι καὶ περιὼν τῷ ζώῳ.[1]) — τῶν ἀρχαίων ἐστί. λέγεται δὲ ἐπὶ τῶν σῳζομένων ἀφ᾽ ὧν οὐκ ἤλπισαν. φησὶ δ᾽ Εὔδοξος Ἡρακλέα τὸν Τύριον ὑπὸ Τυφῶνος διαφθαρῆναι. τὸν Ἰολαον δὲ ἅπαντα πράττοντα διὰ τὸ ἀναστῆσαι τὸν Ἡρακλέα τὸν ὄρτυγα, ᾧ ἔχαιρεν Ἡρακλῆς, ζῶντα καῦσαι. ἐκ δὲ τῆς κνίσσης ἀναβιῶναι τὸν Ἡρακλέα.[2]) — ζομένων παρ᾽ ὧν οὐκ ἤλπισαν. φασὶ γὰρ

τὸν Ἡρακλέα
ὑπὸ Τυφῶνος διαφθαρέντα, πράττων Ἰόλαος ὑπὲρ τοῦ τοῦτον ἀναστῆναι ὄρτυγα ᾧ ἔχαιρε ζῶντα κατέκαυσεν. Ἐκ δὲ τῆς κνίσσης αὐτὸς ἀνεβίω.

Daß die Zitate im Bodleianus und bei Zenobius, die mit ihrem engverwandten Wortlaut zunächst einer gemeinsamen Mittelquelle entstammen, in letzter Linie auf die gleiche, bei Athenaios angegebene Quelle, die Periodos des Eudoxos von Knidos, zurückgehen, ist ohne weiteres ersichtlich. (Vgl. auch Baudissin, Adonis und Esmun, Leipzig 1911, S. 305.) Freilich haben, wie der verschiedene, aber inhaltlich sich ergänzende Wortlaut bei Athenaios und den andern zeigt, weder diese noch Athenaios die unmittelbaren Worte der Periodos wiedergegeben. Doch auch so bleiben jene Periodoszitate wertvolle Zeugnisse für den griechischen Einfluß, den die phönikische Mythologie wohl als eine Folgeerscheinung der Handelsbeziehungen zwischen Phönikern und Griechen erfahren hat (s. Gruppe, Griech. Myth. u. Religionsgesch. 1906, S. 242). Dieser Einfluß kennzeichnet sich in fr. 7. 8 namentlich in der Auffassung des Herakles als des Sohnes des Zeus und der Asteria[3]), während die rein phönikische Mythologie in Herakles lediglich den obersten Himmelsgott selbst sah, dem als weibliche Gottheit Astarte, die Stadtgöttin von Tyros, entsprach (s. E. Meyer in Roschers Lex. unter Astarte). Diese Astarte ist, wie der Augenschein lehrt, in fr. 7. 8 mit der namenähnlichen, aber griechischen Göttin Asteria gleichgesetzt und zugleich als Mutter des Herakles gedacht, wozu sie ihr Name Asteria schon deshalb gewissermaßen prädestinierte, weil gleich dem tyrischen Herakles nach griechischer Sage auch Asteria zu den Wachteln in engster Beziehung stand, ja unter dem Namen Ortygia sogar in eine Wachtel verwandelt worden sein soll (s. Gruppe a. a. O. S. 241; Höfer in Roschers Lex. unter Ortygia und Schirmer ebenda unter Asteria;

---

1) τῇ ῥινί vor προσαγαγόντος ergänzt Kaibel, nach Schott ist προσαγαγόντος ein Glossem (s. auch Paroem Gr ed. Gaisford zu Zenob. V 56).

2) Für μεταβιῶναι ist mit Leutsch nach Athenaios offenbar ἀναβιῶναι zu lesen. πράττειν Cod. Vatic., ebenso λαός statt Ἰολαος und κοίτης für κνίσσης. Das Eudoxoszitat des Zenobius auch bei Eustath. zu λ 600, S. 1702, 51 und Anklänge daran bei Diogen. VII 10 und dem von ihm abhängigen Apostolios XII 1.

3) S. auch Cic. de nat. deor. III 16, 42.

Baudissin a. a. O. 307f.). Parallelberichte zu der in fr. 7. 8 von Eudoxos berichteten ätiologischen Kultlegende liegen nicht vor; indes spricht für ihre Glaubwürdigkeit nicht allein schon die allgemeine **Tatsache**, daß der Herakleskult in Tyros für das 4. Jahrh. v. Chr. bezeugt ist (s. G. F. Hill, Catalog. of the Greek coins of Phoenicia, London 1910, S. 229/30; Rawlinson, Hist. of Phoen., London 1889, S. 330; s. auch Strab. p. 757), sondern auch das speziellere Moment, daß Spuren von Wachtelopfern auch für phönikische Kolonien nachgewiesen sind[1]) und daß sowohl die Gestalt des heilenden Iolaos[2]) wie auch die gleichfalls in fr. 7. 8 angedeutete Sage vom Kampfe des Typhon mit Herakles den Erzählungen bei Damaskios und Philon zufolge (s. Gruppe, Griech. Kult. u. Myth. S. 360 ff.) als Bestandteile spätphönikischer Mythologie in Frage kommen. Die Pointe der drei Eudoxoszitate liegt in der nicht ohne eine gewisse komische Färbung erzählten Wiedererweckung des Herakles durch Wachtelduft: sie gipfeln also inhaltlich in einem Auferstehungsgedanken, und so mögen sie sich auf das nach Flav. Jos. Ant. Iud. VIII 5, 3 bereits von Hirôm I. in Tyros eingesetzte Auferstehungsfest beziehen, dessen Existenz mythisch betrachtet eine Art Erinnerungsfeier an den Sieg des Lichtgottes (= Herakles) über den des Todes (= Typhon) darstellte, das in Wirklichkeit aber lediglich eine auf das Wiedererwachen der Natur im Frühling sich gründende Naturfeier war. Vgl. zur Deutung der Fragmente auch Keller, Tiere des Altert. II (1913) Index unt. Wachtel. Abgesehen von Autopsie, die nicht bezeugt, wenngleich denkbar wäre, kann die Angabe über den tyrischen Herakleskult dem Eudoxos auch durch mündliche Mitteilungen zugeflossen sein, die ihm bei den damaligen kulturellen Beziehungen Phönikiens zu Südkleinasien, also auch zu Knidos, der Heimat des Eudoxos, leicht hätten zuteil werden können; oder aber es kommt für fr. 7. 8 eine literarische Quelle in Frage, vielleicht Philistos, der nach Suidas (unter *Φίλιστ.*) eine Schrift über Phönikien verfaßt hat und sonst von Eudoxos für die Kulturgeschichte Phönikiens (s. fr. 83) benutzt ist.

---

1) Für Gades und Tarsos s. Frazer, Adonis, Attis, Osiris[2] 1907 S. 99, 2 Gruppe a. a O S. 1278, 2; im übrigen vgl. für die Erklärung der fr. 7. 8 Baudissin a. a. O 305 ff.

2) S. Gruppe a. a. O. S. 373, 4; ders. in Griech. Kult. u. Myth. S. 380; Bäthgen, Beitr. z. sem Relig, Berlin 1888, S. 46. — Daß der Name Iolaos in phönikischen Verträgen vorkam. lehrt Polyb. VII 9, 1—2; s auch Nöldeke, Zeitschr. d Deutsch. Morg. Ges. 42 (1888) 471, wo die auf phönikischen Inschriften wiederkehrende Wortwurzel ‏יא‎ mit dem Namen Iolaos in Zusammenhang gebracht ist, sodann Baudissin a. a. O. SS 225 279, 2 305 Über die Ableitung des Namens Herakles aus dem Phönikischen s. Zwicker, R.-E. unter Herakles Sp. 528.

Über das im südlichen Syrien an der Küste gelegene uralte Askalon enthält fr. 67 bei Steph. Byz. (vgl. Lentz, Herodian a. a. O. II 866, 8—10) eine kurze Notiz:

$$\textrm{᾿Ασκάλων, πόλις Συρίας πρὸς τῇ ᾿Ιουδαίᾳ} \ldots \textrm{τὸ ἐθνικὸν ᾿Ασκαλωνίτης}$$
$$\textrm{καὶ ᾿Ασκαλώνιος παρὰ τὸ ᾿Ασκαλώνιον, ὡς Ξάνθος ὁ Λυδός} \ldots \textrm{παρὰ δ᾿}$$
$$\textrm{Εὐδόξῳ διὰ τῆς} \ \overline{αι} \ \textrm{ἐν τῷ α᾿} \ldots \textrm{καὶ ἡ μὲν πόλις, οὗ πρῶτόν φασι τὰ}$$
$$\textrm{κρόμμυα γενέσθαι. καὶ κατὰ τὴν ᾿Αλεξανδρέων συνήθειαν ᾿Ασκαλωναῖα}$$
$$\textrm{κεράμια.}[1])$$

Offenbar ist hier bei Stephanus Eudoxos nur wegen der von ihm angewandten Possessivform zu Askalon zitiert, die im Gegensatze zu der bei andern, z. B. Xanthos (bei Steph. Byz. unter ᾿Ασκ.) gebrauchten ᾿Ασκαλωνίτης und ᾿Ασκαλώνιος, nach ihm ᾿Ασκαλωναῖος[2]) lautete. Der aus Buch I der Periodos — so ist das ἐν τῷ α᾿ in fr. 67 zu deuten — für das eudoxische ᾿Ασκαλωναῖος angeführte Beleg hat sich indes bei Stephanus nicht mehr erhalten. Er stand wohl hinter ἐν τῷ α᾿, wo Meineke eine Lücke in den Hss. feststellte, ging also der (von Brandes nicht aufgenommenen) Eudoxosnotiz über Zwiebeln Askalons voraus und war mit ihr durch καί verbunden (s. καὶ ἡ μὲν πόλις in fr. 67).

Die Zwiebeln Askalons erwähnen außer Eudoxos auch Strabon p. 759 und Plin. Nat. hist. XIX 101 als bemerkenswert, und die Tatsache, daß solche bei den Ruinen Askalons noch jetzt im Sande sogar wild wachsen[3]), und daß diese Zwiebelart (allium Ascalonium = Ascalonitae) auch in Europa[4]) bekannt ist, spricht genugsam für die Glaubwürdigkeit und pflanzengeschichtliche Bedeutung des Eudoxoszitates. Anscheinend hat gerade der Umstand, daß selbst für ein wildes Wachstum der Zwiebeln der Boden Askalons günstig ist, im Altertum

---

1) διὰ τοῦ αι Voss. — ἐν τῇ πρώτῃ Aldina. — Vor καί, das Meineke mit Unrecht (s. oben das Folgende) tilgen möchte, verzeichnet er eine durch den Ausfall des eudoxischen Belegs zu ᾿Ασκαλωναῖος verursachte Lücke.

2) Da die Worte διὰ τῆς αι des fr. 67 sich nur auf die vierte, nicht aber, wie Brandes ἐν τῷ α᾿ offenbar deutete, auf die erste Silbe in ᾿Ασκαλωναῖος beziehen können, ist in ἐν τῷ α᾿ lediglich ein Verweis auf Buch I der Periodos zu erblicken, also auch fr. 67 entgegen der Meinung von Brandes ein Fragment aus Buch I mit Buchzahl.

3) S. Meyers Konv.-Lex. 6. Aufl. (1902) u. Brockhaus Konv.-Lex. 14. Aufl. (1908) unter Askalon; Meistermann, Durchs heilige Land, München 1913, S. 63. Wie der (jetzt †) Dir. d. kath. deutsch. Hospizes St. Paul, P. E Schmitz, aus Jerusalem mir in Bestätigung obiger Angaben dankenswerterweise noch weiter mitteilte (am 31. VIII. 13), könnte bei besseren Verkehrsverhältnissen die Zwiebelart Askalons noch jetzt einen wertvollen Exportartikel Palästinas bilden, so aber sei die Fracht bis Jaffa oder Gaza umständlich und teuer.

4) In Italien als scalogno, in Frankreich als échalotte und in Deutschland als Schalotte eingeführt: s. Meistermann a. a. O.

zu der durch Eudoxos bezeugten Tradition geführt, in Askalon seien die ersten Zwiebeln entstanden (s. fr. 67: $\varkappa\alpha\grave{\iota}$ $\acute{\eta}$ $\mu\grave{\varepsilon}\nu$ $\pi\acute{o}\lambda\iota\varsigma$ $o\mathring{v}$ usw.). Aus Xanthos findet sich bei Stephanus a. a. O. auch eine kurze Angabe über den Ursprung Askalons; da nun von einer analogen Notiz bei Eudoxos an der genannten Stephanusstelle mit keinem Wort die Rede ist, wiewohl Eudoxos kurz vorher in fr. 67 zitiert wird, könnte man vermuten, daß bei ihm in der Periodos über Askalons Entstehen überhaupt nichts zu finden war, daß er also den Xanthos bei seinen Angaben über Askalon im Gegensatze zu sonst (s. S. 22) nicht benutzt hat. Ungleich wahrscheinlicher jedoch ist es, daß die Xanthosstelle bei Stephanus noch zu dem ihr vorausgehenden fr. 67 gehört und Xanthos daher nur aus Eudoxos von Stephanus benutzt ist.

Außer den genannten Fragmenten geht vielleicht auch die Angabe des Aristoteles über das Tote Meer, Meteor. II 3 p. 359 a 16 ff. sowie die Parallelen hierzu (vgl. Hofmann, Kenntnisse d. klass. Völker v. d. phys. Eigenschaft. d. Wassers, Sitz.-Ber. d. Wien. Akad., phil.-hist. Kl. 163 [1910] 51) auf Eudoxos zurück, da dieser, auch sonst der Gewährsmann des Aristoteles, den erhaltenen Angaben zufolge, über Syrien glaubwürdige Nachrichten besaß, und da zudem die Einführung des Aristoteleszitates $\mu\upsilon\vartheta o\lambda o\gamma o\tilde{\upsilon}\sigma\acute{\iota}$ $\tau\iota\nu\varepsilon\varsigma$ ganz an Eudoxosfragmente anklingt (vgl. $\mu\upsilon\vartheta o\lambda o\gamma\varepsilon\tilde{\iota}\nu$ in fr. 62).

2. BUCH II
FORTSETZUNG DER PERIEGESE ASIENS: ÄGYPTEN

Buch II der Periodos umfaßte im wesentlichen eine Darstellung Ägyptens. Als Zeugnisse hierfür besitzen wir die zwei unabhängig voneinander überlieferten Fragmente 17. 18, die von Ägypten handeln und ausdrücklich als Exzerpte aus Buch II der Periodos bezeichnet sind. Außerdem ergibt sich aus der Behandlung Ägyptens in Buch II im Gegensatze zu der Libyens in Buch VI (s. S. 105), daß Eudoxos die Beschreibung Ägyptens im Zusammenhange mit der Asiens in Buch I und III (s. S. 18), dagegen völlig getrennt von der Libyens gegeben hat. Der tiefere Grund hierfür war ohne Frage der, daß er gleich andern, aber doch im Gegensatze zu dem Schwanken Herodots (s. Strenger, Strab. Erdkunde v. Libyen, Quell. u. Forsch. 28 [1913] 51) und zu Aristoteles[1]) Ägypten nicht zu Libyen, sondern zu Asien gerechnet hat. Als Grenzlinie Asiens in Ägypten gegen Libyen hin mag ihm der Nil und speziell nach Nord-

---

1) Bolchert, Aristoteles' Erdkunde von Asien u. Libyen, Berlin 1908, Quell. u. Forsch. z. alt. Gesch u. Geogr. Hft. 15 S. 43

westen hin der kanopische Nilarm[1]) gegolten haben. Für diese Annahme spricht, daß er auch die entsprechende nordwestliche Grenze Asiens gegen Europa durch einen Fluß (s. S. 27), den Tanais, gebildet sein ließ, und daß zudem auch sonst im früheren Altertum (s. Wagner, Die Erdbeschr. d. Timosth. v. Rhod., Leipzig 1888, S. 42) der Nil wie der Tanais durch ihre nach antikem Glauben fast auf denselben Meridian fallenden Flußläufe den Alten als süd- und nordwestliche Grenzlinien Asiens besonders geeignet erschienen. (Für die Nachwirkung dieser Abgrenzungsweise bei Plinius und Mela s. Klotz, Quell. u. Forsch. z. alt. Gesch. u. Geogr. 11 [1906] 63.)

Nach dem Umfang der über Ägypten erhaltenen Eudoxoszitate zu schließen, war die Schilderung dieses Landes in der Periodos ziemlich ausführlich[2]), was wohl in dem nach Diog. Laert. VIII 8, 87 sechzehn Monate währenden Aufenthalt[3]) des Eudoxos in Ägypten begründet liegt, ein Verweilen, das durch die ihm von ägyptischer Seite[4]) gewordenen Informationen sich für ihn und seine Kenntnis der Eigentümlichkeiten des Landes wohl besonders fruchtbar gestaltet hat.

In diesem Zusammenhange mag an einen Vorläufer des Eudoxos in der Schilderung Ägyptens, an Herodot, erinnert sein, der gleich dem

---

1) Ähnlich andere Geographen: s Berger, Gesch. d. wiss. Erdkunde d. Griech. S. 87 f. 91 f.; Strenger, Strabos Erdkunde von Libyen, Quell. u. Forsch. 28 (1913) S 2. 53; möglicherweise ist Timosthenes b Plin. Nat hist. V 47 wie sonst (s. S. 112, 2) so auch in seiner Begrenzung Südwestasiens durch die kanopische Mündung dem Eudoxos gefolgt. — Außer Ägypten wurde von Eudoxos ähnlich wie auch von Herodot und dem von Eudoxos vielleicht abhängigen Aristoteles (s. Strenger S. 3) wohl auch das in fr. 65 genannte und von ihm im Süden Ägyptens liegend gedachte Äthiopien zu Asien gerechnet.

2) Daraus erklärt es sich vielleicht, weshalb Eudoxos Ägypten in einem besonderen, im zweiten Buche behandelte im Gegensatze zur Beschreibung des übrigen Asiens in Buch I und III (s. S. 18).

3) Außerdem ist der Aufenthalt des Eudoxos in Ägypten bezeugt durch Strab. p. 806/7, Diod I 96, 2. 98, 4, Sen. quaest. nat. VII 3, Plut. de Is 10, Clem. Al. strom. I 15 § 69, 1, Philostr. vit. Apoll I 35. 1, vit. soph. I 1, Iambl. de myst. I 1, Suid. unter Ἀισχίνης. Die aus einer unbekannten Quelle stammende Nachricht bei Strab. p. 806, Eudoxos habe zusammen mit Platon 13 Jahre in Ägypten zugebracht, ist schon im Hinblick auf die oben angeführte, wohl auf Hermipp zurückgehende alte Angabe bei Diogenes Laert. zu verwerfen. Doch ist die weitere Notiz bei Strabo a a O. über einen Aufenthalt des Eudoxos in Heliopolis wohl glaubwürdig; denn zu ihr paßt die Bemerkung bei Diog. Laert VIII 8, 90, daß der bedeutendste der den knidischen Geographen in ägyptischen Dingen unterweisenden Priester, Chonuphis, aus Heliopolis war. Demgegenüber beruht Plut. de Is. 10, jener Priester sei aus Memphis gewesen, auf einem Irrtum, oder die Stelle bezieht sich auf einen andern Priester, der bei dem Aufenthalte des Eudoxos in Memphis dessen Lehrer war.

4) Daß es Priester waren, die ihn in Ägypten unterwiesen, geht außer aus den unter vorstehender Anm. angeführten Stellen auch aus fr. 17. 64. 65 hervor.

knidischen Geographen jenes Land aus eigener Anschauung gekannt und darüber gleichfalls im zweiten Buche seines Werkes ausführlich berichtet hat.

Außer den fr. 17. 18 handeln von Ägypten die Fragmente 42. 60 —65. 84. 88; sie gehören also ebenfalls Buch II der Periodos an, desgleichen eine Reihe weiterer Stellen bei Plut. de Is. et Os., Aelian u. a., die sich indirekt als Eudoxoszitate erweisen lassen und auf Ägypten Bezug nehmen: s. S. 42 f.

Allgemein betrachtet beziehen sich die Eudoxoszitate über Ägypten teils auf das Land selbst oder seine Eigentümlichkeiten, teils auf die religiöse Denkweise der Ägypter. Hier folgen zunächst

a) FRAGMENTE ÜBER DIE BESONDERHEITEN DES LANDES
α) DAS NILPROBLEM BEI EUDOXOS

Wie sehr viele andere naturwissenschaftlich interessierte Denker des Altertums hat sich auch Eudoxos mit den Gründen der Nilschwelle beschäftigt, und es ist für den Forschungseifer des knidischen Geographen bezeichnend, daß er, wie noch die Fragmente 64/5 zeigen, sich nicht ohne weiteres für Anschauungen seiner Vorgänger, z. B. Herodots, entschied, sondern die Frage mit Hilfe von Informationen seitens ägyptischer Priester zu lösen suchte.

fr. **64** = Placit. philos. IV 1,7 (= Diels, Doxogr., Berol. 1879, S. 386): *Εὔδοξος τοὺς ἱερεῖς φησι λέγειν τὰ ὄμβρ α τῶν ὑδάτων κατὰ τὴν ἀντιπερίστασιν τῶν ὡρῶν· ὅταν γὰρ ἡμῖν ᾖ θέρος τοῖς ὑπὸ τὸν θερινὸν τροπικὸν οἰκοῦσι, τότε τοῖς ὑπὸ τὸν χειμερινὸν τροπικὸν ἀντοίκοις χειμών ἐστιν, ἐξ ὧν τὸ πλημμῦρον ὕδωρ καταρρήγνυται.*[1])

Dasselbe bei Ps.-Galen hist. philos. 23 (= Kühn, med. Graec. opp. XIX 301) u i. fr. **65** = Schol. zu δ 477 (s. auch Eustath. zu δ 477 p 1505, 60ff.): *Πολλῶν λεγομένων περὶ τῆς τοῦ Νείλου ἀναβάσεως πρῶτος Ὅμηρος τὴν ἀληθεστάτην αἰτίαν εἶπε διϊπετῆ πυοσαγορεύσας αὐτόν διότι πληροῦται ἀπὸ τῶν ἐν Αἰθιοπία γινομένων ἀδιαλείπτων τοῦ θέρους καὶ σφοδρῶν ὑετῶν ὡς καὶ Ἀριστοτέλης καὶ Εὔδοξος πεπύσθαι ταῦτα φάσκοντες ἀπὸ τῶν ἐν Αἰγύπτῳ ἱερέων* (= Diels, Dox. 229, 1[2]).

---

1) Roeper ändert κατά in καί; richtiger ist aber wohl κατά, da hiermit der Grund für die ὄμβρια ὑδάτων eingeführt wird. — Ebenso ist wohl statt παρ' (so die Paris. Plutarchhs. 1956 nach den übrigen Hss. γάρ zu schreiben, da der hiermit beginnende Satz die Erklärung der ἀντιπερίστασις enthält (krit. Teil nach der Ausg. von Bernadakis).

2) Statt ἐκ τῶν ἐν Αἰθιοπίᾳ in einer Heidelb. und Hamb. Hs. sowie bei Eustath a. a. O hat ein (von dem Palat. abhängiger) Ambros. und Mediol. ἀπὸ τῶν κτλ. — τοῦ θέρους - ὡς fehlt in d. Hamb Hs. — statt φάσκοντες hat der Harleianus 5674 φάσκων (krit. Teil nach der Homerschol.-Ausg. von Dindorf).

Dem Sinne nach mit fr. 64 insbesondere identisch ist Diod. I 40, 1 ff., wo dieselbe Überschwemmungsursache wie in fr. 64 angegeben ist; und da auch die Gewährsmänner für Diodor a. a. O. augenscheinlich dieselben sind wie die von Eudoxos in fr. 64/5 bezeichneten, nämlich ägyptische Priester — nach Diodor solche aus Memphis[1]), deren einer von Plut. de Is. et Os. 10 ausdrücklich als Lehrer des Eudoxos genannt ist —, unterliegt es kaum einem Zweifel, daß auch bei Diodor ein Periodosexzerpt vorliegt, das Agatharchides, der Autor Diodors für jene Stelle (s. Schwartz, R.-E. unter Diodor 38), der Periodos des Eudoxos, seines Heimatgenossen aus Knidos, entlehnt hat. Denn daß Agatharchides mit jener Überschwemmungshypothese bei Diodor einem älteren Autor, nicht aber einer Anschauung seiner Zeit gefolgt ist, geht schon daraus hervor, daß die zur Zeit des Agatharchides landläufigen Erklärungen für die Nilschwelle von der von Agatharchides (bei Diodor) selbst vertretenen Anschauung völlig abweichen. Wie Capelle in seinem lehrreichen Aufsatz über die Nilschwelle (N. Jahrb. f. d. klass. Altert. XXXIII [1914] 345) wohl richtig gesehen hat und wie namentlich fr. 65 zeigt, hat sich Eudoxos in fr. 64 nur für die Tatsache der in Äthiopien niederfallenden Regen auf die ägyptischen Priester als Zeugen berufen, nicht aber für die gleichfalls in fr. 64 gegebene Begründung jener Tatsache durch die $\dot{\alpha}\nu\tau\iota\pi\varepsilon\varrho\dot{\iota}\sigma\tau\alpha\sigma\iota\varsigma$ $\tau\tilde{\omega}\nu$ $\dot{\omega}\varrho\tilde{\omega}\nu$ (s. fr. 64 $\dot{o}\tau\alpha\nu$ — $\dot{\varepsilon}\sigma\tau\iota\nu$). Diese Begründung selbst, die auf Grund der Lehre von den Erdzonen einen Lauf des Nils von der südlichen gemäßigten Zone über die heiße hinweg nach der nördlichen gemäßigten annimmt (s. besonders die eudoxische Partie bei Diodor a. a. O.), hat Eudoxos vermutlich von Nikagoras von Kypros (s. Schol. zu Apoll. Rhod. IV 269; V. Rose, Aristotelis fragmenta, Lps. 1886, S. 195/6 = fr. 248; J. Partsch, Des Aristot. Buch üb. d. Steig. d. Nils, Abhdl. d. Königl. Sächs. Ges. d. Wiss., philol.-hist. Kl. XXVII [1909] 562) übernommen, den Partsch wohl mit Recht für voreudoxisch hält, weil Aristoteles a. a. O. gegen ihn polemisiert und nicht gegen den die gleiche Ansicht vertretenden Eudoxos.[2]) Daß sich übrigens Eudoxos, wie schon vor ihm Demokrit und Thrasyalkes (über

---

1) $\tau\tilde{\omega}\nu$ δ' $\dot{\varepsilon}\nu$ $M\dot{\varepsilon}\mu\varphi\varepsilon\iota$ $\tau\iota\nu\dot{\varepsilon}\varsigma$ $\varphi\iota\lambda o\sigma\dot{o}\varphi\omega\nu$ == fr. 64 $\tau o\dot{\nu}\varsigma$ $\dot{\iota}\varepsilon\varrho\varepsilon\tilde{\iota}\varsigma$ $\lambda\dot{\varepsilon}\gamma\varepsilon\iota\nu$, fr. 65 $\pi\varepsilon$$\pi\dot{\nu}\sigma\vartheta\alpha\iota$ $\tau\alpha\tilde{\nu}\tau\alpha$ $\varphi\dot{\alpha}\sigma\varkappa o\nu\tau\varepsilon\varsigma$ $\dot{\alpha}\pi\dot{o}$ $\tau\tilde{\omega}\nu$ $\dot{\varepsilon}\nu$ $A\dot{\iota}\gamma\dot{\nu}\pi\tau\omega$ $\dot{\iota}\varepsilon\varrho\dot{\varepsilon}\omega\nu$.

2) Auf Nikagoras oder die in fr. 64/5 noch erhaltene Periodosstelle gehen zurück die gleichlautenden Erklärungen der Nilschwelle bei Mela I 54, Olymp. comm. in Aristot. XII (p. II), Berol. 1910, S. 94 zu meteor. 348a 14; Procl. in Plat. Tim. A 22 E ed. Diehl S. 120. — Mit der Lehre von der Kugelgestalt der Erde steht übrigens fr. 64 nicht im Widerspruch; die Einwände Diodors a. a. O. und Bauers, Antike Ansicht. üb. d. jährl. Steig. des Nils, Hist. Unters. A. Schäfer gewidm., Bonn 1882, S. 84 gegen fr. 64 sind also hinfällig.

diesen s. Capelle, Hermes 48 [1913] 322, 1) durch die Aufnahme des Priesterzeugnisses über die Regengüsse in Äthiopien für diese als unmittelbare Ursache der Nilschwelle entschied[1]), wodurch er der Wahrheit ungleich näher kam als sein auf naiven Ansichten beharrender Vorgänger Herodot, spricht wieder für den naturwissenschaftlich reifen Sinn des knidischen Geographen. Besonders interessant aber ist bei der Wiedergabe des Zeugnisses ägyptischer Priester durch Eudoxos noch der Umstand, daß Aristoteles es, wie noch fr. 65 zeigt ($\dot{\omega}\varsigma$ $\varkappa\alpha\grave{\iota}$ $'A\varrho\iota\sigma\tau o$-$\tau\acute{\epsilon}\lambda\eta\varsigma$ $\varkappa\alpha\grave{\iota}$ $E\H{\upsilon}\delta o\xi o\varsigma$ $\pi\epsilon\pi\acute{\upsilon}\sigma\vartheta\alpha\iota$ $\tau\alpha\tilde{\upsilon}\tau\alpha$ $\varphi\acute{\alpha}\sigma\varkappa o\nu\tau\epsilon\varsigma$ $\dot{\alpha}\pi\grave{o}$ $\tau\tilde{\omega}\nu$ $\dot{\epsilon}\nu$ $A\dot{\iota}\gamma\acute{\upsilon}\pi\tau\dot{\omega}$ $\dot{\iota}\epsilon\varrho\acute{\epsilon}\omega\nu$), offenbar zur Bestätigung seiner von Demokrit und Thrasyalkes übernommenen Ansicht (s. Strab. p. 790) der Periodos seines berühmten Zeitgenossen entlehnte und in den Meteor. I 12 p. 349 a 5 ff., wo ja wie bei Eudoxos ebenfalls äthiopische Regen als Ursache der Nilanschwellung angegeben sind, vielleicht verwertete, lange bevor er in der Zeit der Eroberungen Alexanders d. Gr. das Nilproblem in ähnlichem Sinne,

1) **Dafür** spricht namentlich **auch,** daß Eudoxos die ihm von ägyptischen Priestern gewordene Mitteilung von den äthiopischen Regen durch die vermutlich von Nikagoras übernommene, von ihm selbst aber wohl gebilligte $\dot{\alpha}\nu\tau\iota\pi\epsilon\varrho\acute{\iota}$-$\sigma\tau\alpha\sigma\iota\varsigma$ $\tau\tilde{\omega}\nu$ $\dot{\omega}\varrho\tilde{\omega}\nu$ begründet. Nach Eudoxos lag also die Ursache der Nilschwelle darin, daß zur Zeit, da in Ägypten Sommer ist (s. fr. 64 $\H{o}\tau\alpha\nu$ . . . $\dot{\eta}\mu\tilde{\iota}\nu$ $\vartheta\acute{\epsilon}\varrho o\varsigma$ $\H{\jmath}$; in fr. 65 bezieht sich $\vartheta\acute{\epsilon}\varrho o\upsilon\varsigma$ ebenfalls auf den ägyptischen, nicht den äthiopischen Sommer), die Äthiopen Winter haben, und daß dann wohl ähnlich wie nach Demokrit (s. Capelle, N. Jahrb. a. a. O. S. 341 ff.; Bolchert, N. Jahrb. f. d. klass. Alt. XXVII (1911) 154/5) die durch Schneeverdunstung in den nördlichen Gegenden entstandenen Wolkenmassen durch die Etesien nach den mit der Antiökumene (s. S. 16) identischen südlichen Regionen getrieben werden, daselbst als Regen an den kalten Bergen Äthiopiens sich niederschlagen und so die dem Nil zuströmenden Wassermassen vermehren. Denn daß bei Eudoxos in der Erklärung der Nilüberschwemmung den Etesien eine gewisse Bedeutung zukam, ergibt sich doch wohl schon daraus, daß auch in einer eudoxischen Partie bei Plut. de Is. et Os. 39 (s. Bauer a. a. O. S. 83, 2), wo wie bei Eudoxos die Nilschwelle durch äthiopische Regen erklärt ist, die Etesien als Ursache dieser Regen genannt sind. Auch der Umstand, daß Eudoxos die Dauer der Etesien gleich den Ägyptern auf 50 Tage berechnete (s. E. A. Wagner, Die Erdbeschr. d. Timosth. v. Rhodos, Leipzig 1883 S. 44, 3; Rehm, R.-E. unter Etes. 4), scheint mit dem Aufenthalte des Eudoxos in Ägypten und seinen wegen des Nilproblems über die Etesien daselbst angestellten Beobachtungen zusammenzuhängen. Wenn auch im einzelnen die Erklärung der Nilschwelle nach Eudoxos irrig ist (so namentlich die Vorstellung von dem auf der $\dot{\alpha}\nu\tau\iota o\iota\varkappa o\upsilon\mu\acute{\epsilon}\nu\eta$, also der südlich gemäßigten Zone entspringenden und daher ungeheuer langen Nil, von dem äthiopischen Winter und von den vom Mittelmeer statt vom Indischen Ozean [s. Capelle, N. Jahrb. a. a. O. S. 359] her wehenden, wasserreichen Etesien), so gibt sie doch als letzte Ursache der Nilschwelle richtig die äthiopischen Regen an. — Was außer dem Obigen Landi, Atti e Mem. d. R. Acad. d. scienze, lett. ed arti, Pad. 1910, XXII 209—31 bei späteren Autoren für Angaben des Eudoxos über das Nilproblem hielt, hat bereits Capelle (Berl. Phil. Woch. 1913 S. 1289 ff.) als nichteudoxisch erwiesen. — S. Nachträge.

aber auf neue Beweise gestützt in seiner Schrift über den Nil (s. Capelle, N. Jahrb. a. a. O. S. 348) endgültig löste.[1])

β) DIE KULTIVIERUNG DES ÜBERSCHWEMMUNGSGEBIETES DES NILS

Was wir aus der Periodos über den Anbau des Nillandes noch wissen, beschränkt sich auf das wohl aus Favorinus (s. F. Rudolph, De font. quibus Aelian.in var. hist. comp. usus sit, Leipz. Stud. 7 S. 135, vgl. auch S. 69, wonach Favorinus ebenfalls aus Eudoxos geschöpft hat) entlehnte fr. 42 bei Aelian, in dem, wie ein Vergleich mit der beigegebenen Herodotstelle zeigt, Herodot von Eudoxos benutzt ist:

Aelian. de hist. animal. X 16:	Herod. II 14:
Εὔδοξος δέ φησι φειδομένους τοὺς Αἰγυπτίους τὰν ὑῶν μὴ θύειν αντάς, ἐπεὶ τοῦ σίτου σπαρέντος ἐπάγουσι τὰς ἀγέλας αὐτῶν· αἱ δὲ πατοῦσι ⟨τὸν πυρὸν⟩ καὶ εἰς ὑγρὰν τὴν γῆν ὠθοῦσιν, ἵνα μείνῃ ἔμβιος καὶ μὴ ὑπὸ τῶν ὀρνίθων ἀναλωθῇ.[2])	ἐπεάν σφι (sci. τοῖς Αἰγυπτίοις) ὁ ποταμὸς αὐτόματος ἐπελθὼν ἄρσῃ τὰς ἀρούρας, ἄρσας δὲ ἀπολίπῃ ὀπίσω, τότε σπείρας ἕκαστος τὴν ἑωυτοῦ ἄρουραν ἐσβάλλει ἐς αὐτὴν ὗς, ἐπεὰν δὲ καταπατήσῃ τῇσι ὑσὶ τὸ σπέρμα, ἄμητον τὸ ἀπὸ τούτου μένει, ἀποδινήσας δὲ τῇσι ὑσὶ τὸν σῖτον οὕτω κομίζεται.

Aus Eudoxos mag Plutarch quaest. conv. IV 5, 2 geschöpft haben, der auch sonst in zahlreichen Notizen über Ägypten von Eudoxos abhängig ist: vgl. S. 43 ff. Auch Plin. Nat. hist. XVIII 168 geht wie vieles andere bei ihm (s. S. 6) wohl in letzter Linie auf Eudoxos zurück, falls Herodot a. a. O. nicht Quelle war.

Inhaltlich haben die oben zitierten Angaben Herodots und des Eudoxos durch ägyptologische Forschungen neuester Zeit eine evidente Bestätigung gefunden. Vgl. die zum Teil noch in Farben erhaltenen Abbildungen auf altägyptischen Steinmonumenten in ihrer Reproduktion bei Spiegelberg and Newberry, Theban Necropolis, London 1908, S. 14 und plate XIII im Anhang, wo das Einstampfen der Saat in den Nilboden durch Schweine durch altägyptische Denkmäler unmittelbar illustriert ist. Auch Schafe oder Ziegen wurden zu diesem Zweck verwendet, vgl. Luise Klebs, die Reliefs des alten Reiches (Abh. Heidelb. Akad. phil.-hist. Kl. 3, 1915) S. 47 f.

γ) ASDYNIS IM MÖRISSEE

fr. 18 bei Steph. Byz. (vgl Lentz, Herodian a. a. O. I 96, 23—25): Ασδυνις, νῆσος κατὰ τὴν Μοίριδος λίμνην. Εὔδοξος δευτέρῳ· ʽκατε-

---

1) Ist die Periodos a a O. (s. auch oben) in den Meteorologica benutzt, dann ergibt sich für diese als terminus post quem das Jahr 347 v. Chr. (s. S 5, 1).

2) τὸν πυρόν vermuten Gesner und Hercher (vgl. Aelian. ed. Hercher, Paris. 1858, Praef. p. 36).

λαμβάνοντο ἐν Ἀσδύνει τῇ νήσῳ'. ὁ νησιώτης Ἀσδυνίτης ὡς Μεμφίτης.[1])

Die ehemalige Lage dieser Insel oder Halbinsel — denn daß νῆσος
bei Eudoxos wie bei anderen auch Halbinsel bedeuten kann, zeigt fr. 78
ἐν τῇ Κυξικηνῶν νήσῳ — zu bestimmen, bietet fast unlösbare Schwierigkeiten, da der Mörissee heutigestags zum größten Teile vertrocknet
ist (vgl. Ritter, Erdkunde I 800. 804/5; G. Ebers, Cicerone durch das
alte und neue Ägypten II [188 ;] 130) und andrerseits weder bei
einem antiken Autor noch auf literarischen Denkmälern Altägyptens
von einer Insel oder Halbinsel im Mörissee die Rede ist. Fest steht nur,
daß in dem an den Mörissee angrenzenden Gau Arsinoïtes eine gewisse
Örtlichkeit von den Ägyptern mit dem Namen Suden bezeichnet worden
ist[2]), wobei die Ähnlichkeit der Namen Asdynis und Suden besonders in die Augen fällt. Da nun aber nach der Ansicht namhafter Ägyptologen[3]) der Teil des Gaues Arsinoïtes, auf dem die Gauhauptstadt
Arsinoe, das vorptolemäische Krokodilopolis, lag, als Halbinsel von Osten
her in den Mörisssee hereinragte, liegt wohl die Annahme nahe, daß
jener Gauteil mit der eudoxischen Halbinsel im Mörissee bzw. mit der
von den Ägyptern Suden genannten Örtlichkeit identisch ist. — Worauf
sich κατελαμβ. κτλ. i. fr. 18 bezieht, das ohne den Zusammenhang mit
. dem eudoxischen Text gegeben ist und dem Autor des Steph. Byz.
anscheinend nur zur Exemplifizierung von Ἀσδυνις dienen sollte, ist
nicht ersichtlich.

δ) DIE PYRAMIDEN BEI EUDOXOS

Daß die Periodos eine Erwähnung der Pyramiden Ägyptens enthielt, ist wohl kaum zu bestreiten, wenngleich hierüber nichts Be

---

1) Die Meinung Hultschs, R.-E. unter Eudox. 8 § 22 Sp. 947/8, in fr. 18 sei
für Μοίριδος Μαιώτιδος zu lesen und dementsprechend Asdynis für eine Insel der
Maiotis zu halten, da Eudoxos im zweiten Buche seiner Periodos nicht über
Ägypten geschrieben haben könne, wird schon durch fr. 17 widerlegt, das gleichfalls aus Buch II zitiert ist und sich auf Ägypten bezieht; vgl. auch Forbiger
I 113. Zudem klingt schon der Name Asdynis, wie auch der ähnlichlautende
Name der ägyptischen Ortschaft Asphynis (vgl Pietschmann, R.-E. unter A.)
zeigt, echt ägyptisch.

2) Vgl. H. Brugsch, Geogr. Inschrift. = I (1857) Geographie d. alt.
Ägypten S. 231/2; ich verdanke diesen Hinweis Herrn Prof. Ranke-Heidelberg.

3) Vgl. R. H. Brown, The Fayûm and lake Moeris, London 1892, S. 69 ff.;
ihm stimmt bei Ed. Meyer, Gesch. d. Alt ², Berlin 1909, I 2 S. 268; über Krokodilopoli- vgl. Steph. Byz. unter Κροκοδείλων πόλις ἐν τῇ λίμνῃ ἐν Αἰγύπτῳ;
vgl. auch Wiedemann, Herod. II. Buch, Leipzig 1890, S. 524.

stimmtes überliefert ist.[1]) Ja es spricht manches dafür, daß der hekatäische[2]) Exkurs über die Pyramiden bei Diodor I 63, 3 ff. in seinen Grundbestandteilen auf Eudoxos zurückgeht, zunächst, daß er eine Polemik gegen die herodoteischen Nachrichten über die Pyramiden (Herod. II 124 ff.) enthält, sodann, daß er ägyptische Namensformen aufweist, die sprachlich der Zeit Herodots näher stehen als der Manethos (s. Bissing a. a. O. S. 11, 17, 38, 1; Griffith, Catal. of the demot. papyr., London 1909, III 199). Beide Momente scheinen auf Eudoxos als primären Autor des Exkurses hinzuweisen, da Eudoxos zeitlich in der Tat Herodot näher stand als Manetho und in seinen Angaben über Ägypten die herodoteische Schilderung Ägyptens offensichtlich zu überbieten und zu berichtigen strebte (s. S. 57 f.). Zudem war wohl Eudoxos auch für andere Angaben Quelle des Hekataios (s. Gruppe, Griech. Kult. u. Myth., Leipzig 1887, S. 440 ff.), und so wird dies für den hekatäischen Bericht über die Pyramiden bei Diodor um so eher anzunehmen sein[3]), als sich Eudoxos nachweislich (Philostr. vit. sophist. I 1) in der Nähe der Pyramiden bei Memphis aufhielt und nach fr. 18 zu schließen, worin die sonst völlig unbekannte Halbinsel jener Gegend Asdynis genannt ist, auch eingehend über die geographischen Ergebnisse jenes Aufenthaltes berichtet hat.

b) PERIODOSZITATE ÜBER RELIGION UND RELIGIÖSE BRÄUCHE DER ÄGYPTER

Die Fragmente über das religiöse Leben der Ägypter umfassen weitaus das meiste dessen, was aus der eudoxischen Schilderung Ägyptens auf uns gekommen ist, da sie sich nicht allein auf sechs unmittelbare Eudoxoszitate (fr. 17. 60. 61. 62. 63; dazu fr. 84. 88) beschränken, son-

---

1) Wenn Eudoxos bei Plin. Nat. hist XXXVI 79 unter den Verfassern von Schriften bzw. Berichten über die Pyramiden nicht genannt ist, so beweist das noch nicht, daß er keine derartige Erzählung gegeben hat, sondern höchstens, daß der Verfasser des Autorenkatalogs bei Plinius (s. F. de Bissing, D. Bericht d. Diodor über die Pyramiden, Berlin 1901, S. 11 ff.) die eudoxische Pyramidenschilderung nicht gekannt hat.

2) Daß die diodorische Erzählung zunächst auf der des Hekataios beruht, zeigt E. Schwartz R.-E. u. Diod. 38 Sp. 671.

3) Daß Hekataios von den Beziehungen des Eudoxos zu Ägypten gewußt hat, lehrt schon Diod. I 96, 2, eine Stelle, die zugleich auch den Hekataios als Autor Diodors erweist. Denn daraus, daß bei Diodor a. a. O. die Namen der griechischen Besucher Ägyptens von der ältesten Zeit an nur bis auf Eudoxos aufgezählt sind, geht deutlich hervor, daß dieser Namenskatalog von einem Autor Diodors herrührt, der, wie dies für Hekataios v. Teos zutrifft, bald nach Eudoxos gelebt hat.

dern in noch erheblich größerer Zahl sich in Form von Exzerpten ohne Autornamen bei Plutarch de Is. et Os. vorfinden.

Daß für diese plutarchische Schrift die Periodos des Eudoxos eine Hauptquelle war, ist längst erkannt (vgl. Boll, Sphaera S. 370; Gruppe, Griech. Kult. u. Myth., Leipzig 1887, I 440ff.) und deshalb sicher, weil Eudoxos bei Plutarch a. a. O. insgesamt nicht weniger als 8 mal zitiert ist, außer in den genannten sechs Fragmenten auch 2 mal in Plut. de Is. et Os. 10. Es soll daher im folgenden Aufgabe sein, nachzuweisen, welche Bestandteile in De Is. et Os. sich mit einiger Sicherheit auf den Knidier zurückführen lassen, wobei zugleich jene sechs Fragmente in ihrer Reihenfolge bei Plutarch besprochen werden.[1])

De Is. Kap. 2—12 — mit 12 beginnt die Osirislegende — enthalten vornehmlich religiöse Weisungen der Ägypter. Hauptquelle für jene Kapitel war anscheinend Eudoxos; denn er allein hat von den Autoren Plutarchs für Kap. 2—12 (vgl. fr. 88, Plut de Is. 10 μαρτυροῦσι δὲ καὶ τῶν Ἑλλήνων οἱ σοφώτατοι, Σόλων, Θαλῆς, Πλάτων, Εὔδοξος, Πυθαγόρας) ausführlich über Ägypten gehandelt; Kap. 6 ist zudem ausdrücklich als eine Partie aus der Periodos gekennzeichnet, und zwar durch das gegen Ende des Kapitels stehende Fragment 17, das die Erklärung für die Sitte der Weinenthaltung bei den Ägyptern bietet und somit durch seinen engen Zusammenhang mit dem übrigen Teil des Kap. 6[2]) dieses ganz als eudoxisch erweist; ausgenommen ist nur das gleichfalls in Kap. 6 enthaltene Hekataioszitat.

fr. 17 = De Is. et Os. 6: οἱ δὲ βασιλεῖς ... ἤρξαντο δὲ πίνειν ἀπὸ Ψαμμητίχου, πρότερον δ᾽ οὐκ ἔπινον οἶνον οὐδ᾽ ἔσπενδον ὡς φίλιον θεοῖς, ἀλλ᾽ ὡς αἷμα τῶν πολεμησάντων ποτὲ τοῖς θεοῖς, ἐξ ὧν οἴονται πεσόντων καὶ τῇ γῇ συμμιγέντων ἀμπέλους γενέσθαι· διὸ καὶ τὸ μεθύειν ἔκφρονας ποιεῖν καὶ παραπλῆγας, ἅτε δὴ τῶν προγόνων τοῦ αἵματος ἐμπιμπλα-

---

1) Die Ansicht von P. Frisch (de composit. libri Plut., qui inscribitur Περὶ Ἴς. κ. Ὀ., Diss. 1907, S. 47), Plutarch sei bei der Abfassung der Schrift de Is. einem Kompilator gefolgt, bedeutet, wie P. Corssen (Berl. Phil. Woch. 1908, Nr. 18) mit Recht betont, eine gänzliche Verkennung der äußerst glatten und gewandten Kompositionsweise Plutarchs. Schon die völlige Ignorierung der von Plutarch selbst genannten Gewährsmänner, des Eudoxos, Hekataios u. a. muß den Weg, den Frisch zur Analyse der plutarchischen Schrift eingeschlagen hat, als von Grund aus verfehlt erscheinen lassen. Vgl. auch Schmid, Christs Gesch. d. gr. Lit.⁵ II₁ 388₇.

2) Die zu Eingang des Kapitels gegebene Notiz von der Abneigung der Priester von Heliopolis gegen den Wein konnte dem Eudoxos schon deshalb leicht zufließen, weil außer Priestern von Memphis (s. S. 36, 3) n. Strab. p. 806 u. Diog. Laert. VIII 90 wohl auch solche aus Heliopolis seine Lehrer und diese Stadt selbst sein Aufenthaltsort war.

μένους. ταῦτα μὲν ουν Εὔδοξος ἐν τῇ δευτέρᾳ τῆς περιόδου λέγεσθαί φησιν οὕτως ὑπὸ τῶν ἱερέων.[1]) Abgesehen von einer mit fr. 17 sich berührenden Bemerkung bei Chairemon (fr. 4 = F H G III 498), sowie einer auf ein allgemeines Abstinenzgebot hindeutenden Notiz bei Apul. met. XI 23 bietet weder die altägyptische noch die altklassische Literatur zu fr. 17 eine ähnliche oder ergänzende Angabe. An einer Stelle beruht es sogar auf falscher Information des Eudoxos. Denn nicht erst von Psammetich an, wie das Periodoszitat besagt, sondern auch schon früh'er wurde Wein bei den Ägyptern zu sakralen Zwecken verwandt: vgl. Parthey, Üb. Is. u. Os., Berlin 1850, S. 163. Gleich einem kultischen Ausspruch in einem ägyptischen Papyrus, wo es (n. Wiedemann, Herod. II. Buch, Leipzig 1890, S. 173) heißt: Möge dieser Wein das Blut des Osiris werden, erhält fr. 17 immerhin dadurch eine gewisse Bedeutung, daß es den im Altertum häufig verbreiteten[2]) und auf die Gleichheit der Farbe sich gründenden Glauben an eine Verwandtschaft zwischen Blut und (Rot-)Wein auch für die Ägypter bezeugt.

Wie die Nachricht von der Weinenthaltung in Kap. 6, so hat Plutarch höchstwahrscheinlich auch seine Angaben über die Abneigung der Ägypter gegen Fische in Kap. 7 der Periodos des Eudoxos entnommen, zumal sie unmittelbar auf fr. 17 folgen und sich zum Teil bei Aelian[3]) finden, bei dessen Notizen über Ägypten gleichfalls die Periodos benutzt ist (vgl. S. 40). Und die Worte in Kap. 7 *οἱ δ'ἱερεῖς ἀπέχονται πάντων — φιλοσοφουμένοις* scheinen überdies durch ihren von Plutarch selbst angedeuteten Zusammenhang [vgl. Plut. cp. 7: *ὧν τὸν μὲν ἱερὸν καὶ περιττὸν (λόγον) αὖθις ἀναλήψομαι*] mit Kap. 18 (gegen Ende) ihre eudoxische Provenienz zu verraten; denn Kap. 18 stammt wie auch die übrige Erzählung der Osirislegende bei Plutarch aus Eudoxos (vgl. S. 47 ff.). In Kap. 8 mag die Notiz *ὁμοίως δὲ καὶ τὴν ὗν — φθινούσης* auf Eudoxos zurückgehen, da sie auch bei Proklos[4]) wiederkehrt, der sowohl sonst (vgl. fr. 73) als auch namentlich in seinen Mitteilungen über Ägypten (vgl. S. 38, 2. 45. 50, 1) offenbar von Eudoxos abhängig ist.

---

1) Markland *ποιεῖ* statt *ποιεῖν* (n. Bernard.).

2) Vgl. K. Kircher, Die sakrale Bedeut d. Weines im Altert., Gießen 1910 = Religionsgesch. Vers. u. Vorarb. IX 2, S. 82 ff.; fr. 17 ist hier S. 86 behandelt.

3) Vgl. die plut. Angaben über Oxyrhynchiten und Syeniten im Eingang von Kap. 7 mit den gleichlautenden Nachrichten bei Aelian de hist. animal. X 19 u. 46, wo vielleicht durch Vermittlung des Favorinus (s. S. 40) Eudoxos benützt ist.

4) Vgl Procl. in Hesiod. opp. et dies 767: *τὴν δὲ ὗν ἀνίερον Αἰγύπτιοί φασιν. ὅτι μίξεσι χαίει κρυπτομένης ὑπὸ τοῦ ἡλίου τῆς σελήνης.*

Der gleichfalls in Kap. 8 stehende kurze Exkurs über das jährliche Schweineopfer bei den Ägyptern steht inhaltlich in engem Konnex mit Kap. 18 (vgl. die Partie in Kap. 8 *τὸν δὲ λόγον, ὃν θύοντες — καὶ διέρριψεν* mit Kap. 18 *Τυφῶνα κυνηγετοῦντα νύκτωρ πρὸς τὴν σελήνην ἐντυχεῖν αὐτῷ*) und ist daher, da Kap. 18, eine Partie aus der Osirislegende, eudoxisch ist, wohl gleichfalls der Periodos entnommen. Noch ein weiteres deutet auf die eudoxische Herkunft jener Notiz (Plutarchs) über die Schweineopfer. Die Tatsache, daß im Gegensatze zu Herodot, der den mythischen Grund dieses Opfers (Herod. II 47) wie die Osirislegende überhaupt (Herod. II 48) aus abergläubiger Scheu verschweigt (vgl. Kap. 8 *ὡς ὁ Τυφών* κτλ.), Plutarch 1. die Opferbegründung und 2. die Osirissage berichtet, weist zur Evidenz auf eine einheitliche Quelle Plutarchs hin. Diese ist wohl die Periodos des Knidiers gewesen, der nicht allein sonst[1]), sondern vornehmlich in seiner Darstellung Ägyptens[2]) von Herodot mitunter abwich, und auf den, wie bemerkt (s. auch S. 47), die Osirislegende (bei Plutarch) und somit auch die von Plutarch über jene Schweineopfer in Kap. 8 gegebene ätiologische Notiz zurückgeht.

Die Notiz Plutarchs in Kap. 9 über die Athenastatue in Sais findet sich in erweiterter Fassung bei Proklos (in Plat. Tim. A 21 E ed. Diehl I 98):

<table>
<tr><td>Plutarch:</td><td>Proklos:</td></tr>
<tr><td>

τὸ δ᾽ ἐν Σάι τῆς Ἀθηνᾶς, ἣν καὶ Ἴσιν νομίζουσιν, ἕδος ἐπιγραφὴν εἶχε τοιαύτην· Ἐγώ εἰμι πᾶν τὸ γεγονὸς καὶ ὂν καὶ ἐσόμενον καὶ τὸν ἐμὸν πέπλον οὐδείς πω θνητὸς ἀπεκάλυψεν.

</td><td>

Αἰγύπτιοι δὲ ἱστοροῦντες ἐν τῷ ἀδύτῳ τῆς θεοῦ προγεγραμμένον εἶναι τὸ ἐπίγραμμα τοῦτο· τὰ ὄντα καὶ τὰ ἐσόμενα καὶ τὰ γεγονότα ἐγώ εἰμι· τὸν ἐμὸν χιτῶνα οὐδεὶς ἀπεκάλυψεν· ὃν ἐγὼ καρπὸν ἔτεκον, ἥλιος ἐγένετο.

</td></tr>
</table>

Da der Zusatz bei Proklos *ὃν ἐγώ* κτλ. sich bei Plutarch nicht findet, ist eine Abhängigkeit des Proklos von Plutarch ausgeschlossen; sicherlich aber weist das beiden Autoren Gemeinsame auf eine einheitliche, wenn auch von Proklos wohl kaum direkt benützte Quelle des Plutarch und Proklos[3]) hin, für die deshalb die Periodos angesehen werden könnte, weil Plutarch und Proklos[3]) auch sonst in ihren Angaben über Ägypten

---

1) Vgl. SS. 21. 30. 75f. 132

2) Die Polemik des Eudoxos gegen die herodoteischen Nachrichten über Ägypten zeigt sich zunächst in der Frage nach dem Grunde der Nilüberschwemmung, wo Eudoxos unter Verzicht auf die Darlegung Herodots in der Periodos die ägyptischen Priester selbst zu Worte kommen ließ (vgl. S. 37), insbesondere aber auch in fr. 63. das gegenüber der naiven Art der herodoteischen Gleichsetzung griechischer und ägyptischer Gottheiten einer Absage gleichkommt (s. S. 57). Vgl. über die Diskrepanz zwischen Herodot und Eudoxos außerdem S. 54. 55

3. In der Frage der Nilanschwellung (vgl. S. 38,2) sowie in Notizen über den Osirismythos (vgl. S. 50,1)

sich von Eudoxos abhängig zeigen, weil schon der echt ägyptische Charakter der Notiz (s. E. Norden, Agnostos Theos, Leipzig 1913, S. 219 ff.) bis zu gewissem Grade auf Eudoxos als Quelle hindeutet (s. hierzu S. 47 ff.) und weil Plutarch zudem kurz nach jener Notiz über die saitische Statue den Eudoxos als Quelle anführt: vgl. den Anfang von Kap. 10 μαρτυροῦσι δὲ . . . Εὔδοξος. Auch die unmittelbar hierauf folgende Bemerkung Plutarchs in Kap. 10 über innerlich zusammenhängende, ägyptische und pythagoreische Anschauungen geht inhaltlich wohl auf Eudoxos zurück. der nach Plut. de Is. 30 (s. S. 53) zu schließen in der Periodos über Verwandtschaft pythagoreischer und ägyptischer Lehren geschrieben hat und dessen starkes Interesse für Pythagoreisches durch die neuere Forschung mehr und mehr bekannt wird. Ebenso sind die in Kap. 10 und zu Anfang von Kap. 51 wiederkehrenden Worte τὸν γὰρ βασιλέα καὶ κύριον Ὄσιριν ὀφθαλμῷ καὶ σκήπτρῳ γράφουσιν eudoxischen Ursprungs. Denn erst nach der Wiedergabe dieser Notiz exzerpiert Plutarch in Kap. 10 eine andere Quelle. und zwar mit den auf Hekataios als Autor hinweisenden Einleitungsworten ἔνιοι δέ (καὶ τοὔνομα κτλ. = Hekataios b. Diod. I 11, 2; vgl. E. Schwartz Rh. Mus. 40, 230, 2 u. R.-E. u. Diod. 38).

Den übrigen Angaben in den Kap. 3—12 können von Plutarch größtenteils auch andere Quellen als die Periodos zugrunde gelegt sein. So stammen seine Bemerkungen in Kap. 5 über Gemüse-, Schaf- und Schweinefleischenthaltung, über Abneigung der Ägypter gegen Salz entweder aus Herodot II 37 (vgl. auch Plut. quaest conviv. VIII 8, 2) oder Hekataios (vgl. b. Diod. I 89, 4), die Notiz über den Apis aus Aristagoras (vgl. Aelian. de hist. anim. XI 10), die in Kap. 8 über Technaktis aus Hekataios (b Diod. I 45 ff.; E. Schwartz. Rh. Mus. 40, 230), die in Kap. 9 über ägyptische Könige im allgemeinen aus Platon Rep. 290 D E oder Hekataios (b. Diod. I 70 ff.), die Bemerkung in Kap. 10 über den Namen Osiris sicherlich aus Hekataios (vgl. oben), desgl. die gleichfalls in Kap. 10 stehende über thebanische Bildwerke = Hekat. b. Diod. I 48, 6. Aus Deinon (vgl. de Is. 31) scheint die Angabe Plutarchs über Ochos in Kap. 11 entnommen. Hinsichtlich der hekatäischen Exzerpte bei Plutarch läßt sich nicht mehr ermitteln, ob sie rein hekatäisch sind oder in letzter Linie nicht doch auf Eudoxos zurückgehen, da ja Hekataios selbst die Periodos bisweilen exzerpiert hat (vgl. S. 42). Nur da verrät die plutarchische Schilderung ägyptischer Anschauungen und Bräuche rein hekatäischen Ursprung, wo sie eine auf Verschmelzung griechischer und ägyptischer Religion gerichtete Tendenz aufweist; ebenso sind von Plutarch in seine Erzählung (z. B. in den Bericht der Osirissage; vgl. S. 46. 49) bisweilen aufgenommene und mit $\ddot{\epsilon}\nu\iota o\iota$ oder $\tau\iota\nu\acute{\epsilon}\varsigma$ $\varphi\alpha\sigma\iota$ (oder $o\acute{\iota}\ \delta\acute{\epsilon}\ \varphi\alpha\sigma\iota\nu\ o\grave{\upsilon}\chi\ o\ddot{\upsilon}\tau\omega\varsigma\ \grave{\alpha}\lambda\lambda\acute{\alpha}$) eingeführte, abweichende Versionen als Hinweise auf die von der eudoxischen Schilderung abweichende Darstellung bei Hekataios aufzufassen (vgl. außerdem Schwartz, Rh. Mus. 40, 230, 2).

Der Osirismythus bei Plutarch = Kap. 12—19.

Der durch griechische Einflüsse nur wenig getrübte, von echt ägyptischer Überlieferung zeugende Charakter der Osirislegende bei Plutarch ist in neuerer Zeit von sachkundiger Seite wiederholt anerkannt worden. Für die ganze Sage haben dies betont A. Erman, Ägypt. Religion, Berlin 1909, S. 38 ff. und A. Wiedemann, Relig. d. alt. Ägypt., Münster 1890, S. 112; für einzelne Teile des Mythos vgl. E. Meyer, Ägypt. Chronol. 1904, S 9, wo die plutarchische Erzählung von den Epagomenen (= de Is. et Os. 12) als echt ägyptisch erwiesen ist; vgl. auch die Illustration bei Ed. Meyer, Ägypt. z. Z. d. Pyramidenerbauer, Leipzig 1908, S. 19. 43, wodurch die Notiz b. Plut. Kap. 15 $\dot{\eta}\ \delta\grave{\epsilon}\ \dot{\epsilon}\rho\epsilon\acute{\iota}\kappa\eta\ ---\ \dot{\epsilon}\alpha\upsilon\tau\tilde{\eta}\varsigma$ bestätigt ist, während Sethe, Z. ält. Gesch. d. ägypt. Seeverkehrs u. Byblos u. d. Libanongebiet in Zeitschr. f. ägypt. Spr. u. Alt. 45 (1909) 13, 2 u. 14 für den ägyptischen Charakter des Berichtes über phönikisch-ägyptische Kultverbindung (Plut. de Is. 15) sowie für den ägyptischen Ursprung der Angabe über den Phallos des Osiris (b. Plut. de Is. 18 gegen Ende) den Nachweis erbracht hat.[1])

Von der hekatäischen Erzählung, wie sie gekürzt bei Diodor 1 13, 4 ff. erhalten ist, unterscheidet sich die Fassung der Osirissage bei Plutarch vor allem durch ihr noch keinen griechischen Einfluß verratendes Gepräge, und auf Grund dessen hat Gruppe (Griech. Kult. u. Myth., Leipzig 1887. S. 440) und neuerdings Corssen (Berl. Phil. Wochenschr. 1908, Sp. 1112) für Plutarch mit Recht eine ältere Quelle als Hekataios postuliert, den Plutarch, wie noch deutlich zu erkennen ist, bei seinem Berichte des Mythos nur gelegentlich und in Nebenversionen berücksichtigte (s. oben).

Noch bestimmter hat Gruppe a. a. O. jene Quelle Plutarchs für die Osirislegende in der Periodos des Eudoxos wiederzufinden geglaubt. Begründet hat er dies damit, Plut de Is. 15/6 enthalte gleich fr. 7 (u. 8) eine ätiologische und auf ägyptisch-phönikische Kultverbindung hin-

---

1) Auch die Erwähnung der $\dot{\epsilon}\rho\epsilon\acute{\iota}\kappa\eta$ (Kap. 15), worunter n. Sethe a. a. O. S. 14 ($\dot{\epsilon}\rho\epsilon\acute{\iota}\kappa\eta$ == sem. erinu) sehr wahrscheinlich die Zeder zu verstehen ist, bekundet den echt ägyptischen Charakter der Osirissage b. Plutarch; denn auch altägyptische bildliche Darstellungen zeigen den Sarg des Osiris von einer Zeder überdeckt: vgl. E. Meyer, Ägypt. z. Z. d. Pyramidenerbauer.

deutende Angabe, es sei daher, wie für fr. 7 so auch für Kap. 15/16, ja für die ganze Osirissage bei Plutarch Eudoxos Verfasser gewesen. Dieser Nachweis scheint sich noch anderweitig als richtig zu erweisen. Die Vorstellung von Osiris als Weinerfinder (b. Diod. I 15, 8) kennzeichnet griechische Einwirkung: Dionysos, nach griechischem Glauben der Erfinder des Weines, ist b. Diod. dem Osiris gleichgesetzt und demgemäß die Weinerfindung dem Osiris zugeschrieben. In der eudoxischen Wiedergabe der Osirissage kann aber von Osiris dem Weinerfinder nicht die Rede gewesen sein, da Eudoxos die bei Herodot und Hekataios begegnende Gleichsetzung Osiris — Dionysos nicht billigte (vgl. S. 57 f.) und außerdem von dem Haß der ägyptischen Götter — also auch des Osiris — gegen Wein zu berichten wußte (vgl. S. 43 f.). Und da sich die dem Eudoxos also offenbar unbekannt gewesene Vorstellung von Osiris als Erfinder des Weines auch in dem plutarchischen Bericht der Osirissage nicht findet, so spricht dieses negative Moment bei Plutarch gleichfalls dafür, daß er den Osirismythos aus Eudoxos genommen hat. Schließlich verrät auch der echt ägyptische, von griechischem Denken unbeeinflußte Charakter der Osirislegende als Quelle Plutarchs in gewissem Sinne den Knidier, der, wie auch die übrigen Fragmente lehren, mit nüchternem Wirklichkeitssinn Selbstgehörtes oder Geschautes wahrheitsgetreu niedergeschrieben hat. An einer Stelle, kurz vor einer Digression zu Hekataios (n. Diodor I 21, 2 = de Is. et Os. 18 οἱ δ’οὔ φασιν κτλ.), scheint es sogar, als habe Plutarch bei seiner Erzählung der Osirissage bisweilen den Wortlaut des Eudoxos benützt. Wenigstens stimmt eine Stelle ın Kap. 18 mit dem Eingang von fr. 60 auffällig überein:

Vgl.

<table>
<tr><td>Eudoxos in fr. 60:</td><td>Plut. de Is. 18:</td></tr>
<tr><td>Εὔδοξος δὲ
πολλῶν τάφων ἐν Αἰγύπτῳ
λεγομένων</td><td>πολλοὺς τάφους Ὀσίριδος ἐν Αἰγύπτῳ
λέγεσθαι... [1])</td></tr>
</table>

---

1) Die Hypothese Wellmanns, Hermes 31 (1896), S. 222 ff., die Osirissage b. Plutarch stamme aus Apion, darf nach den obigen Darlegungen wohl als irrig bezeichnet werden, um so mehr, als Apion von Plutarch nirgends zitiert und deshalb wohl als Quelle überhaupt auch nirgends benützt ist. (Vgl. auch L. Parmentier, Recherches sur la traité d'Isis et d'Osiris de Plutarque, Bruxelles 1913, wo S. 118 ff. Apion als direkte Quelle Plutarchs bestritten ist.) Ohne Frage gehen die gleichlautenden Notizen b. Plutarch und Aelian über den Hund und das Krokodil (vgl. Plut. de Is. 14 εὑρεθὲν δὲ χαλεπῶς — τοὺς ἀνθρώπους u. 50 λέγουσιν ὡς ὁ Τυφών — γενόμενος mit Aelian. de hist. anim. X 21 bzw. 45) auf die nämliche Quelle zurück, zumal sie auch dieselben aus der Osirissage genommenen Begründungen aufweisen; und zwar hat jene Quelle, wie die ange-

Wie weit im einzelnen für den Osirismythos in den Kap. 12—19 Eudoxos Quelle Plutarchs war, soll nachstehend gezeigt werden:

Kap. 12: meist eudoxisch; aus Hekataios stammt die mit ἔνιοι (s. S. 46f.) eingeführte Partie ἔνιοι δὲ Παμύλην — ἐοικυῖαν; auch schon dadurch erweist sie sich als hekatäisch, daß die in ihr enthaltene Bezeichnung des Osiris als μέγας βασιλεὺς εὐεργέτης für Hekataios als Autor spricht, der eine bei den Ptolemäern übliche und besonders der Folgezeit konventionell erscheinende Titulatur (vgl. P. Wendland, Zeitschr. f. neutest. Wiss. V 338 ff.) mit rationalisierender Tendenz auf Osiris übertrug, und weil außerdem die Erwähnung des Phallephorienfestes deutlich die hekatäische Art ägyptisch-griechischer Religionsverbindung verrät. Die Zusätze in Kap. 12 ὃν Ἀπόλλωνα . . . ἔνιοι (s. S. 47) καλοῦσι . . ., ἣν καὶ . . . Ἀφροδίτην . . ., ἔνιοι δέ φασι — Ἀπόλλωνα δ' ὑφ' Ἑλλήνων stimmen mit Hekataios bei Diodor I 13, 4 überein, sind also gleichfalls hekatäisch.

Kap. 13: Hekatäisch scheint der Eingang des Kapitels gefärbt zu sein; wenigstens verrät der hier durchblickende Gedanke, den Osiris mit dem weltdurchwandernden Dionysos zu identifizieren, hekatäische Manier: vgl. Plut. de Is. 13: γῆν πᾶσαν ἡμερούμενον ἐπελθεῖν = Hekat. b. Diod. I 17, 1 ἐπελθεῖν ἅπασαν τὴν οἰκουμένην.[1]) Außerdem dürfte in Kap. 13 die Auffassung des Osiris als eines musikalischen Zauberers (vgl. Plut. de Is. 13: πειθοῖ δὲ τοὺς πλείστους κτλ. mit Hekat. b. Diod. I 18, 4) auf Hekataios zurückgehen. Desgleichen der Schlußsatz jenes Kapitels, wie seine Einführung durch ἔνιοι (vgl. oben S. 46 f.) zeigt. Die übrigen Teile des Kap. 13 sind von Plutarch seiner Hauptquelle, Eu-

---

führten Stellen b. Plutarch und Aelian noch zeigen, jedenfalls sowohl die Osirislegende wie auch die hieraus gegebenen Motive für den ägyptischen Tierdienst enthalten. Bei der Frage nach dem Namen der Quelle wird in erster Linie an die Periodos des Eudoxos zu denken sein, keinesfalls an Apion. Denn die Periodos hat Plutarch auch sonst für de Is. et Os. häufig und zwar direkt benützt, während sie von Aelian (an den oben angeführten Stellen und auch sonst: vgl. S. 40) wohl nur durch Vermittlung Apions (vgl Wellmann a. a. O. S. 248/9) oder, was wahrscheinlicher ist, des Favorinus, von dem auch sonst Eudoxos benutzt war (s. E. Stemplinger, Studien zu den Ethnika des Steph. v. Byz., Progr. München 1902, S. 29/30; vgl. auch s. S. 69), exzerpiert worden ist. Ob auch die übrigen, aber ohne Zusammenhang mit dem Osirismythos gegebenen, gemeinsamen Notizen bei Plutarch und Aelian über Tiere bei den Ägyptern auf Eudoxos zurückgehen (vgl. Plut. de Is. 75 mit Aelian de hist. anim. II 35), sei dahingestellt. Möglicherweise war für diese und ähnliche Angaben b. Plutarch und Aelian Hekataios Quelle, der ja eine ausführliche Darstellung des ägyptischen Tierkultes geliefert hat: vgl. E. Schwartz R.-E. u. Diod. 38.

1) Auch der Umstand, daß bei Strab. p. 422 Apoll als weltdurchwandernd gedacht ist, zeigt wohl, daß die Vorstellung vom weltdurchziehenden Osiris zum mindesten nicht notwendig ägyptisch ist.

doxos, entnommen, der demnach (vgl. Ὄσιριν . . . νόμους θέμενον αὐτοῖς . . ., συνωμότας ἄνδρας ἑβδομήκοντα καὶ δύο . . . ., ὄγδοον ἔτος καὶ εἰκοστὸν ἐκεῖνο βασιλεύοντος Ὀσίριδος) den Osiris zum Gesetzgeber machte und ihn nach einem Königtum von 28 Jahren[1]) durch die Hand von 72 Verschworenen den Tod finden ließ, ganz im Gegensatze zu Hekataios, nach dessen hellenisierter Darstellung (b. Diod. I 14, 3—4: θεῖναι . . . νόμους τὴν Ἴσιν) nicht Osiris, sondern Isis analog der Demeter bei den Griechen den Ägyptern Gesetze gab, und wonach Osiris nicht nach einem Königtum, sondern nach einer Lebenszeit von 28 Jahren[2]) statt durch 72 durch 26 Verschworene (= Hekat. b. Plut. Kap. 13 Ende ἔνιοι δὲ βεβιωκέναι |sc. ὄγδοον ἔτος καὶ εἰκοστόν| und Diod. I 21, 2) ermordet wurde.

In Kap. 14 ist wohl hekatäisch namentlich der Anfang mit seiner Erwähnung der Satyrn, der deutlich die hekatäische Tendenz ägyptisch-griechischer Religionsverschmelzung verrät (vgl. Hekat. b. Diod. I 18, 2ff.; Wellmann, Hermes 31, 224, 4). Alles übrige in diesem Kapitel gehört wohl sicher Plutarchs Hauptquelle für den Osirismythos, Eudoxos, an. Aelian de hist. anim. X 23 über die Isis von Kopto steht inhaltlich mit den Worten des Kap. 14 τὴν δ᾽Ἴσιν αἰσθομένην — Κοπτώ in engem Zusammenhang, ist daher wohl gleichfalls eudoxisch. Ebenso behandelt Aelian de hist. anim. XI 10[3]). X 45 gleich Plutarch Kap. 14 (vgl. die Worte über Kinderwahrsagung ἐκ δὲ τούτου τὰ παιδάρια —

---

1) Dieselbe von Plutarch seiner Hauptquelle, Eudoxos, entlehnte Darstellung von dem 28 Jahre währenden Königtum des Osiris kennt auch Proklos zu Hesiod. opp. et dies 817: καί τις Αἰγύπτιος μυθολογεῖ μῦθος τὸν Ὄσιριν τοσαῦτα — sc. εἴκοσι ὀκτὼ — ἔτη βασιλεῦσαι . . . Also ist Proklos hier wie auch sonst (vgl. S. 45,3) von Eudoxos abhängig.

2) Über die Bedeutung der 28 Jahre als der '28 Häuser' des Mondes vgl. Reitzenstein, Poimandres, 1904, S. 263f.

3) Auch die weitere Notiz bei Aelian de hist. anim. XI 10 über Weissagung des Apisstieres stammt sehr wahrscheinlich indirekt (S. 4) aus Eudoxos. Denn nach Diog. Laert. VIII 90,1 zu schließen, wußte der Knidier von jener Art der Prophetie und hat daher wohl auch darüber in der Periodos anläßlich der Beschreibung Ägyptens gehandelt. Auch schon deshalb, weil wir für die Notiz bei Diogenes und Aelian wohl Favorinus als gemeinsame Quelle anzunehmen haben (s. Rudolph, de fontibus, quibus Aelian. in var. hist. comp. usus sit, Leipz. Stud. 7, S 56ff.), wird gleich der Angabe des Diogenes auch die verwandte Notiz Aelians über den Apisstier auf Eudoxos, den Autor des Favorinus (s. S. 48,1), zurückzuleiten sein. Desgleichen mag Aelian X 45 über die Wachsamkeit, den Scharfblick und die Verehrung des Hundes als Stern bei den Ägyptern der Periodos des Eudoxos entnommen sein, da ähnliche Notizen in eudoxischen Partien b. Plutarch de Is. 21 u. 38 (vgl. S. 53. 55) wiederkehren und überdies auch hier Eudoxos als gemeinsame Quelle einerseits des Plutarch, andererseits des Favorinus, des Autors Aelians, schon an sich sehr wahrscheinlich ist.

τύχωσι und die Wachsamkeit des Hundes εὑρεθὲν δὲ χαλεπῶς — τοὺς ἀνθρώπους) dieselben Dinge, hat daher auch hier wohl durch Vermittlung des Favorinus (s. S. 48, 1) aus derselben Quelle (Eudoxos?) geschöpft. Die Angaben der Hauptquelle Plutarchs über den Hund, das Tier der Isis, hat schon Hekataios (b. Diod. I 87, 3 ἔνιοι δέ φασι τῆς Ἴσιδος — ὠρυομένους) abweichend von seiner eigenen Darstellung berücksichtigt.

Kap. 15. 16 gehen ganz auf Eudoxos zurück, da sich von der Benutzung einer Nebenquelle (z. B. des Hekataios) durch Plutarch keine Spuren nachweisen lassen. Mit der Ankunft der Isis in Byblos, also mit einer Partie in Kap. 15, die aus Eudoxos stammt, berührt sich inhaltlich eine ätiologische Notiz bei Stephanus und im Etym. Magn. u. Βύβλος οἱ δέ φασιν, ὅτι Ἴσις ἀπὸ τῆς Αἰγύπτου παραγενομένη κλαίουσά τε τὸν Ὄσιριν τὸ διάδημα τῆς κεφαλῆς ἐκεῖσε ἐπέθετο βύβλινον ὑπάρχον ἀπὸ τῆς ἐν τῷ Νείλῳ φυομένης βύβλου, und daß sie dem Osirismythos bei Eudoxos angehört hat, ist deshalb nicht unmöglich, weil Favorinus, eine der Hauptquellen des Stephanus, aus Eudoxos geschöpft hat (s. S. 69).[1]

In Kap. 17 mag die Erzählung bis τὸ δὲ παιδίον οὐκ ἀνασχέσθαι τὸ τάρβος, ἀλλ' ἀποθανεῖν eudoxischer Herkunft sein. Sodann folgt eine kurze Digression zu Hekataios: οἱ δέ φασιν — θάλασσαν, auf die Plutarch bereits in Kap. 8 τὸ γὰρ ἐμπεσεῖν εἰς τὸν ποταμόν κτλ. hingewiesen hat. Mit den Worten ἔχει δὲ τιμάς - - τοῦτον εἶναι scheint Plutarch in Kap. 17 wieder zur Benützung der Hauptquelle, Eudoxos, übergegangen zu sein, während für die noch folgende Partie Plutarch wohl teilweise aus Hekataios oder aus Herodot II 78 ff. geschöpft hat. Hekataios ist sehr wahrscheinlich für die Bemerkung ἔνιοι δέ φασιν ὄνομα μὲν οὐδενὸς εἶναι (sc. Μανέρωτα) κτλ. exzerpiert: denn gerade nach der Sagenversion bei Hekataios, auf die Plutarch in De Is. 8 (vgl. oben) anspielt, hieß das Kind der Isis nicht Maneros, sondern Diktys.

Kap. 18 geht, abgesehen von der Zwischennotiz οἱ δ' οὔ φασιν, ἀλλ' εἴδωλα — ἀπαγορεύσῃ, die hekatäisch ist (vgl. Hekat. b. Diod. I 21, 5), ganz auf die plutarchische Hauptquelle, Eudoxos, zurück: über die Worte in diesem Kapitel πολλοὺς τάφους Ὀσίριδος vgl. S. 48[2]). Die von Plutarch in Kap. 8 über die Jagd Typhons (vgl. S. 45) und in Kap. 38 über die Erziehung des Horus (vgl. Kap. 38 ὃν ἐν τοῖς ἕλεσι — λέγουσιν) gegebenen Notizen gehören inhaltlich zu Kap. 18 und da-

---

1) Über Kap. 15/6 vgl. auch S. 47.

2) Daß die durch den Mythos begründete Notiz über die Abneigung der Ägypter gegen gewisse Fischarten eudoxisch ist (Kap. 18 Ende), zeigt der Zusammenhang mit den Enthaltsamkeitsnotizen in Kap. 6. 7 (s. S. 11).

her auch derselben Quelle, Eudoxos, an. Insbesondere berührt sich mit Kap. 18, und zwar mit der Partie über die Osirisgräber, das direkte Eudoxoszitat in Kap. 21 = fr. **60**:

Εὔδοξος δέ, πολλῶν τάφων ἐν Αἰγύπτῳ λεγομένων, ἐν Βουσίριδι τὸ σῶμα κεῖσθαι· καὶ γὰρ πατρίδα ταύτην γεγονέναι τοῦ Ὀσίριδος· οὐκέτι μέντοι λόγου δεῖσθαι τὴν Ταφόσιριν· αὐτὸ γὰρ φράζειν τοὔνομα ταφὴν Ὀσίριδος.

Das hier von Eudoxos genannte Busiris war wohl identisch mit der an einem Nilarm mitten im Delta gelegenen Stadt: vgl. Sethe R.-E. u. Bus. 1, und unter Taphosiris mag der Knidier die größte Stadt dieses Namens verstanden haben, die etwa 25 km südwestlich von Alexandria nahe bei Memphis lag: vgl. Strabo p. 799; Anonym. Stadiasm. Mar. Magn. = GGM I 430; Steph. Byz. u. *Ταφόσιρις*.

Die Nachrichten des Eudoxos über Osirisgräber hat ebenfalls Hekataios in einer Nebenbemerkung benützt: vgl. Hekat. b. Diod. I 85, 5: *ἔνιοι δὲ λέγουσι τελευτήσαντος Ὀσίριδος — διὰ τοῦτο καὶ τὴν πόλιν ὀνομασθῆναι Βούσιριν.*[1]) Denn die hier von Hekataios gegebene ätiologische Bemerkung über Busiris verweist deutlich auf dieselbe Quelle, der fr. 60 angehört, auf Eudoxos, der wie in fr. 60 Taphosiris so auch (nach der bei Hekat. erhaltenen Notiz zu schließen) den Namen Busiris ätiologisch gedeutet hat. Vgl. auch Hekat. b. Diod. I 88, 5 *οὐ τοῦ βασιλέως — τὴν προσηγορίαν*, wo vermutlich gleichfalls eine Anspielung des Hekataios auf eine von Eudoxos gegebene Deutung des Namens *Βούσιρις* vorliegt.

Kap. 19, das den Abschluß der Osirislegende enthält, ist wohl ebenfalls in seinen wesentlichsten Teilen der Schilderung des Eudoxos entnommen, desgleichen mag den kurzen Andeutungen Plutarchs in Kap. 20 *τὸ περὶ τὸν Ὧρον διαμελισμὸν καὶ τὸν Ἴσιδος ἀποκεφαλισμόν* und 55 *καὶ τὸν Ἑρμῆν κτλ.* der Bericht des Eudoxos zugrunde gelegen haben. Dagegen ist für die weiteren Angaben Plutarchs in Kap. 20 über die Osirisgräber von Abydos usw. eine andere[2]) Quelle anzunehmen, da der Knidier n. fr. 60 (s. oben) nur die Grabstätten des Osiris in Busiris und Taphosiris mit Namen genannt hat.

---

1) Mit dieser Angabe z. T. identisch ist die Bemerkung b. Steph. Byz. u. *Βούσιρις*; sie geht daher auf die gleiche Quelle zurück wie die oben angeführte Notiz des Hekataios, nämlich auf Eudoxos, der einerseits von Hekataios, andererseits von Stephanus Byz. wohl durch Vermittlung des Favorinus (s. S. 12, 1) benützt ist.

2) Für Hekataios spricht, daß einzelne Partien in Kap. 20 mit der allerdings selbst vielleicht wieder von Eudoxos z. T. abhängigen (Erwähnung des Apisstieres! s. S. 50, 3) hekatäischen Schilderung b. Diod. I 21, 10; 22, 3 ff. sich berühren; vgl. auch Schwartz. Rh. Mus. 40. 231, 1.

Periodosexzerpte bei Plutarch de Is. 21—80.

In Kap. 21 sind wohl sicher eudoxisch die echt ägyptischen, astronomischen Deutungen Isis-Hundsstern, Typhon-Bär ($\varkappa\alpha\lambda\varepsilon\tilde{\iota}\sigma\vartheta\alpha\iota$ $\varkappa\acute{\nu}\nu\alpha$ — $T\nu\varphi\tilde{\omega}\nu\sigma\varsigma$ $\check{\alpha}\varrho\varkappa\tau\sigma\nu$[1])): vgl. Boll, Sphaera, S. 370; ders. über Typhon S. 162 ff.; Ed. Meyer, Ägypt. Chronol. 1904, S. 13, 2. Zudem enthält bereits die eudoxische Version der Osirissage b. Plutarch (de Is. Kap. 14 geg. Ende: vgl. S. 51 ob.) eine Notiz über die Vorliebe der Isis für Hunde, und so dürfte auch schon deshalb die Zurückführung jener Deutung (Isis-Hund) auf Eudoxos keine Schwierigkeiten bieten (d. Deut. auch K. 61: $^{\prime}E\lambda\lambda\eta\nu$. $\varkappa\tau\lambda$).

Für Kap. 22 mag gleichfalls Eudoxos Hauptquelle Plutarchs gewesen sein, namentlich für die echt ägyptische Anschauung verratende Bemerkung über das Schiff des Osiris $\check{\varepsilon}\tau\iota$ $\delta\grave{\varepsilon}$ $\varkappa\alpha\grave{\iota}$ $\sigma\tau\varrho\alpha\tau\eta\gamma\grave{\sigma}\nu$ $\acute{\sigma}\nu\sigma\mu\acute{\alpha}\zeta\sigma\nu\sigma\iota\nu$ $^{\prime\prime}O\sigma\iota\varrho\iota\nu$ — $\varkappa\alpha\grave{\iota}$ $\tau\sigma\tilde{\nu}$ $K\nu\nu\acute{\sigma}\varsigma$: vgl. Boll a. a. O. S. 175. Auch die im gleichen Kapitel enthaltenen Angaben Plutarchs über Eigenschaften und Farben einzelner Götter und Dämonen, z. B. über die rote Farbe des Typhon, stammen sehr wahrscheinlich aus Eudoxos: vgl. S. 54 ff.

Von den folgenden Kapiteln verrät wieder namentlich das 30. eudoxische Provenienz, wie schon das am Schlusse von 30 stehende, direkte Eudoxoszitat zeigt. Mit diesem Eudoxosfragment berührt sich enge eine Partie bei Aelian de hist. anim. X 28, und zwar in der Weise, daß die Pythagoreer nach Eudoxos den Typhon, nach der Notiz bei Aelian den Esel, das nach ägyptischem Glauben dem Typhon geweihte Tier[2]. für ein unharmonisches Wesen hielten.   Vgl.:

Eudoxos = fr. 84:	Aelian:
$\varphi\alpha\acute{\iota}\nu\sigma\nu\tau\alpha\iota$ $\delta\grave{\varepsilon}$ $\varkappa\alpha\grave{\iota}$ $\sigma\acute{\iota}$ $\Pi\nu\vartheta\alpha\gamma\sigma\varrho\iota\varkappa\sigma\grave{\iota}$ $\tau\grave{\sigma}\nu$ $T\nu\varphi\tilde{\omega}\nu\alpha$ $\delta\alpha\iota\mu\sigma\nu\iota\varkappa\grave{\eta}\nu$ $\acute{\eta}\gamma\sigma\acute{\nu}\mu\varepsilon\nu\sigma\iota$ $\delta\acute{\nu}\nu\alpha\mu\iota\nu$. $\lambda\acute{\varepsilon}\gamma\sigma\nu\sigma\iota$ $\gamma\grave{\alpha}\varrho$ $\acute{\varepsilon}\nu$ $\dot{\alpha}\varrho\tau\acute{\iota}\omega$ $\mu\acute{\varepsilon}\tau\varrho\omega$ $\check{\varepsilon}\varkappa\tau\omega$ $\varkappa\alpha\grave{\iota}$ $\pi\varepsilon\nu\tau\eta\varkappa\sigma\sigma\tau\tilde{\omega}$ $\gamma\varepsilon\gamma\sigma\nu\acute{\varepsilon}\nu\alpha\iota$ $T\nu\varphi\tilde{\omega}\nu\alpha$· $\varkappa\alpha\grave{\iota}$ $\pi\acute{\alpha}\lambda\iota\nu$ $\tau\grave{\eta}\nu$ $\mu\grave{\varepsilon}\nu$ $\tau\sigma\tilde{\nu}$ $\tau\varrho\iota\gamma\acute{\omega}\nu\sigma\nu$ $^{\prime\prime}A\iota\delta\sigma\nu$ $\varkappa\alpha\grave{\iota}$ $\varDelta\iota\sigma\nu\acute{\iota}\sigma\sigma\nu$ $\varkappa\alpha\grave{\iota}$ $^{\prime\prime}A\varrho\varepsilon\sigma\varsigma$ $\varepsilon\tilde{\iota}\nu\alpha\iota$· $\tau\grave{\eta}\nu$ $\delta\grave{\varepsilon}$ $\tau\sigma\tilde{\nu}$ $\tau\varepsilon\tau\varrho\alpha\gamma\acute{\omega}\nu\sigma\nu$ $^{\prime}P\acute{\varepsilon}\alpha\varsigma$ $\varkappa\alpha\grave{\iota}$ $^{\prime}A\varphi\varrho\sigma\delta\acute{\iota}\tau\eta\varsigma$ $\varkappa\alpha\grave{\iota}$ $\varDelta\acute{\eta}\mu\eta\tau\varrho\sigma\varsigma$ $\varkappa\alpha\grave{\iota}$ $^{\prime}E\sigma\tau\acute{\iota}\alpha\varsigma$ $\varkappa\alpha\grave{\iota}$ $^{\prime\prime}H\varrho\alpha\varsigma$· $\tau\grave{\eta}\nu$ $\delta\grave{\varepsilon}$ $\tau\sigma\tilde{\nu}$ $\delta\omega\delta\varepsilon\varkappa\alpha\gamma\acute{\omega}\nu\sigma\nu$ $\varDelta\iota\acute{\sigma}\varsigma$· $\tau\grave{\eta}\nu$ $\delta^{\prime}$ $\acute{\varepsilon}\varkappa\varkappa\alpha\iota\pi\varepsilon\nu\tau\eta\varkappa\sigma\nu\tau\alpha\gamma\omega\nu\acute{\iota}\sigma\nu$ $T\nu\varphi\tilde{\omega}\nu\sigma\varsigma$, $\acute{\omega}\varsigma$ $E\ddot{\nu}\delta\sigma\xi\sigma\varsigma$ $\acute{\iota}\sigma\tau\acute{\sigma}\varrho\eta\varkappa\varepsilon\nu$.[3])	$\lambda\acute{\varepsilon}\gamma\sigma\nu\sigma\iota$ $\delta\grave{\varepsilon}$ $\sigma\acute{\iota}$ $\Pi\nu\vartheta\alpha\gamma\acute{\sigma}\varrho\varepsilon\iota\sigma\iota$ $\acute{\nu}\pi\grave{\varepsilon}\varrho$ $\tau\sigma\tilde{\nu}$ $\check{\sigma}\nu\sigma\nu$ $\varkappa\alpha\grave{\iota}$ $\acute{\varepsilon}\varkappa\varepsilon\tilde{\iota}\nu\sigma$, $\mu\acute{\sigma}\nu\sigma\nu$ $\tau\sigma\tilde{\nu}\tau\sigma\nu$ $\tau\tilde{\omega}\nu$ $\zeta\acute{\omega}\omega\nu$ $\mu\grave{\eta}$ $\gamma\varepsilon\gamma\sigma\nu\acute{\varepsilon}\nu\alpha\iota$ $\varkappa\alpha\tau\grave{\alpha}$ $\dot{\alpha}\varrho\mu\sigma\nu\acute{\iota}\alpha\nu$· $\tau\alpha\acute{\nu}\tau\eta$ $\tau\sigma\iota$ $\varkappa\alpha\grave{\iota}$ $\pi\varrho\grave{\sigma}\varsigma$ $\tau\grave{\sigma}\nu$ $\tilde{\eta}\chi\sigma\nu$ $\tau\grave{\sigma}\nu$ $\tau\tilde{\eta}\varsigma$ $\lambda\acute{\nu}\varrho\alpha\varsigma$ $\varepsilon\tilde{\iota}\nu\alpha\iota$ $\varkappa\omega\varphi\acute{\sigma}\tau\alpha\tau\sigma\nu$. $\check{\eta}\delta\eta$ $\delta\grave{\varepsilon}$ $\alpha\dot{\nu}\tau\acute{\sigma}\nu$ $\tau\iota\nu\varepsilon\varsigma$ $\varkappa\alpha\grave{\iota}$ $\tau\tilde{\omega}$ $T\nu\varphi\tilde{\omega}\nu\iota$ $\pi\varrho\sigma\sigma\varphi\iota\lambda\tilde{\eta}$ $\gamma\varepsilon\gamma\sigma\nu\acute{\varepsilon}\nu\alpha\iota$ $\varphi\alpha\sigma\acute{\iota}$. $\lambda\acute{\varepsilon}\gamma\sigma\nu\sigma\iota$ $\delta\grave{\varepsilon}$ $\varkappa\alpha\grave{\iota}$ $\acute{\varepsilon}\varkappa\varepsilon\acute{\iota}\nu\eta\nu$ $\alpha\acute{\iota}\tau\acute{\iota}\alpha\nu$ $\tau\tilde{\omega}$ $\check{\sigma}\nu\omega$ $\pi\varrho\sigma\sigma\acute{\alpha}\pi\tau\varepsilon\iota\nu$ $\pi\varrho\grave{\sigma}\varsigma$ $\tau\sigma\tilde{\iota}\varsigma$ $\pi\varrho\sigma\varepsilon\iota\varrho\eta\mu\acute{\varepsilon}\nu\sigma\iota\varsigma$.

1) Dagegen scheint für die keinesfalls ägyptische Gleichsetzung Horus-Orion (vgl. Boll. a. a. O. S. 164/5) in Kap. 21 $^{\prime}\Omega\varrho\acute{\iota}\omega\nu\alpha$ — $\varkappa\alpha\lambda\varepsilon\tilde{\iota}\sigma\vartheta\alpha\iota$ ebenso wie für die bei Plut. de Is. 52 stehende Osiris-Sirius lediglich der Gleichklang der Namen entscheidend gewesen zu sein. Und da weiter die Deutung Osiris-Sirius b. Plutarch a. a. O. hekatäisch ist (= Hekat. b. Diod. I 11, 3; vgl. Schwartz R.-E. u Diod. 38, Sp. 672), wird auch die andere lediglich auf dem Gleichklang der Namen beruhende Gleichung Horus-Orion in De Is. 21 auf Rechnung des Hekataios zu setzen sein (s. auch S. 55, 1).

2) Über den echt ägyptischen Charakter dieser Anschauung vgl. Parthey. Über Is. u. Os., Berlin 1850, S. 219.

3) Hinter $\tau\varrho\iota\gamma\acute{\omega}\nu\sigma\nu$ fügt Baxterus $\varphi\acute{\nu}\sigma\iota\nu$ od. $\delta\acute{\nu}\nu\alpha\mu\iota\nu$ ein (n. Bernard.).

Auf Grund der engen Verwandtschaft des Eudoxosfragmentes mit der Aeliannotiz darf daher wohl unbedenklich für Aelian gleichfalls Eudoxos als Quelle[1]) postuliert werden, und diese gemeinsame Quelle offenbart sich weiterhin auch darin, daß bei Plutarch (ebenfalls in Kap. 30) und Aelian in der Fortsetzung der oben zitierten Stelle De hist. anim. X 28 auch dieselben Angaben über die Bewohner von Busiris und Lykopolis wiederkehren.

<table>
<tr><td>Plutarch de Is. 30:</td><td>Aelian de h. a. X 28:</td></tr>
<tr><td>Βουσιρῖται δὲ καὶ Λυκοπολῖται σάλπιγξιν οὐ χρῶνται τὸ παράπαν ὡς ὄνῳ φθεγγομέναις ἐμφερές.</td><td>Σάλπιγγος ἦχον βδελύττονται Βουσιρῖται καὶ Ἄβυδος ... καὶ Λύκων πόλις, ἐπεί πως ἔοικεν ὄνῳ βρωμωμένῳ.[2])</td></tr>
</table>

Mit den vorstehend behandelten Notizen in Kap. 30 stehen noch einige weitere Angaben Plutarchs in demselben Kapitel über die Bedeutung des Esels bei den Ägyptern in engster Berührung (Plut. de Is. 30: ἔστι δ' ὅτε πάλιν ἐκταπεινοῦσι — μηδ' ὄνῳ τροφὴν διδόναι. φαίνονται δὲ καὶ οἱ Πυθαγορικοὶ τὸν Τυφῶνα = fr. 84), sie entstammen daher möglicherweise gleichfalls der Periodos, so die außer in Kap. 30 auch in Kap. 22 u. 31 wiederkehrende Bemerkung über die rote Farbe Typhons. Hiervon hat der Knidier höchstwahrscheinlich auch schon in seiner Darstellung der Osirissage berichtet; denn die Vorstellung von der roten Farbe Typhons lag (n. Hekat. b. Diod. I 88, 4) im Osirismythos begründet.

Für die Auslegung des Eudoxoszitats (in Kap. 30), das sich in seinen geometrischen Teilen auf den Tier- und Zwölfgötterkreis bezieht, vgl. Newbold und Boll a. a. O. (s. oben S. 11).

Mit Ausnahme des Kastorexzerptes ist in Kap. 31 vermutlich der Bericht Plutarchs über gewisse Opfervorschriften (Αἰγύπτιοι δὲ πυρρόχρουν γεγονέναι — σφαγῆς ξίφος ἐγκείμενοι) der Darstellung des Eudoxos entlehnt, zumal diese Opferweisungen mit der roten Farbe Typhons, von der ja sehr wahrscheinlich der Knidier berichtete (vgl. oben), in innerem Zusammenhang standen.

Von dem Berichte Herodots II 38 ff. über Opferriten bei den Ägyptern unterscheidet sich der Plutarchs nur durch die Zusätze, daß die Opfertiere rot sein mußten, und daß außer schwarzen auch weiße Rinder von der Opferung ausgeschlossen waren. War daher für die Angaben über die Opferriten Eudoxos Quelle Plutarchs, so folgt, daß Eudoxos, wie auch sonst (vgl. S. 40. 45. 48. 55 f.), die herodoteische Darstellung

---

1) Über Eudoxos als eine durch Vermittlung des Favorinus benützte Quelle Aelians vgl. S. 40. 48, 1. 50, s. 51.

2) Vgl. auch Wellmann, Hermes 31, S. 244.

(über Opfer bei den Ägyptern) zwar benützt, im einzelnen aber berichtigt und erweitert hat.

In Kap. 32—40, die im wesentlichen stoische Gedanken über die Osirissage enthalten, kann Eudoxos naturgemäß nur für sehr wenige Partien[1]) als Quelle in Betracht kommen, so wohl für die Notiz über die schwarze Farbe des Osiris in Kap. 33, die nach Art des Eudoxos (s. S. 35) mit μυθολογοῦσιν eingeführt ist (τὸν δ᾽ Ὄσιριν — μυθολογ.), und die der wohl ebenfalls (s. S. 54) aus Eudoxos stammenden Angabe über die Rotfarbigkeit Typhons entspricht, sodann wohl auch für die Bemerkungen über den in Heliopolis verehrten Mnevis (ἔνιοι δὲ καὶ τοῦ ist wohl die Version des Hekataios) und über die μελάγγειος Αἴγυπτος (von Eudoxos vielleicht aus Herodot II 12 entlehnt) in Kap. 33, desgleichen für die Notizen in Kap. 34 über die Fahrzeuge des Sonnen- und Mondgottes Ἥλιον δὲ　φασιν: namentlich aber ist wohl eudoxisch der Beginn des Kap. 38 τῶν τ᾽ ἄστρων τὸν σείριον — λέοντι. Denn die hierin wie auch in Kap. 13 (ταῦτα δὲ πραχθῆναι — διέξεισιν und 39 διὸ μηνὸς Ἀθὺρ — ὑπονοστεῖ) enthaltenen Beobachtungen über das Anwachsen, Überfluten und Zurückweichen des Nil zur Zeit des Frühaufgangs des Sirius bzw. des Durchganges der Sonne durch den Löwen und den Skorpion können wegen ihres astronomischen Charakters sehr wohl in der Periodos[2]) des Astronomen von Knidos schriftlich niedergelegt gewesen sein, um so mehr, als es schon an sich wohl außer Frage steht, daß Eudoxos über das Verhältnis der Nilphasen zu bestimmten astronomischen Konstellationen Untersuchungen angestellt hat.

In Kap. 39 gehen wohl die Notizen über die Gleichstellung des Nil mit Osiris sowie über ägyptische Trauerfeste auf Eudoxos zurück: διὸ μηνὸς Ἀθὺρ ἀφανισθῆναι — καὶ κοσμοῦσιν...[3]) Denn diese Partie des

---

1) Manches in diesen Kapiteln läßt sich bestimmt auf Hekataios zurückführen, so der Anfang des Kap. 37 (ἔτι τε τὸν κιττὸν Ἕλληνές τε καθιεροῦσι τῷ Διονύσῳ καὶ παρ᾽ Αἰγυπτίοις λέγεται ‛χενόσιρις᾽ ὀνομάζεσθαι, σημαίνοντος τοῦ ὀνόματος, ὥς φασι, ἢ τὸν Ὀσίριδος. Denn abgesehen von dem von Schwartz, Rh. Mus. 40, 237 angegebenen Grunde verrät schon die Erklärung von χενόσιρις dieselbe Quelle wie die, in der Plutarch (de Is. 10. 51 = Hekat b. Diod. I 11, 2) auch eine Erklärung des Namens Osiris vorfand, d. h. den Hekataios.

2) Daraus sind vermutlich auch die Stellen verwandten Inhalts b. Aelian de hist. an. X 45. XII 7 und Macrob. sat. I 21, 16 geflossen.

3) In den Worten hinter κοσμοῦσιν folgt eine von Plutarch selbst herrührende Erklärung; ebenso ist in Kap. 62 dem Eudoxoszitat eine mit den Worten αἰνίττεται δὲ καί beginnende exegetische Bemerkung Plutarchs beigefügt. — Ein ganz ähnlicher Bericht wie bei Plutarch de Is. 39 findet sich über das Trauerfest bei Herodot II 132, nur war nach der Darstellung Herodots die Kuh, das Symbol der Isis, nicht mit einem schwarzen wie bei Plutarch, sondern rotem Gewande umhüllt. Diese Diskrepanz zwischen Plutarch und Herodot zeigt daher.

Kap. 39 hängt, wie schon die Erwähnung des 17. Athyr zeigt, inhaltlich aufs engste mit Kap. 13 zusammen, also einer weiteren Partie bei Plutarch, die bereits oben (S. 49) als z. T. eudoxisch erwiesen ist. Zudem ist aus fr. 63 zu entnehmen, daß über die Identifizierung Nil-Osiris sehr wahrscheinlich bei Eudoxos gehandelt war, und zeitlich steht einer Zurückführung jenes Teiles des Kap. 39 schon deshalb nichts entgegen, weil die hierin erwähnte Priesterschaft der *στολισταί* als voralexandrinisch (vgl. Otto, Priester und Tempel im hellenist. Ägypt., Leipzig 1905, I 83) erwiesen ist. Für die Erklärung der Nilüberschwemmung in Kap. 39 vgl. S. 37f. u. d. Nachträge.

Ob die plutarchische Notiz über den 17. Athyr und die Bedeutung der Zahl 17 bei den Pythagoreern in Kap. 42 aus Eudoxos stammt, ist nicht erweisbar, wenngleich sehr wohl möglich, da Eudoxos über die engen Beziehungen zwischen pythagoreischen Lehren und ägyptischer Religion in der Periodos nachweislich gehandelt hat: vgl. das Eudoxosfragment 84 in De Is. 30.[1])

In Kap. 43 liegen Beobachtungen über das gegenseitige Verhältnis zwischen Mond- und Nilphasen vor *οἴονται πρὸς τὰ φῶτα — πανσέληνον*: auch für diese Angaben astronomischen Inhalts (vgl. auch S. 55) liegt es nahe, sie auf Eudoxos zurückzuführen, um so mehr, als nicht nur Aristoteles analyt. post. 2 p. 98a 31 (vielleicht durch Eudoxos), sondern bereits Herodot II 13 ähnliche genaue Berechnungen über das Steigen des Nils gekannt hat. Die Worte über den Apis in Kap. 43 *τὸν δ' Ἆπιν κτλ.* und seine Beziehungen zum Monde scheinen verwandt mit einer Partie bei Aelian de hist. anim. XI 10 (z. T. eud. nach S. 50), stammen daher wie bei Aelian so auch bei Plutarch vermutlich aus Eudoxos, der seinerseits wieder zum Teil von Herodot III 28 abhängig erscheint.

Kap. 50 über dem Typhon geweihte Tiere, z. B. den Esel, steht sachlich mit Kap. 30, worin ebenfalls über den Esel gehandelt ist, in innerem Zusammenhang, geht daher wie Kap. 30 (s. S. 53f.) vermutlich auf die gleiche Quelle, Eudoxos, zurück. Zudem enthalten die Notizen in Kap. 50 über das Nilpferd und das Krokodil[2]) bedeutsame Anspielungen

---

daß der hierfür wohl in Frage kommende Autor Plutarchs, Eudoxos, wie sonst (vgl. S. 54) so auch hier in seinem Bericht über die Klagefeier von Herodot offenbar auf Grund genauerer Informationen abgewichen ist. Über den echt ägyptischen Charakter des Athyrfestes vgl. Wiedemann. Herod. II. Buch, Leipzig 1890, S. 262.

1) Schon die Einführung der Notiz *Ἑβδόμη ... μυθολογοῦσιν* (s. S. 55) erscheint eudoxisch.

2) Plutarch de Is. 50 *διὸ καὶ θύοντες — δεδεμένον* und *ἐν δ' Ἀπόλλωνος πόλει — κροκόδειλος γενόμενος*; mit dieser Notiz bei Plutarch identisch und

auf den Osirismythos, sie sind daher wohl schon deshalb mit der Osirissage bei Plutarch auf die Autorschaft des Eudoxos zurückzuleiten.

In den Kap. 51—52 scheint nur das direkte Eudoxoszitat selbst in De Is. 52, das gleich fr. 63 auf Isis als Liebesgöttin hinweist (s. Roscher, Myth. Lex. u. Isis Sp. 491), der Periodos entlehnt zu sein:

fr. 61: καὶ τὴν Ἶσιν Εὔδοξός φησι βραβεύειν τὰ ἐρωτικά.

Wie in Kap. 51. 52, so kommen auch in Kap. 63. 64 wohl lediglich die direkten Eudoxoszitate als Periodosfragmente in Frage:

fr. 62 = Plut. de Is. 62:

ἔτι φησὶ περὶ τοῦ Διὸς ὁ Εὔδοξος μυθολογεῖν Αἰγυπτίους, ὡς τῶν σκελῶν συμπεφυκότων αὐτῷ μὴ δυνάμενος βαδίζειν, ὑπ' αἰσχύνης ἐν ἐρημίᾳ διέτριβεν· ἡ δ' Ἶσις διατεμοῦσα καὶ διαστήσασα τὰ μέρη ταῦτα τοῦ σώματος ἀρτίποδα τὴν πορείαν παρέσχεν (αἰν... b. Brand.; s. S. 55, 3).

Nicht allein die Auffassung der Isis als Heilgöttin, sondern überhaupt der ganze Charakter der mythologischen Legende in fr. 62 ist offenbar echt ägyptisch. Denn von einer ähnlichen mythologischen Episode, worin Isis als Erretterin des Hammon-ʿRa (d. i. des Zeus) aus leiblicher Not verherrlicht ist, berichtet bereits ein ägyptischer Papyrus, der n Pleyte dem 2. oder 3. vorchristlichen Jahrtausend angehört: vgl. Zeitschrift f ägypt. Spr. u. Altert. 1883, 27; Erman, Ägypt. Relig.², Berlin 1909, S. 173ff.; daß der Glaube an Isis als Heilgöttin ganz allgemein ägyptisch war, lehrt auch der Papyrus Ebers: vgl. Zeitschr. f. ägypt. Spr. u. Altert., 1873, 43.

In Kap. 64 stammt aus Eudoxos fr. 63:

ἀλλὰ καὶ τὸν Εὔδοξον ἀπιστοῦντα παύσομεν καὶ διαπορ– οῦντα, πῶς οὔτε Δήμητρι τῆς τῶν ἐρωτικῶν ἐπιμελείας μέτεστιν ἀλλ' Ἴσιδι· τόν τε Διόνυσον οὔτε τὸν Νεῖλον αὔξειν οὔτε τῶν τεθνηκότων ἄρχειν δυνάμενον — erg. ἀλλ' Ὄσιριν —.[1])

Verglichen mit der herodoteischen Manier, den Osiris dem Dionysos und die Isis der Demeter gleichzustellen (= Herod. II 42. 48. 123. 144. 171), ergibt fr. 63, daß Eudoxos jene Identifizierungen Herodots wohl gekannt, aber keinesfalls gebilligt hat, und daß er wohl überhaupt das

darum wohl gleichfalls, allerdings indirekt (s. S. 48, 1), aus der Periodos des Eudoxos geflossen ist die Bemerkung Aelians de hist. an X 21: οἵ γε μὴν Ἀπολλωνοπολῖται μισοῦσι κροκόδειλον, λέγοντες τὸν Τυφῶνα ὑποδῦναι τὴν τούτου μορφήν.

1) Der Text des Fragmentes ist offenbar verderbt. So ist οὔτε Δήμητρι κτλ. unverständlich, wenn nicht, wie Herr Prof. Boll wohl mit Recht glaubt, hinter Δήμητρι etwa τῆς τῶν καρπῶν φυτείας οὔτε Ἀφροδίτη gestanden hat. Auch das sinnwidrige δυνάμενον ist zu ändern: Markland liest διανοούμενον (sc. Εὔδοξον), was um so begründeter ist, als auch in Kap. 68 διανοούμενοι ähnlich nachgestellt gebraucht ist.

griechisch-ägyptische Götterpantheon verschmäht hat. Weiter lehrt
fr. 63, daß Eudoxos nicht allein über die Bedeutung der Isis als Liebesgöttin (vgl. oben S. 57), sondern auch über die Eigenschaften des Osiris
als Nilvermehrer und Totenbeherrscher geschrieben hat. Daß er auch
hierin ein getreues Bild ägyptischer Volksreligion gab, bekunden zur
Genüge die literarischen Denkmäler Altägyptens, die in überreicher
Fülle das Lob des Osiris, des Nilvermehrers[1]) und Totenbeherrschers[2])
verkünden.

In Kap. 75 findet sich eine zum Teil bereits bei Aristoteles hist.
anim. V 33 p. 558a 17--20 u. auch bei Aelian de hist. anim. X 21 wiederkehrende Notiz über gewisse Beziehungen zwischen dem Krokodil und
der Zahl 60; für alle drei Autoren ist daher ohne Frage eine einheitliche Urquelle zu postulieren, und diese war wohl mit der Periodos
des Eudoxos identisch, da sowohl Aristoteles (vgl. S. 39) als Plutarch
und Aelian[3]) auch sonst in ihren Nachrichten über Ägypten sich von
den Berichten des Eudoxos abhängig zeigen, und da es überdies n. fr. 48
($\delta\mu o\iota o\upsilon\varsigma$ [sc. $\varkappa\varrho o\varkappa o\delta\epsilon\iota\lambda o\upsilon\varsigma$] $\tau o\iota\varsigma$ $\epsilon\nu$ $A\iota\gamma\upsilon\pi\tau\omega$) als sicher gelten kann,
daß Eudoxos über die Krokodile des Nillandes geschrieben hat.

Ob auch die fast gleichlautenden, mit mathematisch-astronomischen
Andeutungen versehenen Bemerkungen Plutarchs de Is. 74. 75 und Aelians
de hist. anim. X 15. II 35 über den Skarabäus bzw. den Ibis der Periodos
des Mathematikers und Astronomen von Knidos entstammen, ist möglich, aber unerweisbar. S. Nachträge.

Damit schließen wir die Betrachtung über eudoxische Partien bei
Plutarch de Is. et Os. und über die Beschreibung Ägyptens in der
Periodos.

3. BUCH III
SCHLUSS DER BESCHREIBUNG ASIENS: KLEINASIEN

Aus Buch III der Periodos hat sich nicht ein Fragment mit Buchzahl erhalten. Doch läßt sich sein Inhalt wenigstens vermutungsweise
angeben. Da in B. I Asien und zwar, soweit die Fragmente erkennen
lassen, im Westen etwa bis zum Meridian Tanais—Nil (s. S. 18), in B. II

---

1) Vgl. Brugsch, Relig. u. Myth., d. alt. Ägypt., Leipzig 1888, 197: Osiris,
er spendet dir den Nil: S. 626: Es steigt der Nil auf den Befehl deines (des
Osiris) Mundes, und es finden die Menschen ihre Nahrung durch das Naß, das
aus deinem Leibe hervorquillt; S. 638ff.; Wiedemann, Herod. II. Buch, S. 225:
Sokaris - Osiris, der große Gott, er läßt steigen den Nil.

2) Vgl. Erman, Ägypt. Religion[2], 1909, S. 117ff.

3) Vgl. S. 48, 1 und besonders S. 56, 2, wo bereits für andere Teile der oben-
genannten Aelianpartie de hist. anim. X 21 Eudoxos als Quelle Aelians angenommen ist.

Ägypten, in B. IV—VI Europa vom Tanais an und Libyen (s. S. 71), in
B. VII die Inseln der Ökumene (s. S. 110 f.) behandelt waren, bleibt noch
unentschieden, in welchem Buche die Schilderung Kleinasiens enthalten
war. Die auf B. III folgenden Bücher kommen hierfür nicht in Frage,
da in ihnen, wie der Überblick zeigt, von Asien nicht mehr die Rede
war. Andererseits spricht schon die Ausführlichkeit der Beschreibung
Ägyptens, der B. II, wenn nicht ganz, so doch wohl größtenteils, gewidmet war, nicht wenig dafür, daß Eudoxos wohl auch Kleinasien, wo
er nicht nur geboren wurde, sondern auch, wie in Ägypten, lange Zeit
verbrachte, sehr eingehend behandelte. Auch die Fragmente über Kleinasien deuten darauf hin, da sie sehr detaillierten Charakters sind. Es
ist daher sehr wohl möglich, daß die Schilderung Kleinasiens ein volles
Buch umfaßte, und so wird man der Vermutung, auf die unabhängig von
Unger, Philol. N. F. IV (1891) 228, Herr Prof. Boll in dankenswerter Weise
mich hingewiesen, zustimmen, daß Eudoxos auf die Darstellung Ägyptens in B. II in B. III die des bis dahin noch nicht behandelten Teiles
Asiens, die Kleinasiens, folgen ließ, daß er also der natürlichen Aufeinanderfolge von Süd nach Nord entsprechend die Beschreibung Asiens
nebst Ägypten in B. III abschloß und in B. IV noch weiter nördlich an
der Linie Nil—Tanais beim Tanais mit Europa begann. Trifft diese
Annahme das Richtige, so ist die Periegese Kleinasiens in der Hauptsache wohl von Süd gen Nord verlaufen. Die Fragmente über Kleinasien behandeln wir dementsprechend in nachstehender Reihenfolge:
Fr. 39 über Karien, fr. 53. 45 über die lydisch-phrygisch-karischen Grenzgebiete, fr. 82 über Lydien, fr. 78 über die Troas, fr. 77 und fr. 51 über
Mysien, fr. 48 über Bithynien und fr. 77 über Paphlagonien.

a) KARIEN

Erhalten hat sich aus der eudoxischen Schilderung Kariens fr. 39
bei Diog. Laert. VIII 90:

εὑρίσκομεν δὲ καὶ ἄλλον ἰατρὸν Κνίδιον, περὶ οὗ φησιν Εὔδοξος
ἐν γῆς περιόδῳ ὡς εἴη παραγγέλλων ἀεὶ συνεχὲς κινεῖν τὰ ἄρθρα πάσῃ
γυμνασίᾳ, ἀλλὰ τὰς αἰσθήσεις ὁμοίως.

Wie vornehmlich fr. 23 zeigt[1]), hat Eudoxos markanter Gestalten
der Kulturgeschichte in der Periodos jeweils bei Erwähnung ihres
Heimatortes gedacht; so mag auch fr 39 über den knidischen Arzt
in der Periodos den Angaben des Eudoxos über seine Heimat Knidos
in Karien beigefügt gewesen sein. Eudoxos hat also, wie hieraus her-

---

1) S. auch über Zoroaster, Pythagoras, Protagoras, Demokrit S. 21 f. 78. 116 f.

vorgeht, in seiner Erdbeschreibung offenbar die berühmte damals
blühende Ärzteschule in Knidos erwähnt.[1]) Aber auch insofern ist fr. 39
von Wert, als es inhaltlich die Verdächtigungen, der die Ärzte von
Knidos von seiten koischer Ärzte ausgesetzt waren, Lügen straft. Denn
die Erteilung von Weisungen zur körperlichen Durchbildung seitens
des knidischen Arztes zeigt zur Evidenz, daß nicht allein die Ärzte von
Kos, sondern auch von Knidos sich durch Forschung ein Bild von der
Vervollkommnung des Körpers zu schaffen verstanden hatten: s. Häser,
Lehrb. d. Gesch. d. Mediz , Jena 1875, I³ 102. 104. 105; Baas, a. a. O.
S. 70; über die koischen und knidischen Ärzteschulen s. auch Pagel,
Hdbch. d. Gesch. d. Mediz. I (1902) 191 ff.

b) PHRYGIEN

Von den zwei Periodoszitaten über Phrygien bzw. die lydisch-
phrygisch-karischen Grenzgebiete handelt das eine vom Hekatekult am
Berekynthos[2]), fr. 53, das andere, fr. 45, von einem Charonion im oberen
Mäandertal.

<table>
<tr><td>

fr. 53 bei Ps.-Arist. mir. ausc. 172
(= Aristot. opp. ed. Acad. Reg. Boruss.
p. 847 a 5—7):

ʼEν ὄρει Βερεκυνθίῳ γεννᾶσϑαι λίϑον
καλούμενον μάχαιραν, ὃν ἐὰν εὕρῃ τις,
τῶν μυστηρίων τῆς Ἑκάτης ἐπιτελου-
μένων ἐμμανὴς γίνεται, ὡς Εὔδοξός φησιν.

</td><td>

Ps.-Plut. de fluv. et mont. nom. X 5
(= GGM II 650):

γεννᾶται δ᾽ ἐν αὐτῷ λίϑος καλούμενος
μάχαιρα· ἔστι γὰρ σιδήρῳ παραπλήσιος·
ὃν ἐὰν εὕρῃ τις τῶν μυστηρίων ἐπιτελου-
μένων τῆς ϑεᾶς, ἐμμανὴς γίνεται, καϑὼς
ἱστορεῖ Ἀγαϑαρχίδης ἐν τοῖς Φρυγιακοῖς.

</td></tr>
</table>

Über die eudoxische Provenienz des ps.-plut. Zitates vgl. S. 7, 1.

Ist der Zusatz bei dem ps.-plut. Autor ἔστι γὰρ σιδήρῳ παραπλήσιος[3]) kein auf einem Mißverständnis beruhendes Glossem, so lehrt
er, daß die in fr. 53 bezeichnete Art Steine wegen ihrer eisenartigen
Beschaffenheit μάχαιρα genannt wurde. Der weitere Grund hierfür, daß

---

1) Vgl. Wellmann, D. Fragm. d. griech. Ärzte, Berlin 1901, I 17, 69. —
Übrigens bezeugt auch das ausdrücklich als Periodoszitat bezeichnete fr. 39 die
hier genannte Periodos als das Werk des knidischen Geographen. Denn einen
knidischen Arzt des 5. oder 4. Jahrh. v. Chr. in einer Erdbeschreibung zu erwähnen, konnte für einen anderen Eudoxos als den von Knidos, der dem knidischen Arzt zeitlich, heimatlich und durch gleichgerichtete Studien nahestand,
kaum von Interesse sein. Über mediz. Studien des Astronomen Eudoxos s. Diog.
Laert. VIII 86. 89; Baas, Grundr. d. Gesch. d. Med., 1876, S. 76. 85.

2) Μεταξὺ Λυδίας καὶ Φρυγίας schol. in Callim. h. III 246; s. auch Bürchner, R.-E. u. Berecynth. tract., Ruge ebend. u. Berecynthes; über den Namen
Berekynthos (= Phrygia mit Suffix — nth) s. E. Meyer, Gesch. d. Alt. I² (1909)
§ 486 Anm (s. Nachträge)

3) Daß diese Worte eudoxisch sind, scheint der Sprachgebrauch zu verraten, da παραπλήσιος auch in fr. 51 vorkommt.

für die Bezeichnung jener Steine gerade der Vergleich mit einem Dolche, nicht mit einem anderen Werkzeug aus Eisen maßgebend war, mag wohl der gewesen sein, daß der Dolch (μάχαιρα) ein Attribut der Hekate war (s. Roschers Lex. u. Hekate Sp. 1886. 1906—10), bei deren Kultfeier eben jene μάχαιρα benannten Steine fr. 53 zufolge eine Rolle spielten. Wer einen derselben während der Mysterien[1]) fand, geriet daroh in Ekstase, weil er — so ist fr. 53 wohl zu deuten — das Symbol der Göttin (den an seiner eisenartigen Beschaffenheit als μάχαιρα der Hekate erkannten Stein) entdeckt zu haben glaubte und sich daher von ihrer Macht beherrscht fühlte. Anderweitig läßt sich fr. 53, das seltsamerweise für die Darstellung des Hekatekultes noch nirgends verwertet ist, nur insofern bestätigen, als Hekatemysterien in Kleinasien literarisch wie inschriftlich bezeugt sind (s. Roscher a. a. O. Sp. 1185; Diehl, Bull. de corr. hell. XI [1887] 37) und der Hekate wie in fr. 53 auch sonst (s. Roschers Lex. a. a. O.) eine besondere Macht über den Wahnsinn zugeschrieben wurde, da sie den Alten als eine den Wahnsinn heilende Göttin galt.

Das 2. Fragment über Phrygien, fr. 45, liegt vor bei Antig. hist. mir. 123:

Καὶ πολλαχοῦ δὲ ἔοικεν τό τε τῶν βαράθρων καλουμένων καὶ χαρωνίων εἶναι γένος, οἶον ὅ τε Κίμβρος καλούμενος ὁ περὶ Φρυγίαν βόθυνος, ὡς Εὔδοξός φησιν, καὶ τὸ ἐν Λάτμῳ ὄρυγμα.[2])

Von den vier den Alten unter der Benennung χαρώνιον bekannten Höhlen in Kleinasien lagen drei in Karien (s. Bürchner R.-E. u. Charon. 1—3), die vierte nahe der Grenze Phrygiens und Kariens bei Hierapolis. Auf diese ist offenbar in fr. 45 angespielt; denn auf die schwer bestimmbare Lage der Höhle von Hierapolis paßt augenscheinlich die ungenaue Bestimmung des Eudoxos *ὁ περὶ Φρυγίαν βόθυνος*. Vgl. auch die Vermutung E. Rohdes, Psyche[2] (1898) I 213 Anm. 1. Schon zur Zeit des Ammianus Marcellinus hat das Charonion von Hierapolis, von dem übrigens neben andern[3]) besonders Strabo p. 629 eine anschauliche Beschreibung entworfen hat, nicht mehr existiert[4]), und neuere geogra-

---

1) Hierauf ist besonderes Gewicht zu legen; denn da lediglich während der Hekatemysterien die Auffindung des Steines Raserei bewirkte, ist klar ersichtlich, daß es sich in fr. 53 nicht um eine Wundergeschichte (s. S. 7, 1), sondern bloß um eine Erscheinung des Hekatekultes handelt.

2) S. Nebert, Studien z. Antig. Karyst. I, N. Jahrb. f. Phil. u. Päd. 151 (1895) 369.

3) S. Plin. nat. hist. II 208, Apul. de mund. 17, Dio Cassius LXVIII 27, 3, Paradox. Vatic Rohd. 37 = Keller, Rer. nat. scriptt., 1877, S. 111.

4) Hierauf führt der Gebrauch der Tempora bei Amm. Marcell. XXIII 6, 18 cuius simile foramen apud Hierapolim Phrygiae antehac (ut adserunt aliqui), uide-

phische Berichte bestätigen den Untergang der einst hochberühmten phrygischen Erdhöhle: s. J. G. Frazer, Adonis, Attis, Osiris², London 1907, 172; W. Ramsay, Cities and Bishoprics of Phrygia, Oxford 1895 I 86; Reclus, Nouv. Géogr. Univ. IX (1884) 511; E. J. Davis, Anatolica, London 1874, 109; Texier, Descript. de l'Asie Min. faite par ordre du gouv. franç., Paris 1837, I 139. Der Beiname der Höhle bei Eudoxos $K\iota\mu\beta\rho\sigma$ ist sonst nicht überliefert; wahrscheinlich aber ist er gleichbedeutend mit $K\iota\mu\mu\acute{\epsilon}\rho\iota\sigma\varsigma$[1]), eine Bildung, zu der die Form $\varkappa\iota\mu\beta\epsilon\rho\iota\varkappa'$ bei Aristoph. Lys. 45 eine Art Mittelform darstellt. Die Kimmerier dachte sich antiker Volksglaube im äußersten Westen, also da, wo der Volksglaube den Eingang zur Unterwelt vermutete. Bisweilen werden sie sogar in der Unterwelt selbst lokalisiert, und so mögen die Momente, daß mit dem Namen der Kimmerier die Vorstellung des Unterweltlichen verknüpft war, und daß jene Erdhöhle Phrygiens ihrer Natur wie ihrem Namen nach ($\chi\alpha\rho\acute{\omega}\nu\iota\sigma\nu$) den Bewohnern Kleinasiens als eine leibhaftige Pforte zur Unterwelt erschien, zu jener Übertragung des Namens der Kimmerier $K\iota\mu\beta\rho\sigma\varsigma$ oder $K\iota\mu\mu\acute{\epsilon}\rho\iota\sigma\varsigma$ (sc. $\beta\acute{o}\vartheta\nu\nu\sigma\varsigma$) auf die Höhle geführt haben²), wobei wohl noch besonders mit-

---

batur. unde emergens itidem noxius spiritus perseueranti odore quicquid prope uenerat, conrumpebat absque spadonibus solis, quod qua causa eueniat, rationibus physicis permittatur. Nicht bald n. 39 n. Chr, wie Ruge R.-E. u Charon. 4 glaubt, sondern erst in der Zeit nach Dio Cassius, der (s. Dio Cass. LXVIII 27, 3) selbst von der Existenz der Höhle noch überzeugt war, verschwand das Plutonium von Hierapolis vom Erdboden. Andererseits wird die Meinung Webers, Philol. N. F. XXIII 187, das Charonion habe noch zu Zeiten des Joh. Lydus existiert, schon durch Ammian. Marc. a. a. O. widerlegt, ganz abgesehen davon, daß jener Schluß Webers aus Joh. Lyd de ost. 53 überhaupt nicht folgt.

1) Über die Gleichstellung beider Formen s. außer Herodian a. a. O. I 202 n. Lentz $K\iota\mu\beta\rho\sigma\nu\varsigma$ $\sigma\tilde{\nu}\varsigma$ $\tau\iota\nu\acute{\epsilon}\varsigma$ $\varphi\alpha\sigma\iota$ $K\iota\mu\mu\epsilon\rho\iota\sigma\nu\varsigma$ Poseid. bei Strab. p. 293, Diod. V 32, 4; s. auch Keller a a. O. S 30 Anm.; Minns, Scythians and Greeks, London 1914, S. 40. Strabon p. 580 erwähnt eine zu seiner Zeit nicht mehr so genannte $\beta\acute{o}\vartheta\nu\nu\sigma\varsigma$ $K\epsilon\rho\beta\acute{\eta}\sigma\iota\sigma\varsigma$, die wohl mit der später von ihm selbst ausführlich beschriebenen Höhle von Hierapolis bzw. der $K\iota\mu\beta\rho\sigma\varsigma$ $\beta\acute{o}\vartheta\nu\nu\sigma\varsigma$ des Eudoxos identisch ist, da die Wortformen $K\epsilon\rho\beta\acute{\eta}\sigma\omega\varsigma$ oder $K\epsilon\rho\beta\acute{\epsilon}\rho\iota\sigma\varsigma$ und $K\iota\mu\mu\acute{\epsilon}\rho\iota\sigma\varsigma$ oder $K\iota\mu\beta\rho\sigma\varsigma$ gleichbedeutend sind und mit dem Begriff „unterweltlich“ oder „bleich“ sich decken (s. Gruppe, Griech. Myth. u. Relig., 1906, S. 408, 2; Sophokles las in seinem Odyssee-Exemplar λ 14 $K\epsilon\rho\beta\epsilon\rho\acute{\iota}\omega\nu$ statt $K\iota\mu\mu\epsilon\rho\acute{\iota}\omega\nu$). Über die Beziehungen zwischen Kimmeriern und der Unterwelt s. oben.

2) Nach Ephoros bei Strab. p 243/4 (fr 45 FHG I 245) wußte die Sage von Kimmeriern als Höhlenbewohnern bei dem unteritalischen Kumä zu berichten. Die Vermutung ist daher sehr wahrscheinlich, daß die Vorstellung, die die Kimmerier mit Erdhöhlen in Beziehung brachte, von der phrygischen $K\iota\mu\beta\rho\sigma\varsigma$ oder $K\iota\mu\mu\acute{\epsilon}\rho\iota\sigma\varsigma$ $\beta\sigma\vartheta\nu\nu\sigma\varsigma$ durch kleinasiatische, nach Italien ausgewanderte Kolonisten auf ähnliche Erdhöhlen bei Kumä übertragen wurde. Auch die bei Plin. nat. hist. III 61 erwähnte kimmerische Stadt Italiens verdankt ihren Namen wohl jener Übertragung.

spielte, daß gerade in Kleinasien die Erinnerung an die gewaltigen Streif-
züge der Kimmerier durch Vorderasien[1]) fortlebte. Hinsichtlich der
Quellenfrage für fr. 45 läßt sich außer an Hellanikos (s. fr. 125
= FHG I 61, Berger, Gesch. d. wiss. Erdkunde d. Griech.[2] S. 151,4)
namentlich auch an Xanthos als Autor des Eudoxos denken, der nach
Strab. p. 579/80 (= Xanth. fr. 4 bei Müller FHG I 36/7) augenscheinlich
über phrygische Erdhöhlen gehandelt hat und auch sonst von Eudoxos
benützt ist (s. S. 22,1. 35).

c) LYDIEN

Mit dem Namen Lydien war bei den Alten, wie schon der Exkurs
Herodots über Lydien zeigt, die Erinnerung an Kroisos, die populärste
Gestalt der lydischen Geschichte, geradezu unzertrennlich verbunden
(s. Schubert, Gesch. d. Könige v. Lyd., Breslau 1884, 69 ff.; B. Erd-
mannsdörfer, D. Zeitalt. d. Nov. i. Hellas, Preuß. Jahrb. 25 [1869]
291 ff.), und so hat wohl auch Eudoxos die in fr. 82 erhaltene Erzählung von Kroisos schwerlich anderswo in seiner Periodos wiedergegeben als anläßlich seiner Schilderung Lydiens. Das Fragment, ein
Exzerpt aus Hermipp[2]), steht bei Diog. Laert. I 29/30:

*Εὔδοξος δ' ὁ Κνίδιος καὶ Εὐάνθης ὁ Μιλήσιός φασι τῶν Κροίσου
τινὰ φίλων λαβεῖν παρὰ τοῦ βασιλέως ποτήριον χρυσοῦν, ὅπως δῷ τῷ
σοφωτάτῳ τῶν Ἑλλήνων· τὸν δὲ δοῦναι Θαλῇ. καὶ περιελθεῖν εἰς Χεί-
λωνα, (30) ὃν πυνθάνεσθαι τοῦ Πυθίου τίς αὐτοῦ σοφώτερος· καὶ τὸν
ἀνειπεῖν Μύσωνα, περὶ οὗ λέξομεν. [τοῦτον οἱ περὶ τὸν Εὔδοξον ἀντὶ
Κλεοβούλου τιθέασι, Πλάτων δ' ἀντὶ Περιάνδρου].*

Seinem Inhalte nach gehört das Fragment jenem Kreise von Sagen
an, die sich schon frühe, bereits im 5. und 4. Jahrh. v. Chr., um die
Person des Kroisos bildeten, und die den König in engem Verkehr mit
den sieben Weisen zeigten.

Daß es sich dabei häufig um die Frage nach dem Weisesten der
Weisen handelte, wobei dieser als äußeres Siegeszeichen einen Dreifuß
oder eine vom lydischen König herrührende kostbare Schale erhielt,
zeigt wie die sonst hier in Betracht kommende antike Literatur (vgl.
J. Mikałajczak, de septem sapientium fabulis quaest select., Bresl. Phil.
Abhdlg. IX [1902] 46 ff., wo auch die Literaturnachweise gesammelt
sind) auch fr. 82. Die Version der Sage freilich, wie sie in diesem
Fragment unter dem Namen des Eudoxos und des von ihm wohl ab-

---

1) S. E. Meyer, Gesch. d. Alt. I[1] § 452 ff.; Berger, Gesch. d. wiss. Erdkunde[2] S. 43.

2) Vgl. F. A. Bohren, De septem sapientibus, Bonn 1867, S. 14

hängigen Euanthes von Milet überliefert ist, kommt sonst in der antiken Literatur nicht vor, sie ist vielmehr nach der Darlegung Wulfs (de fabellis cum collegii septem sapientium memoria coniunctis quaest. crit. in Diss. Hal. XIII [1895] 169. 200) wahrscheinlich von Eudoxos selbst zusammengestellt, der sie sich mit Berücksichtigung der vorliegenden Überlieferung konstruiert haben mag. So hat er für die Worte Κροίσου τινὰ φίλων λαβεῖν παρὰ τοῦ βασιλέως ποτήριον χρυσοῦν ... τὸν δὲ δοῦναι Θαλῇ vermutlich die Vorlage Mäanders oder dessen Schrift selbst als Quelle benützt, wonach (s. Diog. Laert. I 28) eine Schale des Bathykles von Arkadien dem Thales als Weisesten zuerkannt wurde, wobei noch zu bemerken bleibt, daß jener Bathykles sehr wahrscheinlich ein Freund des Kroisos war und von ihm die Schale (zum Geschenk) erhielt = Κροίσου τινὰ φίλων λαβεῖν παρὰ τοῦ βασιλέως ποτ. χρυσ. (vgl. Wulf a. a. O. S. 185 Anm. 1). Für die weitere Erzählung in fr. 82, daß der goldene Pokal von Thales dem Chilon und schließlich dem Myson als dem Weisesten von allen überbracht worden sei, mag Eudoxos teils der auch bei Andros von Ephesos vorliegenden Version gefolgt sein, die den Chilon an zweiter Stelle nannte (vgl. Diog. Laert. I 30), teils jener sehr alten, schon durch ein Fragment aus Hipponax (Bergk, Lyr. Gr.⁴ fr. 45) belegbaren Überlieferung, wonach als der Weiseste der Weisen Myson galt, der bereits in dem Siebenweisenkanon des Ephoros und Aristoteles, also schon im Zeitalter des Eudoxos, durch Anacharsis oder Periander ersetzt ist (vgl. Diog. Laert. I 41. 99). Freilich bleibt auch so die Entstehung des fr. 82 ob des fragmentarischen Charakters der antiken Literatur noch problematisch genug. Da übrigens, wie die Schlußbemerkung in fr. 82 zeigt, Eudoxos im Gegensatze zu Platon Protag. 343a u. a. den Kleobulos von Lindos nicht zu den 7 Weisen rechnete, obwohl Lindos wie Knidos[1] zur Hexapolis gehörte, zeigte er sich offenbar frei von lokalpatriotischen Tendenzen, was für seine geographische Schriftstellerei speziell im Hinblick auf die Voreingenommenheit späterer antiker Geographen wie Strabons (s. Stemplinger, Strabons literarhist. Notiz., München 1894, 70) nicht wenig charakteristisch ist. Die Nichtaufnahme des Kleobulos unter die 7 Weisen lehrt außerdem, daß Eudoxos nicht durchweg platonischer Anschauung folgte, daß er dagegen mit der Erwähnung Mysons gleichwohl dem alten Siebenweisenkanon entsprochen hat. Diese letzte Tatsache ist besonders wichtig, weil gerade durch die Bezugnahme auf alte Überlieferung die Periodos, der der Autor des Diogenes, Hermipp, wie fr. 38 (s. S. 21. 63) auch

---

1) Bürchner, R.-E. u. Hexapolis 1.

fr. 82 entlehnt hat, sich gleichfalls als ein Werk des früheren Altertums, als Eigentum des Eudoxos von Knidos erweist.

d) TROAS UND HELLESPONT

Über die Troas hat sich aus der Periodos fr. 78 erhalten bei Strab. XIII 1, 4 p. 582/83:

$\varepsilon\dot{v}\vartheta\dot{v}\varsigma\ \gamma\grave{\alpha}\varrho\ \dot{\varepsilon}\pi\grave{\iota}\ \tau\tilde{\omega}\nu\ \varkappa\alpha\tau\grave{\alpha}\ \tau\dot{\eta}\nu\ \Pi\varrho\varrho\pi\nu\tau\iota\delta\alpha\ \tau\dot{o}\pi\omega\nu\ \dot{o}\ \mu\grave{\varepsilon}\nu\ \H{O}\mu\eta\varrho\varrho\varsigma\ \dot{\alpha}\pi\dot{o}$ $A\dot{\iota}\sigma\acute{\eta}\pi\nu\nu\ \tau\dot{\eta}\nu\ \dot{\alpha}\varrho\chi\grave{\eta}\nu\ \pi\nu\iota\varepsilon\tilde{\iota}\tau\alpha\iota\ \tau\tilde{\eta}\varsigma\ T\varrho\omega\acute{\alpha}\delta\nu\varsigma,\ E\ddot{v}\delta\nu\xi\nu\varsigma\ \delta\grave{\varepsilon}\ \dot{\alpha}\pi\dot{o}\ \Pi\varrho\iota\acute{\alpha}\pi\nu\nu$ $\varkappa\alpha\grave{\iota}\ A\varrho\tau\acute{\alpha}\varkappa\eta\varsigma\ \tau\nu\tilde{v}\ \dot{\varepsilon}\nu\ \tau\tilde{\eta}\ K\nu\xi\iota\varkappa\eta\nu\tilde{\omega}\nu\ \nu\acute{\eta}\sigma\omega\ \chi\omega\varrho\acute{\iota}\nu\ \dot{\alpha}\nu\tau\alpha\acute{\iota}\varrho\nu\nu\tau\nu\varsigma\ \tau\tilde{\omega}\ \Pi\varrho\iota\acute{\alpha}\pi\omega,$ $\sigma\nu\sigma\tau\acute{\varepsilon}\lambda\lambda\omega\nu\ \dot{\varepsilon}\pi'\ \ddot{\varepsilon}\lambda\alpha\tau\tau\nu\nu\ \tau\nu\grave{v}\varsigma\ \ddot{o}\varrho\nu\nu\varsigma,\ \varDelta\alpha\mu\acute{\alpha}\sigma\tau\eta\varsigma\ \delta'\ \ddot{\varepsilon}\tau\iota\ \mu\tilde{\alpha}\lambda\lambda\nu\nu\ \sigma\nu\sigma\tau\acute{\varepsilon}\lambda\lambda\varepsilon\iota$ $\dot{\alpha}\pi\dot{o}\ \Pi\alpha\varrho\acute{\iota}\nu\nu.^{1}$[1]

Nach diesem Fragment begann die Troas bei Eudoxos westlicher als bei Homer, der den Aisepos zur Ostgrenze machte. Es kann daher in fr. 78 nur Priapos, der vom Aisepos westlich gelegene Küstenort, östlicher eudoxischer Grenzpunkt gewesen sein, nicht aber auch das gleichfalls in fr. 78 genannte Artake. Dessen Erwähnung dient daher in fr. 78 wohl nur zu einer genaueren Bestimmung der Lage von Priapos, dem Artake auf Kyzikos (s. fr. 78 $\dot{\alpha}\nu\tau\alpha\acute{\iota}\varrho\nu\nu\tau\nu\varsigma\ \tau\tilde{\omega}\ \Pi\varrho\iota\acute{\alpha}\pi\omega$) östlich schräg gegenüber lag. Übrigens zeigt sich Eudoxos wie in fr. 10 auch in fr. 78 in geographischen Bestimmungen unabhängig von früheren Autoren (s. Charon fr. 8 = FHG I 34, Damastes fr. 2 = FHG II 65, Xenophon anab. VII 8, 1 ff. und als etwa gleichzeitigen Autor Ephoros bei Strab. a a. O.), denen entgegen er der Troas nach Osten hin eine Ausdehnung gab, die nur noch Homer übertraf. Daß n. fr. 78 zur Zeit des Eudoxos noch ein $\chi\omega\varrho\acute{\iota}\nu\nu\ A\varrho\tau\acute{\alpha}\varkappa\eta$ bestand, während schon Timosthenes (bei Steph. Byz. u. $A\varrho\tau\acute{\alpha}\varkappa\eta$; s. auch E. A. Wagner, Die Erdbeschr. des Timosthenes v. Rhod., Leipzig 1888, S. 55) nur noch einen Berg, Hafen und eine Insel Artake kannte, das lehrt aufs neue gegenüber jeder gegenteiligen Behauptung, daß die Periodos, der doch fr. 78 entstammt, der vortimosthenischen Zeit angehört, daß ihr Verfasser Eudoxos daher nur der von Knidos sein kann.

Mit obigem Strabozitat verlohnt es sich, eine Partie in der Epitome Strabos VII 58 über die Begrenzung des Hellespont bei verschiedenen Autoren zu vergleichen, die Klotz und Jachmann Rh. Mus. 68 (1913) 286 ff. bzw. 70 (1915) 640 ff. zum Gegenstand einer Kontroverse gemacht

---

1) $\gamma\grave{\alpha}\varrho$ — $\tau\acute{o}\pi\omega\nu$ fehlt in Medic. plut. 28, 19 — $\tau\nu\tilde{v}$ vor $A\dot{\iota}\sigma\acute{\eta}\pi\nu\nu$ i. Venet. 640; Mosq., Escurial.; ich folge der Lesart Meinekes — $\nu\acute{\eta}\sigma\nu\nu$ Venet. 640, Mosq. — $\tau\nu\tilde{v}\ \ddot{o}\varrho\nu\nu\varsigma$ d. Hss., i. Medic. plut. 28, 15 aber von zweiter Hand verb. $\tau\nu\grave{v}\varsigma\ \ddot{o}\varrho\nu\nu\varsigma$, wofür sich schon Xylander entschieden hat. — $\sigma\nu\sigma\tau\acute{\varepsilon}\lambda\lambda\varepsilon\iota$ mit Meineke, Kramer verm. $\sigma\nu\sigma\tau\acute{\varepsilon}\lambda\lambda\omega\nu$.

haben, und in der Klotz eine Benennung der einzelnen Autoren durch
Strabo sehr vermißt (a. a. O. S. 288 oben): Ὅτι Ἑλλήσποντος οὐχ ὁμο-
λογεῖται παρὰ πᾶσιν ὁ αὐτός, ἀλλὰ δόξαι περὶ αὐτοῦ λέγονται πλείους.
Οἱ μὲν γὰρ ὅλην τὴν Προποντίδα καλοῦσιν Ἑλλήσποντον, οἱ δὲ μέρος
τῆς Προποντίδος τὸ ἐντὸς Περίνθου· οἱ δὲ προσλαμβάνουσι καὶ τῆς ἔξω
θαλάσσης τῆς πρὸς τὸ Αἰγαῖον πέλαγος καὶ τὸν Μέλανα κόλπον ἀνε-
ῳγμένης, καὶ οὗτοι ἄλλος ἄλλα ἀποτεμνόμενος· οἱ μὲν τὸ ἀπὸ Σιγείου
ἐπὶ Λάμψακον καὶ Κύζικον ἢ Πάριον ἢ Πρίαπον . . . . Eine Gegenüber-
stellung der beiden Strabozitate lehrt nämlich, daß wir mit ziemlicher
Wahrscheinlichkeit noch in der Lage sind, die Gewährsmänner Strabons
in VII 58 zu ermitteln. Denn an beiden Zitaten ist die Wiederkehr derselben Ortsnamen zu Zwecken ähnlicher geographischer Bestimmung
auffällig, nur daß sie in fr. 78 zur Ostbegrenzung der Troas, bei Strabo
VII 58 zur Begrenzung des Hellespontos nach Osten, dort zur Definition der Landschaft, hier zur Bestimmung des die Landschaft bespülenden Meeres erwähnt sind. Es ist wohl sehr glaubhaft, daß
derselbe Autor dieselben Ortsnamen zur Begrenzung der Troas wie
auch zur Begrenzung des Hellespontos nach Osten hin benutzt hat.
Demzufolge begann der Hellespont bei Eudoxos bei Sigeum und endigte
bei Priapos bzw. Kyzikos (vgl. fr. 78 mit Strab. VII 58 οἱ μὲν τὸ ἀπὸ
Σιγείου ἐπὶ . . . Κύζικον . . . ἢ Πρίαπον), da er hier auch die Troas
endigen ließ[1]), und unter denen, die n. Strab. VII 58 den Hellespont
von Sigeum bis Parion reichen ließen, ist wohl in erster Linie an Damastes zu denken, der n. fr. 78 Parion auch als östlichen Grenzpunkt
der Troas angenommen hat. Die Ansicht aber, wonach der Hellespont
nach Osten hin eine noch geringere Ausdehnung hatte und durch
Lampsakos begrenzt war, war wohl die des Charon von Lampsakos, der
n. Strab. p. 583 auch die Troas noch weiter westlich als Eudoxos und
Damastes, nämlich erst beim Praktios beginnen ließ. Schließlich deutet
wohl auch der Hinweis auf die homerische Geographie in 582/3 wie in
VII 58 darauf hin, daß Strabo in beiden Partien in einem gewissen
Parallelismus Ansichten derselben Autoren wiedergibt, wobei es sich
ebenfalls wieder entspricht, wenn er den Homer in VII 58 dem Hellespont und p. 582 (s. oben) der Troas im Gegensatze zu späteren Autoren
die größte Ausdehnung geben läßt.

---

1) Demgemäß war die Propontis bei Eudoxos mit dem Hellespont nicht
identisch, sondern umfaßte wohl bei ihm das ganze Marmarameer.

e) MYSIEN

Aus den Angaben des Eudoxos über Mysien besitzen wir noch zwei, wenn nicht drei (s. unt. Anm. 2) Fragmente, das erste, fr. **77**, bei Strab. XII 3, 42 p. 5ʜ2/3:

Εὔδοξος (sc. *ἰχϑῦς λέγων*: s. S 70) *…ἐν ὑγροῖς δὲ περὶ τὴν Ἀσκανίαν λίμνην φησὶ τὴν ὑπὸ Κίῳ, λέγων οὐδὲν σαφές.*

Das Fragment stammt wohl aus der eudoxischen Beschreibung Mysiens; denn wie nach andern Autoren des früheren Altertums (s. Herod V 122, Xenoph. I 4, 7, Aristot. fr. 187 n. Müller FHG II 161, Ps.-Skyl. peripl. 93, Apoll. Rhod. I 1177. 1321/2) gehörte wohl auch nach Eudoxos v. K. der zur Bestimmung der Lage des Askaniasees in fr. 77 genannte Küstenort Kios, also auch der Askaniasee selbst, zu Mysien im Gegensatze zu später, da diese Länderstriche zu Bithynien gerechnet wurden (vgl. Ruge R.-E. u. Askania 3, *Ἀσκ. λ.* 1; Strab. p. 563/4, Dionys. perieg. 805/6, Steph. Byz. u. *Προῦσα*; s. auch E. Meyer, Gesch. d. Alt. I² § 473 Anm.). Bei den im Bereich des Askaniasees lebenden, in fr. 77 genannten Fischen handelt es sich wohl um solche, die bei geringem Wasserstande, wie er infolge der regenlosen Zeit in Bithynien (s. S. 68) wohl vorkommen mag, bis zur Wiederkehr des Wassers sich in Schlamm oder feuchtes Erdreich verkriechen. Auf Fische im Askaniasee, auf die diese Eigentümlichkeit paßt, hat in neuerer Zeit Sestini, lett. odoporiche II (1785) 59 hingewiesen; s. auch Forbiger, Hdbch. d. alt. Geogr. II 381 Anm. 63 und F. Harless, Die Heilquellen und Kurbäder Griechenlands usw., Berlin 1846, S. 208.

Das 2. Exzerpt über Mysien aus der Periodos liegt in doppelter Überlieferung vor:

fr. **51** bei Antig. hist. mir. 162 (n. Schneider, Callim. II 3ı6 aus Kallimachos):	Ps.-Arist. mir. ausc. 54 (= Aristot. opp. ed. Acad. Bor. p 834 a 33—35, b 1—2):
λέγειν δὲ τὸν Εὔδοξον καὶ περὶ τῶν ἐν τῇ Πυϑοπόλει φρεάτων, ὅτι παραπλήσιόν τι τῷ Νείλῳ πάσχουσιν· τοῦ μὲν γὰρ ϑέρους ὑπὲρ τὰ χείλη πληροῦσϑαι, τοῦ δὲ χειμῶνος οὕτως ἐκλείπειν ὥστε μηδὲ βάψαι ῥᾴδιον εἶναι.[1])	*περὶ τὴν Ἀσκανίαν λίμνην Πυϑόπολίς ἐστι κώμη ἀπέχουσα Κίου ὡς σταδίους ἑκατὸν εἴκοσι, ἐν ᾗ τοῦ χειμῶνος ἀναξηραίνεται πάντα τὰ φρέατα ὥστε μὴ ἐνδέχεσϑαι βάψαι τὸ ἀγγεῖον, τοῦ δὲ ϑέρους πληροῦται ἕως τοῦ στόματος.*[2])

---

1) Für das von Brandes fälschlich übernommene *μυϑοπόλει* i d. Antigonoa Hs, d. Palat. Graec. 3ʋ8, schrieben schon Holsten (s Schneider, Callim. II [1873] 346), Niclas u. Bernhardi richtig *Πυϑοπολει* — *μὴ δέ* d Hs statt d. *μηδέ* der Herausgeber (f. d. krit. Appar. s. Keller, Rer. nat scriptt. I. p. 39 Anm. u. praef. p. 43 zu 39, 8; vgl. auch Müllenhoff, D. A. I 427).

2) Stammt dies Zitat, wie Keller a. a O. praef. 43 zu Antig. 162 vermutet, aus Phanias, so ergäbe sich, daß dieser (nicht umgekehrt, wie Keller S. 42 annahm) seinerseits wiederum gleich andern Peripatetikern (s. S. 136) die Quelle

Daß unter Pythopolis in fr. 51 nicht mit Partsch, Abh. d. Sächs. Ges. d. Wiss. phil.-hist. Kl. XXVII (1909) 573, 1 ein Ort Kariens, sondern Mysiens zu verstehen ist, zeigt die ps.-aristotelische Notiz, die als Parallele zu fr. 51 gleich einem dritten Zitat über die Brunnen von Pythopolis bei Aristoteles de inundacione Nili[1]) der Periodos des Eudoxos entstammt, und in der Pythopolis ausdrücklich als ein Dorf bei Kios bezeichnet ist. Das spätere Altertum scheint, abgesehen von dem auf alten Quellen beruhenden Vermerk bei Steph. Byz. u. $\Pi v\vartheta\acute{o}\pi o\lambda\iota\varsigma$, von Pythopolis und seinen Brunnen keine Kunde mehr gehabt zu haben, sei es, daß es später nicht mehr existierte[2]) oder als Stadt von erweitertem Umfang unter anderem Namen fortbestand. Einer mir von Prof. W. Endriß-Stuttgart (am 6. V. 14) in dankenswerter Weise zugegangenen Mitteilung zu entnehmen, verdient die Nachricht in fr. 51 über periodisch anschwellende Brunnen in Pythopolis kaum einen Zweifel. Denn da Brussa durch das naheliegende Olymposgebirge mit Wasser versorgt wird und die hierbei in Frage kommenden Flüsse dieses Gebirges infolge der bis Juli auf dem Olympos andauernden Schneeschmelze im Gegensatze zum Wassermangel im übrigen Bithynien (n. der Beobachtung von Endriß) besonders im Spätfrühjahr und Sommer bedeutende Wassermengen aufweisen, wäre es wohl denkbar, daß Brunnen in Pythopolis, das n. Philippson (s. Reis. u. Forsch. i. westl. Kleinasien, Pet. Mitt. Ergänz.-Hft. 177 [1913] die beigegeb. Karte) unmittelbar südlich des Askaniasees lag, n. Tomaschek (s. unt. Anm. 2) aber mit dem ältesten Teile Brussas identisch ist oder jedenfalls unweit dieser Stadt lag, im Sommer an (Gebirgs-)Wasser reicher waren als im Winter. — Sowohl das obengenannte fr. 51 wie fr. 48 (s. S. 69 $\varkappa\varrho o\varkappa o\delta\varepsilon\acute{\iota}\lambda o v\varsigma \ldots \acute{o}\mu o\acute{\iota}o v\varsigma \tau o\tilde{\iota}\varsigma \grave{\varepsilon}\nu A\acute{\iota}\gamma\acute{v}\pi\tau\psi$ u. fr. 51 $\pi\varepsilon\varrho\grave{\iota}$

---

des fr. 51, die Periodos des Eudoxos v. K., benutzt hat. Es wäre dann, zumal Eudoxos n. fr. 77 über den Askaniasee geschrieben hat, mit Schneider, Callim. II 343 u. Keller a. a. O. S. 42 vielleicht auch für Antig. hist. mir. 156 über den Askaniasee die Periodos als Quelle des Phanias zu postulieren. — Übrigens scheint sich der eudoxische Charakter in Ps.-Arist. mir. ausc. 54 (s. oben) noch in den Eingangsworten zu offenbaren ($\pi\varepsilon\varrho\grave{\iota} \tau\grave{\eta}\nu \mathord{}A\sigma\varkappa\alpha\nu\acute{\iota}\alpha\nu \lambda\acute{\iota}\mu\nu\eta\nu$), die mit fr. 77 am Anfang $E\ddot{v}\delta o\xi o\varsigma \ldots \pi\varepsilon\varrho\grave{\iota} \tau\grave{\eta}\nu \mathord{}A\sigma\varkappa\alpha\nu\acute{\iota}\alpha\nu \lambda\acute{\iota}\mu\nu\eta\nu \varphi\eta\sigma\acute{\iota}$ wörtlich übereinstimmen.

1) Aristot. fragm. ed. V. Rose, Leipzig 1886, p. 196 = fr. 248: in Frigia sunt putei, qui in hyeme quidem sunt sicci, in aestate autem replentur. Vgl. Partsch a. a. O. Nur kurz erwähnt sind die Brunnen von Pythopolis von Rufus (s. Schneider a. a. O. u. Keller, praef. S. 43).

2) Darauf führt streng genommen die Pliniusstelle Nat. hist. V 148 fuere Pythopolis, Parthenopolis Coryphanta, die aber auch die Auffassung Tomascheks zuläßt (Zur hist. Topogr. v. Kleinasien i. Mittelalter, Wien. Akad. Sitzber. phil.-hist. Kl. 124 [1891] 8. Abh. S. 11), daß der älteste Teil des späteren Prusa ursprünglich Pythopolis hieß.

τῶν ἐν Πυϑοπόλει φρεάτων, ὅτι παραπλήσιόν τι τῷ Νείλῳ πάσχουσιν) enthalten treffende Hinweise auf ägyptische Verhältnisse, in beiden Fällen ein Moment, das für Eudoxos v. K. als Verfasser der Fragmente spricht, der Ägypten aus Autopsie kannte, und den daher jene zwei Nachrichten wohl schon wegen ihrer Parallelen zu Ägypten interessierten.

f) BITHYNIEN

Eine Angabe des Eudoxos über Kleinasiens Tierwelt liegt vor in fr. 48 über krokodilartige Tiere bei Chalkedon in Bithynien:

Fr. 48 bei Antig. hist. mir. 147 (n. Schneider, Callimach. II 337/8 aus Kallimachos):	Strab. XII 4, 2 p. 563:	Steph. Byz. u. Ζάρητα:
Εὔδοξον δ᾽ ἱστορεῖν τὴν μὲν ἐν Καλχηδόνι (sc. κρήνην) κροκοδείλους ἐν αὐτῇ [ἔχειν] μικρούς, ὁμοίους τοῖς ἐι Αἰγύπτῳ.[1]	ταύτης δ᾽ ἐπὶ μὲν τῷ στόματι τοῦ Πόντου Χαλκηδὼν ἵδρυται, Μεγαρέων κτίσμα, καὶ κώμη Χρυσόπολις καὶ τὸ ἱερὸν τὸ Χαλκηδόνιον, ἔχει δ᾽ ἡ χώρα μικρὸν ὑπὲρ τῆς θαλάττης κρήνην * Ἀζαριτίαν, τρέφουσαν κροκοδείλους μικρούς.[2]	Ζάρητα, κρήνη ὑπὲρ τῆς Καλχηδονίας θαλάσσης, μικροὺς τρέφουσα κροκοδείλους, οἳ καλοῦνται Ζαρήτιοι.[3]

Als Quelle Strabos wie des Steph. Byz. läßt sich um so eher die Periodos bezeichnen, als außer Eudoxos vor Strabo kein Autor jene κροκοδείλους μικρούς erwähnt hat und Strabo (vgl. p. 562) wie Stephanus auch sonst Periodoszitate erhalten haben. Strabo hat die Stelle über die Krokodile wohl direkt der Periodos entnommen (s. S. 8 f., 134, 3), dagegen beruht das Zitat bei Steph. Byz. wohl auf Favorinus.[4] Durch

---

1) καρχηδόνι i. d. Antig.-Hs., n. d. Parallelen bei Strab. u. Steph. ist mit Holsten u. Niclas (s. Schneider, Callim. II 338) Καλχηδόνι zu lesen — κορκοδείλους d. Antig.-Hs., v. d. bisher. Hrgb. verb. — statt ἐν αὐτῇ liest Bentley n. Antig. hist. mir. 137 ἐν αὐτῇ ἔχειν (s. Keller, Rer. nat. scriptt. p. 36 Anm.).

2) μέν fehlt in Medic. plut. 28, 19. 15 τοῦ στόματος Vat. Epit. 482 u. Ven. 640, wo verb. in τῷ στόματι — μέν hint. χώρα i. Paris 1393, Ven. 640, Mosq., Escur., Ven. 377, Ald. — μικράν alt. Hss. abges. v. Paris 1394, Med. 28, 19. 15 — Vor Ἀζαριτίαν (Cramer nicht unwahrsch. Ἀζαρητίαν) eine Lücke, in der vielleicht der Name der Quelle stand (n. Strab. VII 52 [fr. 87; S. 77] etwa κρήνην [τὴν ἀπὸ Ἀζάρητα λεγομένην od. καλουμένην] Ἀζαριτίαν), der n. Strabon wohl Ἀζάρητα lautete, während bei Steph Byz. das Α zu Beginn des Namens verloren ging (für d. krit. Teil vgl. die Ausg. v. Cramer u. Meineke).

3) Meineke vermutet als Quellname bei Steph. Ζαρητία — Χαλκηδονίας i. Voss. (vgl. Meineke); Καλχ. rechtfertigt auch fr. 48.

4) Nach Stemplinger, Stud. z. d. Ethnika d. Steph. Byz., Progr. München 1902, S. 29 30; doch kann das Zitat von Favorinus, wie Stempl. viell. glaubt,

die Parallelen bei Strabo u. Steph. Byz., in denen die Lage der Quelle und ihr Name sowie der der Krokodile genau angegeben ist, wird der gekürzte Wortlaut in fr. 48 nicht unpassend ergänzt. Wie mir ein Kenner Bithyniens, Prof. W. Endriß-Stuttgart (a. 23. IV. 14), versicherte, handelt es sich in fr. 48 nicht um Krokodile, sondern, wie auch der Wortlaut *κροκοδείλους ... μικρούς* und die Angabe einer Quelle als Aufenthaltsort andeutet, wohl bloß um krokodilähnliche, eidechsenartige Tiere, vielleicht um Smaragdeidechsen, die in Bithynien neben einem anderen Reptil, dem Scheltopusik, viel vorkommen. Die Quelle bei Chalkedon, in der n. fr. 48 jene einst lebten, scheint nach mir durch Dr. W. Feldmann-Konstantinopel (a. 11. IV. 14) zugegangenen Aussagen von Landeskundigen nicht mehr zu existieren.

g) PAPHLAGONIEN

Eudoxos in fr. 77 = Strabo XII 3, 42 p. 562/3:	Theophrast fr. 171, 11 (ed. Wimmer):	Ps.-Arist. mir. ausc. 74 (Aristot. opp. p. 835 b 23—26):
Εὔδοξος δ'ὀρυκτοὺς ἰχθῦς ἐν Παφλαγονίᾳ λέγων ἐν ξηροῖς τόποις οὐ διορίζει τὸν τόπον, [ἐν ὑγροῖς δὲ περὶ τὴν Ἀσκανίαν λίμνην φησὶ τὴν ὑπὸ Κίῳ, λέγων οὐδὲν σαφές].	*ἴδιον δέ τι παρὰ ταῦτα καὶ λόγου δεόμενον τὸ περὶ τοὺς ἐν Παφλαγονίᾳ ὀρυκτοὺς ἰχθῦς· ὀρύττεσθαι γάρ φασιν ἐκεῖ κατὰ βάθους πλείονος ἀγαθοὺς καὶ πολλούς· τὸν δὲ τόπον οὔτ' ἐπίκλυσιν ποταμοῦ λαμβάνειν οὔθ' ὕδατος σύστασιν, ἀφ ὧν δή φαμεν ἐγκαταλείπεσθαι τὰ ᾠὰ καὶ τὰς ἀρχὰς τῆς γενέσεως. λοιπὸν γὰρ δὴ αὐτομάτους φύεσθαι, καὶ τοῦτο συνεχῶς κτλ.[1])*	*φασὶ δὲ καὶ περὶ Παφλαγονίαν τοὺς ὀρυκτοὺς γίνεσθαι ἰχθῦς κατὰ βάθους, τούτους δὲ τῇ ἀρετῇ ἀγαθούς, οὔτε ὑδάτων φανερῶν πλησίον ὄντων οὔτε ποταμῶν ἐπιρρεόντων, ἀλλ' αὐτῆς ζῳογονούσης τῆς γῆς.*

Wie Strabo ausdrücklich hervorhebt (*Εὔδοξος ... οὐ διορίζει τὸν τόπον*), war die Gegend Paphlagoniens, wo sich die in fr. 77 bezeichneten Fische fanden, von Eudoxos in der Periodos nicht genannt, und

schwerlich aus Strabo entlehnt sein, da der Quellname bei Steph. anders lautet und zudem der Zusatz bei Steph. *οἳ καλοῦνται Ζαρήτιοι* bei Strabo fehlt (vgl. auch S. 91).

1) Auf diese Theophraststelle, also indirekt gleichfalls auf die Periodos, geht zurück Athen. VIII 2, p. 331 d, Plin. nat. hist. IX 178; verm. Aelian. de h. an. V 27 (dieses wie vielleicht auch das Athenäuszitat durch Vermittlung des Favorinus; s. Rudolph, Leipz. Stud. 7, 12 ff.); auch für die Notizen Theophrasts fr. 171, 5 ff. und Ps.-Arist. mir. ausc. 73 über seltsame Fische im Pontus kommt möglicherweise die Periodos des Eudoxos als Quelle in Frage, da von beiden auch sonst Eudoxos benützt ist (s. S. 28. 67).

da auch Theophrast und der ps.-aristot. Autor mit derselben Ungenauigkeit in der Erde verborgene Fische Paphlagoniens erwähnen (vgl. oben), entstammen ihre Angaben jedenfalls gleich fr. 77 der Periodos des Eudoxos v. K., die auch sonst von Theophrast (s. S. 70,1) und jenem ps.-arist. Autor benützt ist. Von einer ähnlichen wie der in fr. 77 bezeichneten, aber in Gallien vorkommenden Fischart berichtet Strabo p. 182. Vgl. auch Lentz, Zool. d. Griech. u. Röm., Gotha 1856, S. 4'16 Anm. 1606, wo im Hinblick auf fr. 77 gleichfalls auf ähnliche, in Mitteldeutschland lebende Fische verwiesen ist. Entgegen der irrigen Meinung Ritters, Erdk. v. Asien IX 1, 240/1, der in fr. 77 Fischversteinerungen vermutete, handelt es sich in demselben nach mir durch Herrn Prof. Boll dankenswerterweise vermittelten Mitteilungen von dem nunmehr verstorbenen Geh. Rat Bütschli-Heidelberg und Prof. Zugmayer-München wohl um Schlammgräber genannte, zur Gattung Nemachilus oder Cobitis Taenia gehörige Fische, die auch in Kleinasien (also wohl auch in Paphlagonien) vertreten sind, und die n. Hämpel, Biol. d. Fische, Stuttgart 1912, S. 85 vermöge ihrer Darmatmung, durch den von Zeit zu Zeit wieder eintretenden Regen stets neu belebt, in Schlamm und Sand oder in ausgetrockneten Pfützen selbst bis zu einem Jahre vergraben leben können. S. auch Günther, Handb. d. Ichthyologie, Wien 1886, S. 127 und Leunis, Synopsis der Tierk., bearb. v. H. Ludwig, I (1883) 737/8 und Anm. 1 ebend. die Erklärung des ichthyologischen Terminus fossilis (= ὀρυκτός) 'in Schlamm vergraben'.

4. BUCH IV

BEGINN DER PERIEGESE EUROPAS[1]

Mit Buch IV begann Eudoxos[2] in der Periodos Europa, dessen Darstellung weiterhin auch Buch V und großenteils Buch VI (s. S. 82. 90) umschloß und gleich der Periegese Asiens der Hauptsache nach in Ost-Westrichtung verlief. Zeugnisse hierfür sind die Fragmente mit Buchzahl aus B. IV—VI, da die aus B. IV, fr. 16. 19. 24. 23. 21. 22 der Reihe nach auf Skythien, Thrazien, die Chalkidike, Mazedonien, die aus B. V, fr. 40, und VI, fr. 25. 26. 28. 29. 30. 31. 32. 33 auf Mittelgriechenland, die Peloponnes und Italien (über Iberien s. S. 104) Bezug nehmen. Im einzelnen deuten die Ost-Westrichtung in der Periegese Europas, die Eudoxos bereits in der uns noch durch Hekatäus bekannten

---

1) Über die Ostgrenze Europas s. S. 27.

2) Die Periegese Europas begann bei Hekataios v. Milet ebenfalls in einem besonderen Buche; s. Großstephan, Beitr. z. Periegese d Hekat., Straßburg 1915, S. 25.

altionischen Periegese vorfand (s. J. Großstephan, Beitr. zur Periegese des Hekatäus v. Milet, Diss. Straßburg 1915, S. 8 ff.), noch besonders an fr. 24, wonach Eudoxos vom Melas Kolpos zum westlich davon gelegenen sarpedonischen Gebirge überging, sowie fr. 21, dessen Wortlaut μετὰ δὲ τὸν Ἄθω μέχρι Παλλήνης gleichfalls die Ost-Westrichtung und zwar besonders die im Beschreibungsgang in B. IV dokumentiert. Wie schon hervorgehoben, lehren die Fragmente mit Buchzahl aus Buch IV, daß hierin die Länderstriche Europas vom Tanais (über fr. 16 s. S. 27) bzw. von Skythien an bis Makedonien behandelt waren, und demzufolge sind auch alle übrigen Fragmente, die von jenem Länderbereich handeln, aber ohne Buchzahl sind, fr. 76. 79, das mit fr. 24 identische Periodoszitat bei Strabo VII 52, fr. 87, ferner das v. Forbiger, A. G. I 112/3 beachtete Eudoxoszitat bei Steph. Byz. u. *Φλέγρα*, fr. 89, und fr. 81 B. IV zuzuweisen. Zu gruppieren sind die Fragmente aus Buch IV entsprechend der Ost-Westrichtung der Periegese: fr. 16 u. 76 über die Skythen beim Tanais und Borysthenes, fr. 19. 79 über die Skymniaden und den Haimos in den Gebieten südlich der Donau, fr. 46. 24 sowie das mit fr. 24 identische Eudoxoszitat Strab. VII 52, fr. 23 über das Ἱερὸν ὄρος, den Melas Kolpos u. Abdera in Thrakien, fr. 21 sowie die Periodosstelle bei Steph. Byz. u. *Φλέγρα* über den Meerbusen Chalkis u. über Phlegra auf der Chalkidike und schließlich fr. 22 und 81 über den Ort Sintia u. den Axios in Makedonien.

a) SKYTHIEN

fr. 16 = Clem. Alex. protr. V 64, 5:

δοκοῦσί μοι πολλοὶ μάλιστα τὸ ξίφος μόνον πήξαντες ἐπιθύειν ὡς Ἄρει· ἔστι δὲ Σκυθῶν τὸ τοιοῦτον, καθάπερ Εὔδοξος ἐν δ' Γῆς περιόδου λέγει ...[1])

Vor Eudoxos berichtet von der Sitte der Schwertanbetung bei den Skythen Herodot IV 62:

τοῖσι μὲν δὴ ἄλλοισι τῶν θεῶν οὕτω θύουσι καὶ ταῦτα τῶν κτηνέων, τῷ δὲ Ἄρει ὧδε· κατὰ νόμους ἑκάστοισι ἐν τῷ ἀρχηίῳ ἐσίδρυταί

---

1) In πήξαντες ist zwisch. d. π u. η i. Paris. Gr. 451 ein Buchst. ausrad. — d. υ in Εὔδοξος im Paris. von 1. Hand in Ras. — statt ἐν δευτέρᾳ in den Hss. ist mit Unger, Philol. N. F. IV (1891) 228 u. Stählin, der freilich in seinem Text d. Clem. Alex. der Ungerschen Lesart nicht folgt, wohl ἐν δ' (ἐν τετάρτῃ) zu lesen. Denn in seinem vierten Buche hat Eudoxos, wie schon die Fragmente 19 u. 24 über die Geten u. den Melas Kolpos zeigen, über Nordosteuropa (also auch die Skythen) gehandelt, nicht im zweiten, das (s. S. 35) vornehmlich Ägypten gewidmet war. — Γῆς so lese ich mit Diels u. Stählin statt τῆς i. Paris. (für d. krit. App. s. Stählin).

σφι Ἄρεος ἱρὸν τοιόνδε· φρυγάνων φάκελοι συννενέαται ὅσον τε ἐπὶ
σταδίους τρεῖς μῆκος καὶ εὖρος, ὕψος δὲ ἔλασσον. ἄνω δὲ τούτου τετρά-
γωνον ἄπεδον πεποίηται, καὶ τὰ μὲν τρία τῶν κώλων ἐστὶν ἀπότομα,
κατὰ δὲ τὸ ἓν ἐπιβατόν. ἔτεος δὲ ἑκάστου ἁμάξας πεντήκοντα καὶ ἑκατὸν
ἐπινέουσι φρυγάνων· ὑπονοστέει γὰρ δὴ ἀεὶ ὑπὸ τῶν χειμώνων. ἐπὶ
τούτου δὴ τοῦ ὄγκου ἀκινάκης σιδήρεος ἵδρυται ἀρχαῖος ἑκάστοισι, καὶ τοῦτ᾽ ἐστὶ τοῦ Ἄρεος τὸ ἄγαλμα. τούτῳ δὲ τῷ ἀκι-
νάκη θυσίας ἐπετείους προσάγουσι προβάτων καὶ ἵππων, καὶ δὴ
καὶ τοισίδ᾽ ἔτι πλέω θύουσι ἢ τοῖσι ἄλλοισι θεοῖσι.

Auf Grund dieser inhaltlichen Übereinstimmung zwischen fr. 16
und Herodot a. a. O. ist es wohl erwiesen, daß Herodot wie für die
übrigen den Norden Europas (s. S. 74) und Asiens (s. S. 26 f.) betreffenden Nachrichten auch für das Periodosfragment 16 von Eudoxos als
Quelle benützt wurde, und diese eudoxische Notiz ist daher gleich der
herodoteischen auf die europäischen d. i. die rechts oder westlich vom
Tanais seßhaft gewesenen skythischen Stämme zu beziehen (s. auch
Minns, Scythians and Greeks, 1913, S. 86). Für diese Auffassung spricht
auch Solin 15, 1—3: apud Neuros nascitur Borysthenes flumen ....
populis istis deus Mars est: pro simulacris enses coluntur. Vgl. außerdem Ikesios fr. 1 = FHG IV 429[1]); Dionys. perieg. 652—654 = GG
M II 144. Von Herodot oder Eudoxos mehr oder minder abhängig sind
Mela II 15, Lucian. Toxarch. 38, Iov. trag. 42 u. d. Scholion hierzu
(ed. Rabe, 1906, S. 76), Anach. 34, Clem. Alex. protrept. IV 46, 2,
Arnob. adv. nat. VI 11. Für die Glaubwürdigkeit der herodoteischen und
eudoxischen Nachricht über Schwertanbetung bei den Skythen spricht
der Umstand, daß dieselbe Sitte auch von andern Naturvölkern berichtet wird, zum Teil von solchen, die im Ausgang des Altertums und
frühen Mittelalter dieselben Landstriche bewohnten wie die Skythen
Herodots und des Eudoxos. Das gilt insbesondere von den Hunnen,
von deren König Attila Iordanes de Get. 35 (ed. Holder, Freiburg u.
Tübingen 1882) schreibt: qui quamuis huius esset naturae, ut semper
magna confideret, addebat ei tamen confidentiam gladius Martis inuentus,
sacer apud Scytharum reges semper habitus... Interessant in dieser Hinsicht ist auch der Bericht des Ammianus Marcell. (XVII 12, 21 eductis-
que mucronibus, quos pro numinibus colunt, iurauere se permansuros
in fide) über die Quaden und Alanen (XXXI 2, 23 nec templum apud eos
uisitur aut delubrum, ne tugurium quidem culmo tectum cerni usquam

---

1) Σκυθῶν δὲ οἱ Σαυρομάται, ὥς φησιν Ἰκέσιος ἐν τῷ Περὶ μυστηρίων, ἀκι-
νάκην σέβουσιν. Da die Sauromaten aber beim Tanais wohnten, lehrt die Hike-
siosstelle gleichfalls, daß fr. 16 auf die Skythen beim Tanais zu beziehen ist.

potest, sed gladius barbarico ritu humi figitur nudus, eumque ut Martem, regionum, quas circumcircant, praesulem uerecundius colunt). Vgl. auch Ukert, Geogr. d. Griech. u. Röm., Weimar 1816, III 2 S. 314.

Nach der freilich späten Nachricht bei Solin a. a. O. zu schließen, ist die Angabe über skythische Schwertverehrung bei Eudoxos vielleicht nicht bloß auf die beim Tanais, sondern auch auf die bis zum Borysthenes und Hypanis hin wohnenden skythischen Stämme zu beziehen, die Eudoxos n. fr. 76 bei Strabo XII 3, 21 p. 550 erwähnte:

οἱ μὲν μεταγράφουσιν Ἀλαζώνων, οἱ δ᾽ Ἀμαζώνων ποιοῦντες, τὸ δ᾽ ἐξ Ἀλύβης ἐξ Ἀλόπης [ἢ] ἐξ Ἀλόβης, τοὺς μὲν Σκύθας Ἀλαζῶνας φάσκοντες ὑπὲρ τὸν Βορυσθένη καὶ Καλλιπίδας καὶ ἄλλα ὀνόματα, ἅπερ Ἑλλάνικός τε καὶ Ἡρόδοτος καὶ Εὔδοξος κατεφλυάρησαν ἡμῶν . . . .[1])

Daß auch für fr. 76 Herodot Vorlage des Eudoxos war, ergibt ohne weiteres ein Blick auf das Fragment selbst, sowie ein Vergleich mit Herodot IV 17. Bei diesem Verhältnis zwischen beiden Autoren waren daher zweifelsohne nach Eudoxos die Wohnsitze der in fr. 76 genannten Stämme dieselben wie nach Herodot, gleich dem daher auch Eudoxos die Alazonen und Kallipiden[2]) zwischen dem Stromgebiet des Borysthenes und des westlich davon gleichfalls in das Schwarze Meer einmündenden Hypanis und zwar die Alazonen am Oberlauf, die Kallipiden zwischen dem Unterlauf beider Ströme sich lokalisiert dachte. Über diese beiden skythisch-hellenischen Mischvölker im einzelnen vgl. Tomaschek R.-E. u. Alaz.; H. de Hell, Les steppes de la mer Casp., Paris 1844, III 153; Eichwald, Alte Geogr. d. kasp. Meeres, Berl. 1838, S. 299; Baehr, Ausg. Herod. IV 322 Anm.

Daß Eudoxos noch andere Stämme im Strombereich des Borysthenes und Hypanis, wie z. B. die von Herodot a. a O. genannten Neuren, in seiner Periodos unter den Völkern des skythischen Nordens erwähnt hat, läßt der Wortlaut in fr. 76 καὶ ἄλλα ὀνόματα wenigstens vermuten.

b) ÜBER GEBIETE SÜDLICH DER UNTEREN DONAU

Hiervon handeln fr. 19 über die Skymniaden und Geten sowie fr. 79 über den Haimos, das heutige Balkangebirge.

---

1) δέ die Hss. statt μέν n. Cor. — ἀλιζῶνας d. Hss. zu ändern n. Herod. IV 17 (s. Kramer, Strab. a. a. O. Anm.; Text nach Meineke).

2) Vgl. Mela II 7: Callipidas Hypanis includit. Mit den Kallipiden wohl identisch sind die Karpiden des Ephoros (fr 78 = F H G I 257); vgl. hierzu auch F. Windberg, De Herodoti Scythiae et Libyae descriptione, Diss. Götting. 1913, S. 14.

fr. **19** bei Steph. Byz. (vgl. Lentz, Herodian. a. a. O. I 66, 19—20)
u.:

*Σκυμνιάδαι, ἔϑνος σὺν Γέταις. Εὔδοξος τετάρτῃ γῆς περιόδου
Σκυμνιάδαι καὶ Γέται».*[1])

fr. **79** = Anecd. Gr. ed. J. Bekker, Berol. 1814, S. 362:

*Αἷμον τὸ ὄρος οὐδετέρως Ἑκαταῖος διὰ παντὸς καὶ Διονύσιος καὶ
Ἑλλάνικος καὶ Εὔδοξος.*

Außer Ptol. geogr. V 9, wo sie *Σκυμνεῖται* genannt sind, erwähnt
die Skymniaden nur noch Herodot IV 93, und zwar heißen sie bei ihm
mit einer kleinen Namensverschiedenheit Skyrmiaden: *πρὶν δὲ* (sc. *τὸν
Δαρεῖον*) *ἀπικέσϑαι ἐπὶ τὸν ῎Ιστρον, πρώτους αἱρέει Γέτας τοὺς ἀϑα-
νατίζοντας. οἱ μὲν γὰρ τὸν Σαλμυδησσὸν ἔχοντες Θρήικες καὶ ὑπὲρ
Ἀπολλωνίης τε καὶ Μεσαμβρίης πόλιος οἰκημένοι, καλεύμενοι δὲ Σκυρ-
μιάδαι καὶ Νιψαῖοι, ἀμαχητὶ σφέας αὐτοὺς παρέδοσαν Δαρείῳ· οἱ δὲ
Γέται πρὸς ἀγνωμοσύνην τραπόμενοι αὐτίκα ἐδουλώϑησαν, Θρηίκων
ἐόντες ἀνδρηιότατοι καὶ δικαιότατοι.*

Dem Herodotzitat zufolge wohnten die Skymniaden wie die Geten
südlich der Donau im Bereiche des gleichfalls von Eudoxos (vgl. fr. 79)
erwähnten Haimos, und zwar gemäß der Namenfolge in fr. 19 zunächst
dem rechten Ufer der Donau die Skymniaden und weiter südlich die
Geten, vorausgesetzt, daß Eudoxos bei seiner Periegese von der Donau
an südwärts jene beiden Stämme nicht in willkürlicher, sondern in geographischer Reihenfolge erwähnt hat. Nach Herodot a. a. O. gelangte
Darius bei seinem Vordringen von Süden gegen Norden zuerst zu den
Skymniaden, dann erst zu den Geten: von der oben postulierten Anordnung der Stämme bei Eudoxos weicht daher die herodoteische Auffassung ab. Außerdem stimmt Eudoxos mit Herodot nicht allein in der
Namensform *Σκυμνιάδαι* nicht überein; auch der Name für den Haimos
lautet nach ihm (s. fr. 79) anders als nach Herodot, der (IV 49 *Σκίος
ποταμὸς μέσον σχίζων τὸν Αἷμον ἐκδιδοῖ εἰς αὐτόν*) nicht wie Eudoxos
die neutrale, sondern maskuline Namensform gebrauchte. Auf Grund
dieser dreifachen Diskrepanz zwischen Herodot und Eudoxos kann es
daher wohl für sicher gelten, daß Eudoxos für seine Nachrichten über
Gebiete südlich der Donau zum mindesten Herodot nicht ausschließlich
als Quelle benutzte, sondern auch andere Autoren, vielleicht das Werk
des Hekataios, mit dem Eudoxos in fr. 79 und in der Beschreibungs-
richtung übereinstimmt (s. S. 71f.), oder des Hellanikos von Mytilene,

---

1) *σὺν Γέτας* d. Rehd., Voss. — *συν[εχὲς]* statt *σὺν* wohl unnötig Salmasius
— *περιόδῳ* Voss. (s. Meineke).

der n. fr. 76 und 79 gleichfalls über jene Gebiete geschrieben und ebenfalls die vornehmlich im früheren Altertum[1]) häufigere Namensform *Αἶμον* gebraucht hat (vgl. fr. 79; in fr. 76 war Herodot wohl für Hellanikos wie Eudoxos gemeinsame Quelle).

c) THRAKIEN

Von den Fragmenten über das Ἱερὸν ὄρος, den Melas Kolpos und Abdera in Thrakien folge entsprechend der Ost-Westrichtung in der Periegese des Eudoxos zunächst α) fr. 46 über das Ἱερὸν ὄρος bei Antig. hist. mir. 129 (n. Schneider, Callim. II 332 aus Kallimachos):

πεποίηται δέ τινα καὶ ὁ Κυρηναῖος Καλλίμαχος ἐκλογὴν τῶν παραδόξων, ἧς ἀναγράφομεν ὅσα ποτὲ ἡμῖν ἐφαίνετο εἶναι ἀκοῆς ἄξια. φησὶν Εὔδοξον ἱστορεῖν, ὅτι ἐν τῇ κατὰ ἱερὸν ὄρος θαλάττῃ τῆς Θρᾴκης ἐπιπολάζει κατά τινας χρόνους ἄσφαλτος...

Eine weitere Nachricht über diese Asphaltquelle beim Ἱερὸν ὄρος findet sich in der antiken Literatur nur bei Strabo VII 56, p. 331[2]), der indes diese Notiz zweifellos der Periodos des Eudoxos verdankte, wenngleich er hier wie auch in VII 21, p. 330 (vgl. S. 82) den Namen seines Gewährsmannes verschweigt im Gegensatze zu dem vorausgehenden Periodoszitat VII 52, p. 330 (vgl. S. 77), wo Eudoxos als Quelle genannt ist. Dem Zusammenhang nach bei Strabo ist das Ἱερὸν ὄρος jener Gebirgszug, der in der Propontis der Insel Prokonnesos nordwestlich gegenüber längs der thrakischen Südostküste sich hinzieht. Hier, ungefähr an der Küstenstelle, wo die Distanz zwischen der Küste und der ihr südöstlich gegenüberliegenden Insel Prokonnesos am geringsten ist und, der genauen Angabe Strabos zu entnehmen, ca. 22 km beträgt, etwa in der Nähe des heutigen türkischen Küstenortes Ganos, haben wir die Asphaltquelle des Eudoxos zu suchen. Die Richtigkeit seiner Angabe über die Quelle bestätigen neuerdings an Ort und Stelle vorgenommene geologische Forschungen, die das Vorhandensein von Naphtha an der Küste bei Ganos zur Evidenz erwiesen haben. Vgl.

---

1) Vgl. Oberhummer R.-E. u. Haimos 5 Sp. 2221/2; auf die Autoren in fr. 79 (Hekataios, Hellanikos, Dionysios, Eudoxos) ist offenbar bei Steph. Byz. (u. Αἷμος, ὄρος Θρᾴκης· λέγεται. δὲ καὶ οὐδετέρως. ὡς οἱ πολλοί; dasselbe aus Steph. Byz. exzerpiert von Eustath. in Dionys. perieg. 428 == G G M II 298) in dem Zusatze λέγεται δὲ καί κτλ. angespielt, da gerade die in fr. 79 genannten Geographen die neutrale Form Αἶμον bevorzugten.

2) εἶτα τὸ Μακρὸν τεῖχος καὶ Λευκὴ ἀκτὴ καὶ τὸ Ἱερὸν ὄρος καὶ Πέρινθος, Σαμίων κτίσμα· εἶτα Σηλυβρία. ὑπέρκειται δ'αὐτῶν Σίλτα, καὶ τὸ Ἱερὸν ὄρος τιμᾶται ὑπὸ τῶν ἐγχωρίων καὶ ἔστιν οἷον ἀκρόπολις τῆς χώρας. ἄσφαλτον δ'ἐξίησιν εἰς τὴν θάλασσαν, καθ' ὃν τόπον ἡ Προκόννησος ἐγγυτάτω τῆς γῆς ἐστι ἀπὸ ἑκατὸν εἴκοσι σταδίων....

hierüber den Bericht von English Quarterly Journal of the Geol. Soc. London 58 (1902) 156/7, auf den mich in dankenswerter Weise Prof. A. Philippson-Bonn hingewiesen:

In the district south-east of the fault which stretches from Mount St. Elias to Ganos a series of sands, marls, and clays occur, with which naphtha-bearing beds are interstratified.... The naphtha-sands and marls, with a thickness of perhaps 10⟨0⟩0 feet, occupy the surface from Sarkeui eastward as far as Ganos, for a length of about 15 miles along the coast, and extend inland for an average breadth of about 3 miles. . Indications of Naphtha, in the shape of sands with a strong smell of petroleum and surfaceoozings of bitumen, occur at many points between Ganos and Sarkeui.

β) DER MELAS KOLPOS

fr. **24** — Schol. zu Apoll. Arg. I 922:

Μέλας πόντος οὕτω λεγόμενος, ὡς ἱστορεῖ Εὔδοξος ἐν δ' Γῆς περιόδου. ὄπισθεν δὲ αὐτοῦ εἶναι τὴν Σαρπηδονίαν πέτραν φησίν.[1])

Hiermit identisch ist fr. **87**, die von Brandes noch nicht in die Eudoxosfragmente eingereihte Stelle bei Strabo VII 52:

εἶθ' ἡ Χερρόνησος ἡ Θρᾳκία καλουμένη, ποιοῦσα τήν τε Προπον- τίδα καὶ τὸν Μέλανα κόλπον καὶ τὸν Ἑλλήσποντον· ἄκρα γὰρ ἔκκειται πρὸς εὐρόνοτον, συνάπτουσα τὴν Εὐρώπην πρὸς τὴν Ἀσίαν ἑπτασταδίῳ πορθμῷ τῷ κατὰ Ἄβυδον καὶ Σηστόν, ἐν ἀριστερᾷ μὲν τὴν Προποντίδα ἔχουσα, ἐν δεξιᾷ δὲ τὸν Μέλανα κόλπον καλούμενον οὕτως ἀπὸ τοῦ Μέλανος ἐκδιδόντος εἰς αὐτόν, καθάπερ Ἡρόδοτος καὶ Εὔδοξος· εἴρηκε δέ, φησιν (sc. ὁ Στράβων), ὁ Ἡρόδοτος μὴ ἀντ- αρκέσαι τὸ ῥεῖθρον τῇ Ξέρξου στρατιᾷ τοῦτο.

Gegenüber fr. 24, wonach der nordöstlichste Golf des Ägäischen Meeres in der Periodos *Μέλας πόντος* benannt war, besitzt der Wortlaut des Eudoxoszitates bei Strabo a. a. O., wonach der Golf bei Eudoxos *Μέλας κόλπος* hieß, größere Glaubwürdigkeit. Denn die Strabostelle zeigt klar genug, daß Eudoxos die herodoteische (VII 58 *ἐνθεῦτεν δὲ κάμπτων τὸν κόλπον τὸν Μέλανα καλεόμενον καὶ Μέλανα ποταμόν, οὐκ ἀντισχοντα τότε τῇ στρατιῇ τὸ ῥέεθρον ἀλλ' ἐπιλιπόντα, τοῦτον τὸν ποταμὸν διαβάς, ἐπ' οὖ καὶ ὁ κόλπος οὗτος τὴν ἐπωνυμίην ἔχει, ἧ ιε*

---

1) *φησίν* auf Eudoxos bezogen: so ist wohl entgegen dem *φασίν* der übrigen Hss, deren Lesart auch Herausgeber der Scholien wie Merkel folgten, nach einer Pariser Hs. zu lesen; denn der Zusatz *ὄπισθεν — πέτραν* enthält aller Wahrscheinlichkeit nach eine Aussage des Eudoxos bzw. eine Fortsetzung des Periodoszitates, da er nicht allein inhaltlich, sondern auch sprachlich durch das antike geographische, also auch eudoxische Beschreibungstechnik verratende *ὄπισθεν* (s. S. 133) aufs engste mit der vorausgehenden Eudoxosnotiz über den Melas Kolpos zusammenhängt.

$\pi\varrho\grave{o}\varsigma$ $\dot{\epsilon}\sigma\pi\acute{\epsilon}\varrho\eta\nu$ ...) Begründung des Golfnamens und folglich wohl auch die Bezeichnung Herodots für den Golf selbst übernommen hat.[1]) Dagegen ist die Bezeichnung *Μέλας πόντος* in fr. 24 wohl erst vom Scholiasten aus Apoll. Arg. I 922, wo der Golf *Μέλας πόντος* heißt, in jenes Fragment übertragen worden. — Der Name *M. κ.* u. *Σαρπηδονία πέτρα* für das südöstlich der Hebrosmündung sich erhebende Küstengebirge ist außer durch fr. 24 auch sonst in der antiken Literatur bezeugt, so durch Herodot VII 58 (nur steht hier für *πέτρα ἄκρη*), Ps.-Skyl. 67 (= GGM I 55), Dionys. perieg. 538 (= GGM II 137), Strab. an vielen Stellen, Luc. Adv. ind. 11, Stad. Maris Magni 177—185 (= GGM I 482—84), Les Scol. Gen. d'Il., p. Nicole I 220 zu Il. XXIV 79, Eustath. in Dionys. perieg. 538 (= GGM II 323), Paraphr. 533—40 (= GGM II 416); s. auch Forbig., Hdbch. d. alt. Geogr. III² 736. Über die an d. *Σαρπηδονία πέτρα* sich knüpfende Sage vgl. Gruppe, Griech. Mythol. u. Relig., 1906, S. 209. 745. 837, 3.

γ) ABDERA

Das 3. Fragment über Thrakien, fr. **23** über Abdera an der thrakischen Küste, liegt vor bei

Steph. Byz. (vgl. Lentz, Herodian. a. a. O. II 865, 13) u.:

Ἄβδηρα ... *τοῦ Ἀβδηρίτης μέμνηται Εὔδοξος ἐν τετάρτῃ περιόδου* .... *Πρωταγόρας, ὃν Εὔδοξος ἱστορεῖ τὸν ἥσσω καὶ κρείσσω λόγον πεποιηκέναι καὶ τοὺς μαθητὰς δεδιδαχέναι τὸν αὐτὸν ψέγειν καὶ ἐπαινεῖν* (s. Nachträge).[2])

Wie fr. 23 unmittelbar lehrt, hat Eudoxos mit der Erwähnung Abderas einen Hinweis auf einen der berühmtesten Männer dieser Stadt verknüpft und, wie auch sonst bei der Nennung bedeutender Persönlichkeiten in der Periodos (vgl. S. 21f. 59f. 116f. über Zoroaster, den Arzt v. Knidos und Pythagoras), jenen Hinweis mit einer kurzen Notiz über die Lehre des abderitischen Philosophen verbunden. Daß Eudoxos in diesem Zusammenhang auch zweier anderer berühmter Abderiten, Leukipps und Demokrits, gedacht, ist auf Grund des fr. 24 nicht erweisbar, aber mehr als wahrscheinlich. Neben den inhaltlich zugleich bestätigenden

---

1) *Μέλας κόλπος* war allem Anscheine nach in der antiken Geographie für den Golf die üblichere Bezeichnung: vgl. außer dem Obigen besonders auch Plin. nat. hist. IV 43 circa quem locum fluvius Melas, a quo sinus appellatur.

2) *ἐν τετάρτῃ περιόδου* so wohl mit Recht Berkel (denn auch in sehr vielen anderen Fragmenten — z B. fr. 9 — steht *περιόδου*); Meineke liest n. d. Rehdig. *ἐν δ' περιόδων*, d. Voss. *ἐν τετάρτῳ τῶν περιόδων*: *ἐν τετάρτῃ περιόδων* — das *καί* vor *κρείσσω* elidierte Berkel — *δεδιδαχέναι* n. Coraes, Diels Vorsokr.³ II 225 (= 74 A 21) u. Meineke statt *δεδειχέναι* n. d. Hss. (krit. Teil n. Meineke).

Angaben[1]) Platons Theaet. 151 E f. 166 D ff. (s. auch Überweg, Grundr. d. Gesch. d. Phil.[11] I 132, Diels a a. O. II 225 f.) und des Aristoteles[2]) bildet fr. 24 ein wichtiges Zeugnis für den protagoreischen Relativismus (oder die Grundsätze seiner Rhetorik) und ist als solches in Darstellungen der Philosophie des Protagoras auch längst verwertet.[3]) Für die Bekanntschaft des Eudoxos mit protagoreischen Lehren mag — abgesehen von seinen Beziehungen zu Platon — sein Aufenthalt in Athen nicht wenig mitbestimmend gewesen sein, da ja, nicht allein nach den Zitaten aus Platon und Aristoteles a. aa. OO. zu schließen, sondern auch nach den Zeugnissen der Komödie (s. Aristoph. nub. 112 ff., 882 f.) und Xenophons a. a. O. gerade in Athen die Philosophie des Protagoras besonders populär war.

d) DIE CHALKIDIKE

Außer den Fragmenten über das Ἱερὸν ὄρος, den Melas Kolpos, das sarpedonische Felsengebirge und über Abdera besitzen wir noch zwei weitere Periodoszitate über Thrakien und zwar speziell über den westlichen Ausläufer der thrakischen Küste, die in drei Zungen gegliederte Halbinsel Chalkidike.

Auf die ganze Chalkidike bezieht sich

fr. 21 bei Steph. Byz. (vgl. Lentz, Herodian. a. a. O. I 88, 26—28) u.:

Χαλκίς, πόλις Εὐβοίας ... ἔστι καὶ ἐν Ἄθῳ ἄλλη Χαλκίς, ὡς Εὔδοξος τετάρτῳ «μετὰ δὲ τὸν Ἄθω μέχρι Παλλήνης, ἢ ἐπὶ θάτερα πεποίηκε κόλπον βαθὺν καὶ πλατὺν Χαλκίδα ἐπονομαζόμενον».

Wie der Wortlaut des Fragmentes Παλλήνης, ἢ κτλ. zeigt (Oberhummer R.-E. u. Χαλκίς 9 erklärt falsch), hat Eudoxos unter Χαλκίς die beiden von der Landzunge Pallene gebildeten Meerbusen, den Sinus Toronaicus u. Thermaicus, verstanden. Sonst ist diese Bezeichnungsweise aus dem Altertum nicht bekannt. In welchem Sinne übrigens

---

1) S. auch Clem. Alex. strom. VI 8 (65, 1) Ἕλληνές φασι Πρωταγόρου προκαταρξαντος παντὶ λόγῳ λόγον ἀντικεῖσθαι παρεσκευάσθαι, Sen. ep. 88, 43 Protagoras ait de omni re in utramque partem disputari posse ex aequo, Gell. Noct. Attic. V 3, 7 se (sc. Protagoram) id docere, quanam verborum industria causa infirmior fieret fortior. Quam rem Graece ita dicebat τὸν ἥττω λόγον κρείττω ποιεῖν.

2) Rhet. B 24 p. 1402 a 23 ff. καὶ τὸ τὸν ἥττω δὲ λόγον κρείττω ποιεῖν τοῦτ᾽ ἐστίν. καὶ ἐντεῦθεν δικαίως ἐδυσχέραινον οἱ ἄνθρωποι τὸ Πρωταγόρου ἐπάγγελμα ...

3) Vgl. W. Süß, Ethos (Leipzig-Berlin 1910) S. 61; Gercke, Die alte τέχνη ῥητορική und ihre Gegner, Hermes 32 (1897) 351.

die Entfernungsangabe μετὰ — Παλλήνης[1]) zu deuten ist, ist aus fr. 21 nicht mehr ersichtlich, da sie gleich abrupten Stellen in andern durch Steph. Byz. überlieferten Eudoxoszitaten[2]) vom Autor des Steph. Byz. ohne den Textzusammenhang der Periodos entnommen ist.

Über die westlichste Landzunge der Chalkidike, die Pallene, besitzen wir noch fr. 89, die v. Brand. nicht beachtete Notiz bei

Steph. Byz. (vgl. Lentz, Herodian. a. a. O. I 265, 8—9) u.:

Φλέγρα, πόλις Θρᾴκης. ἣν Εὔδοξος μετὰ ταῦτα Παλλήνην φησὶ κληθῆναι. ὁ πολίτης Φλεγραῖος καὶ Φλεγραία καὶ Φλεγραῖον.[3])

Nach dem Wortlaut des Fragmentes Φλέγρα, πόλις Θρᾴκης verstände Eudoxos unter Phlegra eine Stadt, eine Annahme, die indes wenig für sich hat, da keiner der alten Schriftsteller eine Stadt jenes Namens erwähnt. Der Zusatz πόλις Θρᾴκης ist (vgl. auch S. 81) zudem höchst wahrscheinlich eine Zutat der Quelle des Stephanus, und so steht es wohl außer Frage, daß Eudoxos a. a. O. unter Phlegra gleich den meisten antiken Autoren[4]) die Pallene benannte Landzunge der Chalkidike verstanden wissen wollte. Schließlich sei vermerkt, daß das Fragment wie viele andere Periodoszitate eine leise Anspielung auf Herodot aufweist:

Vgl.   Eudoxos a. a. O.   mit   Herodot. VII 123:

Φλέγρα ... ἣν Εὔδοξος μετὰ ταῦτα Παλλήνην φησὶ κλη-θῆναι.	αὗται γάρ εἰσιν αἱ (sc. πόλεις) τὴν νῦν Παλλήνην, πρότερον δὲ Φλέγρην καλεομένην νεμόμεναι.

e) MAKEDONIEN

Auch aus der Beschreibung Makedoniens, des westlichen Nachbarlandes Thrakiens, haben sich zwei Periodoszitate erhalten. Das eine bezieht sich auf die makedonische Stadt Sintia:

fr. 22 bei Steph. Byz. (vgl. Lentz, Herodian. a. a. O. I 290, 1—2) u.:

---

1) μετά ist hier wohl nicht Präposition, sondern wie in μετὰ δὲ Δημόκριτος Adverb (s. S. 14. 133 f.).

2) Vgl zu fr. 18 S. 41 u. fr. 40 S. 89.

3) φησί fehlt i. Rehd. (n. Meineke).

4) Außer Her. VII 123 vgl. Aristot. meteor. 368 b 31 τὸ Φλεγραῖον καλούμενον πεδίον (aus Eudoxos?), Apoll. Rhod. III 234. 1227 u. Schol. zu III 234 Φλέγρα πεδίον Θρᾴκης, Ps.-Scymn. 635/6 = GGM I 221, Strabo VII 25 27 ὅτι ἡ Παλλήνη χερρόνησος ... Φλέγρα τὸ πρὶν ἐκαλεῖτο, Diod IV 21, 5, Schol. zu Lykophr. 115. 1404, Hesych. u Φλέγρα, Steph. Byz. u. Παλλήνη, Suid. u. Φλεγρ., Eustath. zu Dionys. perieg. 327 = GGM II 276.

Σιντία, πόλις Μακεδονίας πρὸς τῇ Θρᾴκῃ, ὡς Εὔδοξος ἐν τετάρτῳ γῆς περιόδου. οἱ ἐνοικοῦντες Σιντοὶ ὀξυτόνως.[1])

Bei Livius XXVI 25 vastatis proximis Illyrici in Pelagoniam eadem celeritate vertit iter; inde Dardanorum urbem Sintiam, in Macedoniam transitum Dardanis facturam, cepit . . .. außer fr. 22 der einzigen Stelle, wo Sintia genannt wird, ist diese Stadt als die der Dardaner bezeichnet, jenes mächtigen Volksstammes, dessen Wohnsitze sich im späteren Altertum bis über den oberen Axios, den Hauptstrom Makedoniens, hin erstreckten: vgl. Patsch, R.-E. u. Dardani. Gemäß dieser Angabe des Livius wie auch der des Thukydides II 98, 1[2]), wo zwar nicht Sintia selbst, wohl aber der Stamm der Sinter erwähnt ist, ist die Lage Sintias wohl zwischen dem Ober- oder Mittellauf des Axios und Strymon zu suchen. Die Behauptung Ungers, Philol. N. F. IV (1891) 221/2, fr. 22 und folglich auch die Periodos gehöre nicht dem Eudoxos von Knidos, weil Sintia damals noch nicht mazedonisch gewesen sei, beruht auf falschen Voraussetzungen. Denn nichts verbietet die Annahme, daß Philipp bei der Ausdehnung seines Machtbereichs über den Strymon hinaus in den fünfziger Jahren des 4. Jahrh. v. Chr. (s. Niese, Gesch. d. griech. und maz. Staaten I [1893] 29) auch Sintia und die Sinter in mazedonische Abhängigkeit gebracht hat, zumal die Sinter n. Livius leicht zu bezwingen waren. Im Hinblick auf die Abfassung der Periodos um 347 v. Chr. (s. S. 5, 1) kann daher in derselben Sintia als makedonische Stadt sehr wohl bereits erwähnt gewesen sein, vorausgesetzt überhaupt, daß πόλις Μακεδονίας gleich ähnlichen Zusätzen in andern Fragmenten (s. S. 101) kein nacheudoxischer Zusatz ist.

Das zweite Fragment über Makedonien, fr. 81, das vom bedeutsamsten Fluß des Landes, vom Axios, und seiner Quelle, der Aia, handelt, hat sich erhalten in den Scholien zu Homer Φ 158 (ed. Dindorf IV [1877] 261): δύναται ⟨δὲ⟩ καὶ τὸ αἶαν μὴ τὴν γῆν λέγειν, ἀλλ' ὄνομα κρήνης. φέρει δὲ τὸ ἔπος καὶ Εὔδοξος δίχα τοῦ ν̄. «Ἀξιοῦ ⟨οῦ⟩ κάλλιστον ὕδωρ ἐπικίδναται Αἶα». πολλῶν γὰρ ποταμῶν ἐμβαλλόντων εἰς τὸν Ἀξιὸν θολερῶν Αἶα ἡ κρήνη διαυγέστατον ἀνίησιν ὕδωρ.[3])

---

1) γῆς fehlt i Voss. — ἐνοικοῦντες d Rehdig. wohl richtig im Gegensatze zu der Lesart i. Voss. u. d. Aldina οἰκοῦντες (n. Meineke); πρὸς τῇ auch fr. 33.

2) Σιτάλκης μὲν οὖν βασιλεύων χώρας τοσαύτης ... ἐπορεύετο ἐπὶ τὴν Μακεδονίαν πρῶτον μὲν διὰ τῆς αὐτοῦ ἀρχῆς, ἔπειτα διὰ Κερκίνης ἐρήμου ὄρους, ὅ ἐστι μεθόριον Σιντῶν καὶ Παιόνων Vgl. auch Liv XXXXV 29: cis Strymonem . . . Bisalticam cum Heraclea, quam Sinticen appellant; Oberhummer R.-E. VIII 429

3) ἀξίου d. Hss. statt Ἀξιοῦ, ebenso ἄξιον statt Ἀξιόν; eine 2. Hand in den Scholien des Townleyanus (ed. E. Maaß II [1888] 157; erg. ποταμοῦ hinter Ἀξιοῦ. Mit dem angeführten Scholion identisch und darum wohl von ihm abhängig ist

Was der Scholiast hier als Eudoxoszitat anzuführen scheint, *Ἀξιοῦ —
Αἶα*[1]), ist in Wirklichkeit der Iliasvers *Φ* 158, nur eben in der Fassung,
wie ihn Eudoxos gelesen und für seine Periodos exzerpiert hat. Eudoxos
hat also auch Homerverse geographischen Inhalts an geeigneten Stellen
seines Werkes verwertet, ähnlich wie anderwärts Verse Hesiods (s. S. 88 f.).
Anspielungen auf die eudoxische Lesart des Homerverses über den Axios
und die Aia finden sich im späteren Altertum bei Strabo VII 21. 23,
der hier wie an andern Stellen in Buch VII (s. S. 76 f.) wohl von Eudoxos
abhängig ist. Sonst wird die Aia in der antiken Literatur nirgends genannt, abgesehen von Etym. Magn. u. *Αἶα*, wo sie als eine Quelle Päoniens
bezeichnet ist.

5. Buch V

FORTSETZUNG DER BESCHREIBUNG EUROPAS

In Buch V und einem Teile des VI. Buches war die Periegese
Griechenlands gegeben, und zwar so, daß in Buch V Nord- und Mittelgriechenland einschließlich Attikas, in dem an Buch V anschließenden
Teil des VI. Buches die Peloponnes behandelt war. Als Zeugnisse hierfür besitzen wir das von Meineke mit Recht (s. S. 89, 1) als Zitat aus
Buch V bezeichnete fr. 40 über Mittelgriechenland und die Fragmente
25. 26. 28. 29. 30 mit der Buchzahl VI, die sich auf die Peloponnes
beziehen. Namentlich aber weist auf den skizzierten Beschreibungsgang in Buch V u. VI auch fr. 71 hin, wonach Eudoxos durch eine von
den keraunischen Bergen bis Kap Sunium sich erstreckende Linie sich
Gesamtgriechenland in zwei Hälften zerlegt dachte, eine nördliche, Nord-
und Mittelgriechenland, und eine südliche, die Peloponnes umfassende.
In diesem Zusammenhange sei noch weiter auf die Tatsache verwiesen,
daß Kremmyon auf dem Isthmos nur wenig südlich der eudoxischen Teillinie zu liegen kam, und daß Eudoxos diesen Ort nachweislich in Buch VI
der Periodos (s. S. 91) erwähnte.

Schol. zu *λ* 239, fr. 81 b. Br. (Schol. Gr. in Hom. Odyss. ed. Dindorf.; s. Porphyr. quaest.
Hom. coll. H Schrader, 1890, S. 104, 8 zu *λ* 239), nur steht hier hinter *δύναται*
ein *δέ*, *αἶαν* für *γαῖαν*, *ἄνευ* statt *δίχα* (ein Cod. Hamburg. d. Odyss.-Scholien
hat *δίχα*), *Ἀξιοῦ, οὖ* statt *Ἀξιοῦ* und am Schlusse der Zusatz *ὥστε τὸ κάλλιστον
οὐκ ἐπὶ τοῦ ποταμίου ὕδατος ἀλλ' ἐπὶ τοῦ κρηναίου φησίν*. Nach dem Od.-Schol.
lese ich auch im Schol. zu *Φ* 158 *δέ* hinter *δύναται* und *αἶαν* statt *γαῖαν*, da
der Scholiast zu *Φ* 158 seinem eigenen Wortlaut zufolge *φέρει δὲ . . . καὶ
Εὔδοξος* ähnlich wie Eudoxos *αἶαν* gelesen hat: ferner *Ἀξιοῦ οὖ*. Das Scholion
zu *Φ* 158 z. T. auch bei Eustath. *B* 850; s. auch Nicole, Les Scol. Gen. d'Iliad II 46
u. 190 (für den krit. Teil des fr. 81 s Dindorf Schol. Gr. in Od z *λ* 239, Anm.).
    1) Die hieran anschließende Erklärung *πολλῶν γάρ κτλ.* rührt wohl von
Eudoxos her, da sie geographischer Art ist u. auch bei Strabo (s. oben) steht.

Denn darin liegt gleichsam bestätigt, daß die Darstellung Griechenlands in Buch V einschließlich Attikas bis zum Isthmos hin geführt war und die der Peloponnes in Buch VI erst bei dem Teile des Isthmos begann, der, wie dies schon für Kremmyon zutraf, südlich der eudoxischen Teillinie lag.

Über die Beschreibung Gesamtgriechenlands bei Eudoxos haben wir noch zwei Werturteile, die beide zeigen, welch hohe Berühmtheit sie dereinst besaß. So schreibt Polybios bei Strab. p. 465 = fr. 6 περὶ τῶν Ἑλληνικῶν καλῶς μὲν Εὔδοξον ... ἐξηγεῖσθαι, und von Strabo selbst ist Eudoxos in fr. 71 wegen seiner hervorragenden Kenntnis der geographischen Gestaltung Griechenlands geradezu als Autorität für die Geographie des Landes bezeichnet: s. fr. 71 ... οὕτω δ᾽ εἰρηκότος Εὐδόξου. μαθηματικοῦ ἀνδρὸς καὶ σχημάτων ἐμπείρου καὶ κλιμάτων καὶ τοὺς τόπους τούτους εἰδότος, ...

Nach dem oben Dargelegten waren die einzelnen Landschaften Griechenlands in Buch V u. VI entsprechend ihrer Lage von Norden nach Süden behandelt. Die westlichen Teile Mittelgriechenlands, über die wir keine Fragmente mehr besitzen, wie Akarnanien und Ätolien, mögen dabei vor Böotien, der Hauptlandschaft Mittelgriechenlands, beschrieben gewesen sein, während andrerseits das nordwestliche Griechenland wie Epirus und Illyrien wohl erst nach der Periegese Mittelgriechenlands und der Peloponnes als Übergang zur Schilderung Nordostitaliens dargestellt war. Im Prinzip in derselben und nur der Richtung nach in umgekehrter Reihenfolge hat Strabo p. 449 f. Griechenland beschrieben, jedenfalls ein Beweis, daß jener Beschreibungsgang antiken Geographen nicht unbekannt war. Entsprechend dieser also wohl auch eudoxischen Beschreibungsfolge seien daher die Fragmente aus Buch V behandelt, zu denen außer fr. 40 die gleichfalls auf Mittelgriechenland sich beziehenden Fragmente 47. 68. 72. 73 sowie das Eudoxoszitat bei Plutarch (s. S. 87), fr. 85, gehören: Auf fr. 71 über ganz Griechenland folge zunächst fr. 68 über Kasthania auf der Magnesia, sodann fr. 47 über eine Quelle in Halos (Südthessalien), das Periodoszitat bei Plutarch über Delphi und schließlich die drei Fragmente über Böotien, fr. 72/3 über Askra und fr. 40 über Plataiai. Daß in ähnlicher, nur umgekehrter Folge auch andere, Griechenland in z. T. nördlicher Richtung beschreibende Geographen verfuhren, zeigt beispielsweise der Periplus des Ps.-Skylax 59. 64. 65 (= GGM I 47 ff.).

fr. 71 über die Gestaltung Griechenlands nach Eudoxos steht bei Strab. IX 1, 1—2 p 390/1:

φησὶ δ᾽ Εὔδοξος, εἴ τις νοήσειεν ἀπὸ τῶν Κεραυνίων ὀρῶν ἐπὶ Σούνιον τὸ τῆς Ἀττικῆς ἄκρον ἐπὶ τὰ πρὸς ἕω μέρη τεταμένην εὐθεῖαν.

ἐν δεξιᾷ μὲν ἀπολείψειν τὴν Πελοπόννησον ὅλην πρὸς νότον, ἐν ἀριστερᾷ δὲ καὶ πρὸς τὴν ἄρκτον τὴν ἀπὸ τῶν Κεραυνίων ὀρῶν συνεχῆ
παραλίαν μέχρι τοῦ Κρισαίου κόλπου καὶ τῆς Μεγαρίδος καὶ συμπάσης
τῆς Ἀττικῆς· νομίζει δ' οὐδ' ἂν κ[οιλαίνεσθαι οὕτως] τὴν ἠόνα ἀπὸ
Σουνίου μέχρι [τοῦ Ἰσθμοῦ ὥστε μεγάλην] ἔχειν ἐπιστροφήν, εἰ μὴ
προσῆν τῇ [ἠόνι ταύτῃ καὶ] τὰ συνεχῆ τῷ Ἰσθμῷ χωρία τὰ [ποιοῦντα
τὸν κόλπον τὸν] Ἑρμιονικὸν καὶ τὴν Ἀκτήν· ὡς δ' αὔ[τως οὐδ' ἂν τὴν
ἀπὸ τῶν Κεραυν]ίων ἐπὶ τὸν Κορινθιακὸν κόλπον ἔχειν τινὰ τοσαύ[την
ἐπιστρο]φὴν ὥστε κοιλαίνεσθαι κολποειδῶς καθ' αὐ[τήν, εἰ μὴ τὸ] Ῥίον
καὶ τὸ Ἀντίρριον συναγόμενα εἰς στενὸν [ἐποίει τὴν] ἔμφασιν ταύτην·
ὁμοίως δὲ καὶ τὰ περι[έχοντα] τὸν μυχόν, εἰς ἃ καταλήγειν συμβαίνει
τὴν [ταύτῃ] θάλατταν.

Οὕτω δ' εἰρηκότος Εὐδόξου, μαθηματικοῦ ἀνδρὸς καὶ σχημάτων
ἐμπείρου καὶ κλιμάτων καὶ τοὺς τόπους τούτους εἰδότος. δεῖ νοεῖν
τήνδε τὴν πλευρὰν τῆς Ἀττικῆς σὺν τῇ Μεγαρίδι τὴν ἀπὸ Σουνίου
μέχρι Ἰσθμοῦ κοίλην μὲν ἀλλ' ἐπὶ μικρόν.[1])

---

1) Der lückenhaft überlieferte Text ist durch treffende Konjekturen Groskurds, Kramers u. Meinekes verbessert. τῆς vor Ἀττικῆς ἄκρον fehlt i. Vatic. 482
— statt ἄκρον ἐπί vermut. Meineke ἄκρον καί — συνέχει statt συνεχῆ i. Paris.
1397 (2. Hd. auf aufgeklebtem Papierstreifen), Paris. 1393. (2. Hd.), Mosq., Escur.,
Paris. 1394 — καί vor μέχρι τοῦ Κρισαίου i. Paris. 1397 (2. Hd. auf aufgeklebt. Streif.)
u. (nachträglich beigefügt) i. Mosq., Eton., Paris. 1394, Med. plut. 28,40 — καί
vor συμπάσης fehlt vermutlich i. Ven. 377 u. i. d. Ald., in der aber hinter συμπ.
ein τέ steht. — συμπάσης τῆς ἀττικῆς. καὶ τὰ ἐξῆς, οὕτω δ' εἰρηκότος ... d.
Vatic. 482, Venet 377/78, Paris. 1408, Ambros. G, 93 sowie die Epit. d. Gem.
Pleth. mit Weglassung alles übrigen zwischen ἀττικῆς u. οὕτω; i. Med. plut.
28, 5 fehlen die Worte νομίζει — θάλατταν; das Fehlende ist am Rand von
2. Hd. nachgetragen u. d. lückenhaften Stellen vermerkt. Daraus ist dann wohl
die Lesart τῆς ἀττικῆς. νομίζει δ' οὐδ' ἄν . .οὕτω δ' εἰρηκότος ... i. Ambros. M, 53
entstanden. Die Lücken sind auch i. Paris. 1397 und den davon abhängigen
Hss., d. Cod. Med. plut. 28, 5 (2. Hd.), Paris. 1393 (2. Hd.), Vatic. 174, Mosq.,
Escur., Eton., Paris. 1394 — νομίζειν d. Ald. — hinter ἄν κ eine Lücke von
ca. 16 Buchst. i. Paris. 1397; Groskurd u. ihm folgend Kramer verm. ἂν κ[οι-
λαίνεσθαι σφόδρα], ich verm. n. Meineke οὕτως statt σφόδρα — zwischen Σουνίου
μέχρι u. ἔχειν i. Paris. 1397 eine Lücke v. ca. 16 Buchst.; mit Grosk., Kramer,
der noch τοῦ hinzufügt, u. Meineke ist wohl τοῦ Ἰσθμοῦ ὥστε μεγάλην (für ὥστε
könnte n. Kramer auch οὐδέ geles. werden) zu erg. — zwisch. προσῆν τῇ u. τά
eine Lücke von 15 Buchst. i. Paris. 1397; die auch von Kramer u. Meinecke gebilligte Konjektur Groskurds trifft wohl das Richtige. — In der Lücke von etwa
20 Buchstab. zwischen τά (d. α ist i. Paris. 1397 noch deutlich erkennbar) u.
Ἑρμιονικόν erg. Grosk. τ[ῆς Μεγαρίδος ἐπὶ τὸν κόλπον], Kramer τεινόμενα ἐπὶ τὸν
κόλπον. Treffender verm. Mein. τὰ [ποιοῦντα τὸν κόλπον τόν], was dem Sinne
nach gut in den Text paßt u. schon seinem an fr. 21 (πεποίηκε κόλπον) an-
klingenden Ausdruck nach eudoxisch scheint. — In der Lücke von ca. 24 Buchst.
zwischen αὔ u. ίων verm. Grosk. αὔ[τως καὶ τὴν ἠόνα ἀπὸ τῶν Κεραυν]ίων,
ebenso Kramer unter Weglassung des καί; Mein. verm. αὔτως οὐδ' ἂν τὴν
ἀπὸ τῶν Κεραυν]ίων. wofür auch ich mich entscheide, da nach αὔτως ein 2. ver-

Mit den wirklichen Verhältnissen stimmt das eudoxische Bild der Küstengestaltung Griechenlands nur zum Teil überein, da die Meeresküste vom Keraunischen Vorgebirge bis zum Golf von Krisa in Wahrheit nicht links, sondern rechts der Teillinie des Eudoxos liegt. Die Ausdehnung Nord- und Mittelgriechenlands nach Südwesten hin war also bei Eudoxos geringer und die der Peloponnes nach Nordwesten hin größer als in Wirklichkeit (vgl. auch Bursian, Geogr. v. Griechenl.). Immerhin gibt das Fragment einen Einblick in die geographische Darstellungsweise des Eudoxos, die nicht mehr aus einer bloßen Beschreibung bestand, sondern in der mit wissenschaftlichem Sinn gelegentlich auch nach den Ursachen geographischer Erscheinungen wie eben in fr. 71 nach den Gründen der Küstengliederung Griechenlands geforscht war (s. Nachträge).[1]

a) THESSALIEN

Auf die eudoxische Beschreibung Thessaliens nehmen noch zwei Fragmente Bezug, eines auf die an der Nordküste der Magnesia, an dem

---

neinter Irrealis folgt, wie schon αὕτως andeutet. — Die Lücke von 9 Buchstaben zwischen τοσαύ u. φήν hat bereits Tzschucke durch die auch von Kramer u. Meineke gebilligte Konjektur τοσαύ[την ἐπιστρο]φήν ausgefüllt; aus einem in Paris. 1397 über φήν fälschlich übergeschriebenen φθήν (von 2. Hd) entstand das irrige ἔφθην i. Med. plut. 28, 5 (von 2. Hd.), Paris. 1393 (von 2 Hd.), Vatic. 174, Mosq , Escur., Eton., Paris 1394; für τοσαύτην steht τοιαύτην (von 2 Hd.) i. Paris. 1393 u. bei Coray. — Das Fehlende in d. Lücke von 8 Buchst. zwischen αὐ und 'Ρίον i. Paris. 1397 ist i. Med. plut. 28, 5 (2. Hd.), Eton, Paris. 1394 (n. Kramer richtig) erg. durch αὐ[τήν, ὅπου τό]; Grosk. verm. vor ὅπου συμπίπτουσι, was aber schon wegen der Kürze der Lücke nicht angeht; ich lese mit Meineke dem Satzzusammenhang entsprechend αὐ[τήν, εἰ μὴ τό] — ἀντίριον i. Paris. 1397 statt Ἀντίρριον. — Die Lücke von 10 Buchst. zwischen στενόν u. ἔμφασιν i. Paris. 1397 ist i. Med. plut. 28, 5 (2. Hd.), Eton., Paris. 1394 durch ὥστε ποιεῖν τήν ausgefüllt; Kramer verm. ποιεῖται od. ποιοῦσι τήν: besser ist wohl auch hier die Konjektur Mein. ἐποίει τήν. — Auch in der Lücke von 6 Buchst. zwischen περί u. τόν i. Paris. 1397 ist statt mit Grosk. κρίσσαν καί od. mit Kramer αὐτόν mit Meineke περι[έχοντα] τὸν μυχόν zu lesen — i. d. Lücke von 6 Buchst zwisch. τήν u. θάλατταν i Paris. 1397 verm. Grosk. Κρισσαίαν, Kramer (ebenso Mein.) wohl richtig ταύτη (für den krit. Teil s. Kramer, Strabo a. a. O).

1) Möglicherweise geht auch die strabonische Darlegung über den Golf von Korinth (Strab. p. 335/6) u. Böotien (Strab. p 400 = IX 2, 1) auf Eudoxos zurück. Denn die Partie über den Golf weist sprachlich (vgl. die Ausdrücke ἐπιστροφήν, παραλία, Κρισαῖον κόλπον, μυχοῦ mit gleichlautenden in fr. 71) wie sachlich (vgl. besonders die Bezugnahme auf das Rhion u. Antirrhion mit fr. 71) Ähnlichkeiten mit fr. 71 auf. Noch mehr gilt das von Strabos Angaben über Böotien a. a. O., denen zutolge die Lage der Meeresküste vom Sunion bis Böotien ähnlich wie in fr. 71 die Lage Griechenlands überhaupt auf Grund gewisser gedachter Linien beurteilt ist. Auch sonst erinnert einiges an fr. 71, so die Zusammenstellung Attikas mit Megara, die Beziehung ἀπὸ Σουνίου μέχρι 'Ισθμοῦ u. a.

Ausläufer des Pelion[1]) gelegene Ortschaft Kasthania, das andere auf eine Heilquelle in Halos.

fr. 68 bei Steph. Byz. (vgl. Lentz, Herodian. a. a. O. I 283, 2—3, II 531, 3) u.:

Καστανία, [πόλις Θετταλίας]. Εὔδοξος δὲ διὰ τοῦ ϑ̄ φησί.[2])

Gleich Herodot VII 183. 188 (*Κασθαναίης*) und dem vielfach von älteren Quellen abhängigen Strabo p. 443 gebrauchte Eudoxos die ältere Form des Ortsnamens; die Periodos kennzeichnet sich daher auch durch ältere[3]), in ihr enthaltene Namensformen als ein Werk des höheren Altertums. Nacheudoxische Autoren schrieben *Καστανία*: s. Lycophr. 907, Nic. Alex. 271, Et. Magn. u. *K.*, Plin. Nat. hist. IV 32, Mela II 3 § 35.

Das zweite Fragment über Thessalien, **fr. 47**, steht bei Antig. Hist. mir. 138 (aus Kallim. n. Schneider, Callimach. II 334):

Εὔδοξον δέ, τὴν ἐν Ἅλῳ Ὀφιοῦσσαν τὸν ἀλφὸν παύειν.[4])

Abgesehen von der von Varro selbst vielleicht ebenfalls indirekt der Periodos entlehnten Notiz bei Plin. nat. hist. XXXI 11 *Lacu Alphio* (so wohl mit Sillig zu lesen; s. Mayhoffs Plin.-Ausg.) *vitiligines tolli Varro auctor est*, findet sich über die Heilquelle in Halos, dem schon Homer *B* 682 bekannten Städtchen in der südthessalischen Landschaft Phthiotis[5]), keine weitere Angabe in den Schriften der Alten. Mit der einst Amphrysos benannten (Callim. h. in Apoll. 48, Strab. p. 433), noch jetzt sprudelnden, salzhaltigen Quelle bei Halos (s. Stählin, Ath. Mitt. 31 [1906] 25; Bursian, Geogr. v. Griechenl. I 78) kann die Ophiussa wegen ihres Namens nicht identisch sein. Da sie aber n. fr. 47 ebenfalls bei bzw. in Halos floß, also wohl auch salzhaltig war und deshalb Hauterkrankungen wie *ἀλφός* heilte, stand sie vermutlich als ein künstlich geschaffener Aus- oder Abfluß mit der noch heutigestags existierenden Quelle in Zusammenhang.[6])

---

1) Außer Strab. p. 443 vgl. Hesych. Lex. u. *Κασθ.*, Schol. zu Nicand. 271 (ed Abel 1892); s. auch Herod. ed. Bachr III 728.

2) *Κασταναία* i. Rhedig. — *πόλις Θετταλίας* fehlt i. d. Hss. (s. Meineke. Steph. Byz.).

3) S. auch S. 76. 91.

4) Die Änderung Schneiders *ἐν Ἅλῳ* n. Homer (s. oben) und Steph. Byz. u. *Ἅλος* statt *Ἅλῳ* ist unnötig.

5) Über die Lage von Halos vgl außer Stählin R.-E. u. *Ἅλος* 1, Herod. VII 173, Strab. p. 433, Plin. nat. hist. IV 28, Mela II 3 § 44; s. auch Forbiger, Hdbch. d. alt. Geogr. I (1877) 112. III 596; Breithaupt, de Parmenisco grammatico (Stoicheia IV, 1915) S. 16, 53

6) Eine ähnliche Heilquelle wie die von Halos kannte Strab. p. 347 in Elis.

b) BÖOTIEN

Die **Beschreibung** Delphis in der Periodos war anscheinend ziemlich eingehend gehalten, da Eudoxos n. fr. 85 bei Plut. de Pyth. or. 17 sogar eine Quelle beim Apolloheiligtum in seiner Periodos erwähnte:

περιελθόντες οὖν ἐπὶ τῶν μεσημβρινῶν καθεζόμεθα κρηπίδων ⟨τοῦ⟩ νεὼ πρὸς τὸ τῆς Γῆς ἱερὸν τό τε ὕδωρ ⟨τῆς Κασταλίας⟩ ἀποβλέποντες· ὥστ' εὐθὺς εἰπεῖν τὸν Βόηθον, ὅτι καὶ ὁ τόπος τῆς ἀπορίας συνεπιλαμβάνεται τῷ ξένῳ. Μουσῶν γὰρ ἦν ἱερὸν ἐνταῦθα περὶ τὴν ἀναπνοὴν τοῦ νάματος, ὅθεν ἐχρῶντο πρός τε τὰς λοιβὰς [καὶ τὰς χέρνιβας] τῷ ὕδατι τούτῳ, ὥς φησι Σιμωνίδης (Fr. 44 B.).

'ἔνθα χερνίβεσσιν εἰρύεται τὸ Μοισᾶν
καλλικόμων ὑπένερθεν ἁγνὸν ὕδωρ.'

μικρῷ δὲ περιεργότερον αὖθις ὁ Σιμωνίδης τὴν Κλειώ (Fr. 45 B.) προσειπών 'ἁγνὰν ἐπίσκοπον χερνίβων' φησί 'πολύλιστον ἀραιόν τέ ἐστιν ἀχρυσόπεπλον ** εὐῶδες ἀμβροσίων ἐκ μυχῶν ἐραννὸν ὕδωρ λαβόν.' οὐκ ὀρθῶς οὖν Εὔδοξος ἐπίστευσε τοῖς Στυγὸς ὕδωρ τοῦτο καλεῖσθαι ἀποφήνασι.[1]

Daß die von Eudoxos a. a. O. als Gewässer des Styx bezeichnete Quelle auf der Südseite des Apollotempels zu suchen ist, besagen die Einleitungsworte Plutarchs περιελθόντες οὖν κτλ., aus denen außerdem hervorgeht, daß südlich des Tempels nicht nur die Quelle, sondern auch das Heiligtum der Ge zu erblicken war. Corssen, Sokrates, Zeitschr. f. Gymn. N. F. 1 (1913) 507ff. hat diese Quelle des Simonides und Eudoxos mit der einst hochberühmten Kastalia identifiziert, da sie gleich dieser südlich des Apolloheiligtums vorbeifloß, und da die eudoxische Bezeichnung der Quelle Styx deshalb auf die Kastalia zutrifft, weil diese wie andere von den Alten Styx genannte Quellen[2] in einer dunkeln Schlucht — der Phaedriadenschlucht — von der Felswand herabfließt. Dieser nicht unwahrscheinlichen Deutung des Eudoxoszitates steht die Pomtows, Philol. 71, N. F. 25 (1912) 31/2 entgegen, der einen das Apolloheiligtum in nordsüdlicher Richtung durchfließenden Abfluß der Kassiotis mit dem Styx des Eudoxos in Zusammenhang brachte. So sehr einerseits hierfür spricht, daß n. Paus. X 25, 1ff. 28, 1ff. unmittelbar an der Quelle der Kassiotis, östlich des delphischen Theaters, Unterwelts-

---

1) Text n. d. Ausg. v. Paton; nur ergänze ich hinter ὕδωρ, wo in den Hss. eine Lücke von zwölf Buchstaben ist, statt mit Paton τῆς Κασσοτίδος d e bloß zwölf Buchstaben umfassende nähere Bestimmung τῆς Κασταλίας, wofür auch die Deutung der Stelle durch Corssen spricht (s. oben).

2) Vgl. Paus. VIII 17, 5 über den Styx in Arkadien.

darstellungen Polygnots sich befanden[1]), so wies doch Corssen a. a. O. mit Recht darauf hin, daß jener (jetzt wiederentdeckte), einst durch ein Leitungsrohr geleitete, künstliche Abfluß unmöglich Styx geheißen haben kann. Die Deutung Corssens trifft daher wohl das Richtige, daß die Kastalia, die Quelle des Eudoxos, entgegen der Ansicht Plutarchs a. a. O. einst auch Styx hieß.

Von den zwei noch erhaltenen Angaben des Eudoxos über das böotische Askra und Platää steht die über Askra[2]), bei Brandes **fr. 73,** in den Scholien des Proklos zu Hesiod ἔργα καὶ ἡμέραι 640 (Text n. Gaisford, Leipzig 1823, II 364):

Εὔδοξος οὖν φησι ταύτην (sc. Ἄσκρην. Brandes) ἀνήλιον εἶναι ἐν χειμῶνι διὰ τὸ ὄρος τὸ ἐν Ἑλικῶνι (ἔστι δὲ τοῦτο τῆς Βοιωτίας) καὶ ἐν τῷ θέρει φλέγεσθαι. ἔστιν οὖν ἡ Ἄσκρη δυσχείμερος. ἀνάγκη γὰρ χιονίζεσθαι αὐτὴν οὖσαν ἐγγὺς τοῦ ὄρους (d fr. — auch n. Brandes — bis φλέγεσθαι.[3]).

Eine Anspielung auf fr. 73, bei Brandes **fr. 72,** findet sich bei Strabo IX 2, 35, p. 413:

Ζηνόδοτος δὲ γράφων «οἳ δὲ πολυστάφυλον Ἄσκρην ἔχον» οὐκ οικεν ἐντυχεῖν τοῖς ὑπὸ Ἡσιόδου περὶ τῆς πατρίδος λεχθεῖσι καὶ τοῖς ὑπ᾽ Εὐδόξου πολὺ χείρω λέγοντος περὶ τῆς Ἄσκρης.[4])

Zu diesem in den Worten Εὐδόξου πολὺ χείρω λέγοντος περὶ τῆς Ἄσκρης liegenden Hinweis auf die ungünstige Beurteilung Askras bei Eudoxos stimmt vollkommen, was Eudoxos n. fr. 73 über Askra schrieb. Kein Zweifel daher, daß fr. 73 auf die gleiche Quelle wie fr. 72 (s. S. 8 f.) zurückgeht, auf die Periodos des Eudoxos v. Knidos.

Die Erwähnung Askras in der Periodos beruhte wohl auf seiner Bedeutung als Heimatsort Hesiods[5]), ja die von Späteren[6]) bestätigten Angaben des Eudoxos über das unwirtliche, vornehmlich durch die

---

1) Vgl. F. Dümmler, Kl. Schr. II (1901) 137 ff.
2) Vgl. Oberhummer R.-E. u. Askra 1; Forbiger Hdbch. d. alt. Geogr. III 628
3) Vgl. auch Eustath. zu Hom. B 498. 507.
4) ἐντυχέντι Venet 377 (?) u. 378, ἐντυχόντι ändert Meineke; ich lese nach dem Medic. plut. 28, 5, d. Etou., Paris. 1394 und mit früheren Herausgebern ἐντυχεῖν (Zenodot scheint nicht so gelesen zu haben) — τοῦ vor Ἡσιόδου von den Herausgeb. (wohl unnötig) eingefügt. — περί fehlt in Venet. 377 sowie bei Herausgeb. vor Kramer — λεχθῆναι d. Hss., λεχθεῖναι korrig. i. Medic. plut. 28, 11. 5, ich lese mit den Herausgeb. λεχθεῖσι (für d. krit App. s. Kramer).
5) Bemerkenswert ist, daß wie Eudoxos auch Strabo bei der Erwähnung Askras und der Insel Samos Hesiods bzw. des Pythagoras (s. S. 116 f.) gedachte (Eudoxos daher wohl auch hier Vorbild Strabos: s. S. 131)
6) Vgl. Strab. p. 409, Plut. comment. in Hesiod. 35, Herodiani (techn. rell. n. Lentz I 340, Nonnus Dionys. XIII 75 u. Steph. Byz. u. Ἄσκρ.

Lage am Nordabhange des Helikon begründete Klima Askras, das wie
auch andere durch den Wechsel von Sommer und Winter bedingte
Naturveränderungen (s. S. 37 f., 67 f. über den Nil und die Brunnen
von Pythopolis) das geographische Interesse des Eudoxos erregte, sind
offenbar auf eine Benützung der Werke Hesiods durch Eudoxos zurückzuführen (vgl. Hes. ἔργα καὶ ἡμέραι 639/40 νάσσατο δ᾿ ἄγχ᾿
Ἑλικῶνος ὀιζυρῇ ἐνὶ κώμῃ, | Ἄσκρῃ, χεῖμα κακῇ, θέρει ἀργαλέῃ, οὐδέ
ποτ᾿ ἐσθλῇ mit fr. 73). Das lehrt auch der strabonische Wortlaut des
fr. 72, wo für die Notiz über Askras Klima Hesiod vor Eudoxos genannt, gewissermaßen also gleichfalls als Autor des knidischen Geographen gedacht ist. Außer Delphi u. Askra ist in den Periodosfrag-
menten noch Platää aus der Beschreibung Böotiens erwähnt, und zwar in

fr. **40** bei Steph. Byz. (vgl. Lentz, Herodian a. a. O. I 273, 14
—17) u.:

Πλαταιαί, πόλις Βοιωτίας. Ὅμηρος ἑνικῶς «οἵ τε Πλάταιαν ἔχον».
Εὔδοξος δὲ ε᾿ γῆς περιόδου πληθυντικῶς Πλαταιὰς δὲ διὰ τὸ
τάφους καὶ τρόπαια ἀνδρῶν ἀγαθῶν ἔχειν, τῶν τὴν Ἑλλάδα
ἐλευθερωσάντων καὶ τὸ βασίλειον στράτευμα δουλωσάντων.[1]

Neben dem Plural *Πλαταιαί* findet sich in der antiken Literatur
auch häufig die Singularform[2] *Πλαταιά*, die wohl vornehmlich ange-
wandt wurde, wenn von Platäa, der eigentlichen Stadt die Rede war.
Für den Plural *Πλαταιαί* hingegen war, wie fr. 40 noch zeigt, wohl ver-
anlassend, daß das ausgedehnte Schlachtfeld Platääs als geweihte Erde
zum Stadtbezirk gerechnet wurde: s. auch F. Münscher, De rebus Pla-
taeensium, Marburg 1841, S. 2 ff.

---

1) δὲ ε᾿ lese ich mit Meineke statt δέ in d. Hss. Denn da Eudoxos im
4. Buch über Tbrakien u. Makedonien, im 6. Buch aber bereits über die Peloponnes handelte, war von Mittelgriechenland, also auch von Platää, wie Meineke
mit Recht betont, ohne Frage in Buch V der Periodos die Rede. — Hinter *Πλα-
ταιάς* und vor δέ vermutet Meineke eine Lücke, aber wohl mit Unrecht; denn
die scheinbare Ungereimtheit der Stelle *Πλαταιὰς δὲ διὰ τό* κτλ. rührt wohl daher, daß das Periodoszitat ähnlich wie fr. 21 (s. die abrupten Worte in diesem
fr. μετὰ δὲ τὸν Ἄθω μέχρι Παλλήνης, ἣ κτλ.) von dem Autor des Stephanus ohne
den Textzusammenhang in der Periodos wiedergegeben ist. — τὴν Ἑλλάδα d.
Rehd. u. Voss. sowie Eustath. ad Hom. 269, 2, wo fr. 40 aus Steph. Byz. zum
Teil exzerpiert ist, τὴν Ἑλληρίδα γῆν d. Ald. (d. krit. Teil n. Meineke, Steph. Byz.
zum a. O.)

2) Den Plural *Πλαταιαί* vermerkt — vielleicht u. fr. 40 bei Steph. Byz. —
auch Theognost: Anecd. Ox ed. Kramer, II 1835) 103, 1–3; für das Vorkommen
beider Formen in der Antike s Herod. VIII 50, Thucyd. II 2, 5. 7, 1, Xenoph.
hell. V 4, 14. 48, VI 3, 5, VII 1, 34, Strab. p 382, Paus. IX 1, 2. 3, 1, Steph. Byz.
u. *Πλατ*., Ptol. geogr. III 14, 19, Eustath. in B 504, Forbiger, Hdb. d. alt. Geogr.
III 629.

6. BUCH VI

SCHLUSS DER PERIEGESE EUROPAS. LIBYEN

In Buch VI der Periodos war, wie schon angedeutet (s. S. 82f.), mit der Beschreibung der Peloponnes znnächst die Griechenlands und sodann mit der hieran angeschlossenen Periegese der westlichen Länder, namentlich Italiens (s. S. 99f.) und Iberiens (s. S. 104), die Schilderung Europas überhaupt beendet. Außerdem war in Buch VI wohl im Anschluß an Europa noch die Periegese Libyens gegeben, so daß daher dieses Buch augenscheinlich die Darstellung beschloß, die in der Periodos von den drei Teilen der Ökumene entworfen war. Denn das siebente und letzte Buch der eudoxischen Erdbeschreibung war wohl ausschließlich der Beschreibung der Inseln der Ökumene gewidmet (s. S. 110f.). Die Behandlung der Fragmente aus Buch VI folge der obigen Reihenfolge entsprechend.

a) SCHLUSS DER PERIEGESE EUROPAS

α) DIE PELOPONNES

Bezeugt ist die Periegese der Peloponnes in Buch VI durch die auf sie bezüglichen, mit Buchzahl versehenen Fragmente 25. 26. 28. 29. 30. Demgemäß gehören auch die Fragmente ohne Buchzahl 27. 41. 70 der Beschreibung der Peloponnes in Buch VI an, da sie sich gleichfalls auf diese beziehen.

Über die Reihenfolge, in der die einzelnen Landschaften der Peloponnes in der Periodos behandelt waren, besagen die Fragmente so gut wie nichts. Fest steht etwa nur, daß Eudoxos, da er mit der Schilderung der Peloponnes beim Isthmos begann (s. S. 83 oben) und demzufolge fr. 29 über Kremmyon wohl im Eingang des 6. Buches stand, sich bei seiner Periegese von Kremmyon aus wohl zunächst den westwärts liegenden Gebieten und Städten, namentlich Korinth selbst, zugewandt hat, da er n. fr. 29 hierzu Kremmyon rechnete. Des weiteren mag dann etwa ähnlich wie bei späteren Geographen (s. Ps.-Skyl. 40ff., Ps.-Scymn. 511ff.) Achaia, Arkadien, Lakonien und Messenien behandelt gewesen sein, so daß sich für die Fragmente etwa diese Anordnung ergäbe: fr. 29 über Kremmyon, fr. 70 über Korinth, fr. 25 über Sikyon, fr. 28 über Aigion in Achaia, fr. 26. 27. 41 über Arkadien und fr. 30 über Lakonien bzw. Messenien.

Das Gebiet von Korinth

Erhalten ist hierüber fr. 29 über Kremmyon und fr. 70 über Korinth selbst.

fr. **29** bei Steph. Byz. u.:

*Κρεμμυών, κώμη Κορίνθου. Εὔδοξος ἕκτῳ γῆς περιόδου. ἐν ᾗ
μυθεύουσι τὰ περὶ τὴν Κρεμμυωνίαν ὗν, ἣν μητέρα τοῦ Καλυδωνίου
κάπρου φασὶ καὶ τῶν Θησέως ἄθλων [ἕνα]. Φαβωρῖνος δέ ......*[1])

Vgl. hiermit die Notiz bei Strab. p. 380 *ἡ δὲ Κρομμυὼν ἔστι κώμη τῆς Κορινθίας, πρότερον δὲ τῆς Μεγαρίδος, ἐν ᾗ μυθεύουσι τὰ περὶ
τὴν Κρομμυωνίαν ὗν, ἣν μητέρα τοῦ Καλυδωνίου κάπρου φασί· καὶ
τῶν Θησέως ἄθλων ἕνα τοῦτον παραδιδόασι τὴν τῆς ὑὸς ταύτης ἐξαί-
ρεσιν.*

Daß Favorinus, n. Stemplinger, Stud. z. d. Ethn. d. Steph. Byz.,
Progr. Münch. 1902, 29 die Quelle des Stephanus (vgl. auch Rudolph,
Leipz. Stud. 7, 112), die Notiz über Kremmyon Strabo entlehnt hat,
ist unwahrscheinlich, da bei Steph. Byz. die Namensform *Κρεμμυών*
anders lautet als bei Strabo und zudem Eudoxos bei Strabo als Quelle
nicht genannt ist. Die auffällige Übereinstimmung zwischen beiden
Zitaten namentlich auch in der von Brandes irrtümlich nicht zu fr. 29
gerechneten Angabe über das Abenteuer des Theseus bleibt daher nur
so zu erklären, daß sowohl Favorinus wie Strabo selbständig aus Eudoxos geschöpft haben. Nur ist das Eudoxoszitat bei Stephanus gleich
anderen Fragmenten bei ihm (s. S. 92) unvollständig, bei Strabo dagegen, der auch kurz vorher (p. 379) aus Eudoxos geschöpft hat, ganz
erhalten, wie namentlich die Erwähnung der früheren Zugehörigkeit
Kremmyons zu Megara und der Hinweis auf das Abenteuer des Theseus
zeigt. Für die eudoxische Art der Erwähnung früherer Ortsnamen vgl.
auch fr. 89 auf S. 80. Bemerkenswert ist nur, daß Eudoxos von Strabo
wohl genau zitiert, aber, wie auch sonst (s. S. 76), nicht namentlich genannt
ist. Die Zugehörigkeit Kremmyons zu Korinth erwähnt auch Ps.-Skyl. 55
(s. auch Bursian, Geogr. v. Griechenl. I 382), die zu Megara fällt daher
auch n. Ps. Skylax spätestens noch in das 4. vorchristliche Jahrhundert;
schon aus diesem Grunde müßte für Strabo a. a. O. eine alte Quelle,
eben Eudoxos v. Knidos, angenommen werden (ebenso auch für Paus.
II 1, 3). Von den Namensformen *Κρομμυών, Κρεμμυών* ist wohl
diese die ältere, da sie sich bereits bei Bacchylides XVII 24 (ed. Blass)
findet, während *Κρομμυών* erstmals bei Thukydides IV 42, 4. 44, 4 und
Xenophon IV 4, 13. 5, 19 vorkommt. Das Theseusabenteuer war von

---

1) *Κρομμυών* Voss., *Κρομμύων* Rehdig., ich lese n. d. Aldina mit Meineke
Κρεμμυών, da diese Form, n. d. Peripl. des Ps.-Skyl. 55 zu schließen, wo sie
ebenfalls vorkommt, in der geographischen Literatur des 4. Jahrh. v. Chr. wohl
die gebräuchlichere und daher wohl auch die von Eudoxos angewandte war. —
ὗν fehlt i. Voss. — *ἕνα* ergänzt Meineke aus Strabo a. a. O. — S. Nachträge.

Eudoxos, wie auch ähnlich die Melampussage in fr. 26, in der Einkleidung mit dem das Fragment als Volkstradition kennzeichnenden φασί wiedergegeben. Vgl. auch μυθολογεῖν in fr. 62 und μυθεύουσι in fr. 29. Für die in fr. 29 berührte Sage vgl. Höfer, Rosch. Lex. u Kremmyon.

Das Fragment über Korinth selbst, fr. **70**, steht bei Strabo VIII 6, 21, p. 378/9:

τὴν δὲ τοποθεσίαν τῆς πόλεως (sc. **Κορίνθου**. Brandes), ἐξ ὧν Ἱερώνυμός τε εἴρηκε καὶ Εὔδοξος καὶ ἄλλοι καὶ αὐτοὶ δὲ εἴδομεν νεωστὶ ἀναληφθείσης ὑπὸ τῶν Ῥωμαίων, τοιάνδε εἶναι συμβαίνει. ὄρος ὑψηλὸν ὅσον τριῶν ἥμισυ σταδίων ἔχον τὴν κάθετον, τὴν δ᾽ ἀνάβασιν καὶ τριάκοντα σταδίων, εἰς ὀξεῖαν τελευτᾷ κορυφήν· καλεῖται δὲ Ἀκροκόρινθος, οὗ τὸ μὲν πρὸς ἄρκτον μέρος ἐστὶ τὸ μάλιστα ὄρθιον, ὑφ᾽ ᾧ κεῖται ἡ πόλις ἐπὶ τραπεζώδους ἐπιπέδου χωρίου πρὸς αὐτῇ τῇ ῥίζῃ τοῦ Ἀκροκορίνθου.[1])

Mit Unrecht hat Brandes die Stelle nur bis συμβαίνει exzerpiert; denn läßt sich auch der Umfang und die Art der Benützung des Eudoxos durch Strabo a. a. O. kaum mehr genau feststellen, so deutet doch gerade die an zwei Stellen hinter συμβαίνει (ἔχον τὴν κάθετον ... ἐπὶ τραπεζώδους ἐπιπέδου χωρίου) sich offenbarende mathematische Betrachtungsweise der Lage Korinths auf Eudoxos v. K., den Mathematiker von Beruf, als den Autor Strabos für die auf συμβαίνει folgenden Angaben. Die absolute Höhe des Berges in fr. 70 beträgt nach Hitzig (Pausaniasausgabe I 508 zu S. 393, 11 u. 510 zu 394, 1) 575, die nach der Schätzung des Eudoxos bzw. Strabo etwa 647 m. Abgesehen von dieser Differenz ist die Topographie Korinths n. fr. 70 zutreffend, wie Einzelangaben aus der Antike und moderne Beobachtungen an Ort und Stelle ergaben: s. Bursian, Geogr. v. Griech. II 10. 13. 14: Forbiger, Handb. d. alt. Geogr. III 652/3. Vermutlich beruht sie auf Autopsie des Eudoxos anläßlich seines Aufenthaltes in Griechenland.

SIKYON

fr. **25** = Athen. VII 31 p. 288c:

Εὔδοξος δ᾽ ἐν ἕκτῳ Γῆς περιόδου γόγγρους δέ[2]) φησι πολλοὺς ἀνδραχθεῖς ἐν Σικυῶνι ἁλίσκεσθαι· ὧν ἐνίους εἶναι καὶ ἀμαξιαίους.

---

1) Der Text u. Meineke-Kramer; d. hss. Varianten sind bedeutungslos: συμβαίνει: σὺμ i. Ven. 377 u. 378, συμμένει i. Paris. 1393 (2. Hand), συμβάν i. Mosquens. entst. aus Paris. 1397 u Vat. 174 — συμβαίνειν d. Epit. Pleth. — κάθετον: κάθεκτον i. Paris. 1397, Vatic. 174, Mosquens. — ὑφ᾽ ᾧ: ὅ von 2. Hand a. Rand. i. Paris 1397, woraus ὑφ᾽ ὅ in Vatic. 174, u. Mosq. — χωρίον: χώ. i. Paris. 1397, woraus χώρα i Paris. 1393 u. χώρας i. Vat. 174, Eton., Paris. 1394.

2) δέ fehlt in d. Paris. Epit. (n. Kaibel).

Die Glaubwürdigkeit dieser **Nachricht** des **Eudoxos**[1]) über das Vorkommen besonders großer Seeaale bei Sikyon verbürgen für das Altertum zwei Ähnliches berichtende und gleichfalls dem 4. Jahrh. v. Chr. angehörige Exzerpte bei Athenaios aus Philemon und Archestratos; sie scheinen zudem noch zu verraten, daß Eudoxos von jenen Seeaalen wohl infolge ihrer Verwendung als Nahrungsmittel bei seinem Aufenthalte in Griechenland Kenntnis erhalten hat:

Philemon b. Ath. VII 288d. 289a:

Φιλήμων δὲ τῆς κωμῳδίας ὁ **ποιητὴς** καὶ αὐτὸς μνημονεύων τῶν ἐν Σικυῶνι διαφόρων γόγγρων, ποιεῖ τινα μάγειρον ἐπὶ τέχνῃ τῇ ἑαυτοῦ σεμννυόμενον καὶ λέγοντα ἐν τῷ ἐπιγραφομένῳ Στρατιώτῃ τάδε·

> . εἰ δ᾽ ἔλαβον ἄρτι σκάρον, ἢ ᾽κ τῆς Ἀττικῆς
> γλαύκισκον, ὦ Ζεῦ σῶτερ, ἢ ᾽ξ Ἄργους κάπρον,
> ἢ ᾽κ τῆς Σικυῶνος τῆς φίλης ὃν τοῖς θεοῖς
> φέρει Ποσειδῶν γόγγρον εἰς τὸν οὐρανόν
> ἄπαντες οἱ φαγόντες ἐγένοντ᾽ ἂν θεοί (= fr. 79 K. II 500).

Archestratos Syr. b. Ath. VII 293f. (= fr. 18 Brandt, **Parod.** ep. Gr. et Arch. rell. 1888, S. 148):

Ἀρχέστρατος μὲν γὰρ ἐν τῇ Γαστρονομίᾳ καὶ ὁπόθεν μέρος αὐτοῦ δεῖ συνωνεῖσθαι διηγεῖται οὕτως·

> γόγγρου μὲν γὰρ ἔχεις κεφαλήν, φίλος, ἐν Σικυῶνι
> πίονος, ἰσχυροῦ, μεγάλου, καὶ πάντα τὰ κοῖλα·
> εἶτα χρόνον πολὺν ἕψε χλόῃ περίπαστον ἐν ἅλμῃ.

Aber auch der jetzige Fischbestand[2]) in griechischen Meeren lehrt die **Zuverlässigkeit** der eudoxischen Nachricht über Riesenaale bei Sikyon. Denn wie eine mir (am 24. Febr. 1914) zugegangene, dankenswerte Mitteilung von Prof. G. Sotiriadis-Athen besagt, wiegen die noch jetzt bei Korinth und Sikyon vorkommenden, dort unter dem neugriechischen Namen δρόγγοι (wohl = γόγγροι) bekannten Seeaale bis zu 25 kg und solche bei der Insel Spetsai (südöstl. v. Argos) sogar 50—60 kg. Vgl. auch O. Keller, Ant. Tierwelt II (1913) 360, wo in Verbindung mit fr. 25 auf einen in neuester Zeit bei Plymouth ge-

---

1) Vgl. auch Wellmann, R.-E. u. Conger; daß übrigens das ausdrücklich als Periodoszitat bezeichnete fr. 25 ob seines Inhaltes auf die gleiche Entstehungszeit hinweist wie die inhaltlich verwandten Zitate aus Philemon und Archestratos (s. oben), auf das IV. Jahrh. v. Chr., schon das lehrt gewissermaßen, daß Eudoxos, der Autor jener Notiz und somit der Periodos, nicht später als im IV. Jahrh. gelebt hat, d. h. daß er mit dem Astronomen von Knidos identisch ist.

2) Über das Vorkommen von γόγγροι in griechischen Meeren im allgemeinen s. Th. de Heldreich, La Faune de Grèce, Athène 1878, S. 90.

fangenen, jetzt im Britischen Museum konservierten Riesenaal (abgebild. i. d. Illustr. Lond. News v. 17. Sept. 1904) hingewiesen ist.

Achaia

Über Achaia besitzen wir aus der Periodos nur noch fr. 28 über die im Altertum bedeutsame[1]), am Korinthischen Golf westlich vom Selinus gelegene Stadt Aegium, die ihren alten Namen noch heute trägt (s. Hitzig, Pausan. II 2 S. 828):

fr. 28 bei Steph. Byz. (vgl. Lentz, Herodian a. a. O. I 358, 23) u.:

Αἴγιον, πόλις Ἀχαΐας, ὡς Εὔδοξος ἐν ἕκτῃ. ὁ πολίτης Αἰγιεύς, ὡς ὁ χρησμός «ὑμεῖς δ᾽ Αἰγιέες οὔτε τρίτοι οὔτε τέταρτοι».[2])

Wie fr. 23 (s. S. 78 und zu fr. 67 auf S. 34) zeigt, hat Eudoxos den Gebrauch der von Städte- oder Ortsnamen abgeleiteten Gentilizia bisweilen in kurzen Notizen exemplifiziert. Möglicherweise geht daher auch das mit fr. 28 verbundene, an die antike Redeweise über die **Megarer**[3]) anklingende Sprichwort über die Bewohner von Aegium auf Eudoxos zurück, zumal es ihm schon aus dem Geschichtswerk des Ion von Chios fr. 17 (= F H G II 51) bekannt sein konnte und er fr. 41 zufolge auch sonst in seiner Periodos sprichwörtliche Redensarten wiedergab.[4]) Daß es erst durch Herodian, die von Lentz postulierte Quelle des Stephanus Byz., aus grammatischem Interesse mit fr. 28 verbunden wurde, ist freilich auch nicht ganz ausgeschlossen.

---

1) Vgl. Paus. VII 7, 2 ἀθροίζεσθαι δὲ εἰς Αἴγιόν σφισιν ἔδοξεν· αὕτη γὰρ μετὰ Ἑλίκην ἐπικλυσθεῖσαν πόλεων ἐν Ἀχαίᾳ τῶν ἄλλων δόξῃ προεῖχεν ἐκ παλαιοῦ καὶ ἴσχυεν ἐν τῷ τότε.

2) *Αἰγιεύς* fehlt i. Rehdig. — dies. Hs hat καί statt ὡς—*Αἰγιέες*: so d. Voss. statt dem verderbten *Αἰγιέε* i. d. Ald. u. i. e. Perus. sowie *Αἰγίνεε* i. Rehd. (n. Mein. z. Steph. Byz. a. a. O.).

3) Vgl. d. Scholion zu Theokr. XIV 48, Anthol. Palat. (II 477) XIV 73 ὑμεῖς δ᾽, ὦ Μεγαρεῖς, οὐδὲ τρίτοι, οὐδὲ τέταρτοι; weitere Angaben bei Müller F H G II 51 zu fr. 17 des Ion v. Chios, aus denen hervorgeht, daß schon (wie sonst — s. S. 7 — vielleicht auch hier von Eudoxos beeinflußt?) Kallimachos die Redeweise über die Megarer kannte.

4) Weitere das Sprichwort erklärende Parallelen bei Müller a. a. O. Daß sich eine Anspielung auf den zweiten Vers des in fr. 28 unvollständig erhaltenen Orakelspruchs (vollständig bei Müller a. a. O.; auch in der die Megarer betreffenden Version hat sich der zweite Vers erhalten: οὔτε δυωδέκατοι, οὔτ᾽ ἐν λόγῳ, οὔτ᾽ ἐν ἀριθμῷ) bei Plutarch Quaest. conv. V 7, 6 u. dem von Timaios (s. Bertermann, De Iambl. vit. Pyth. font. 1913, S. 38) abhängigen Iamblich. Vit. Pyth. 259 findet — Rohde freilich hält diese Partie wohl mit Unrecht für ein Machwerk des Apollonios (Kl. Schr. II 122) —, spricht vielleicht auch dafür, daß der Orakelspruch in fr. 28 auf Eudoxos zurückgeht, da sowohl Plutarch (s. S. 42 f.) wie Timaios (s. S. 117, 1) aus Eudoxos geschöpft haben.

Arkadien

Von den drei Fragmenten über Arkadien seien zunächst die auf eine Eigentümlichkeit des Landes selbst bezüglichen genannt:

fr. 26 = Steph. Byz. (vgl. Lentz, Herodian a. a. O. I 295, 5—8) u.:

Ἀζανία, μέρος τῆς Ἀρκαδίας ...... Εὔδοξος δὲ ἐν ἕκτῃ γῆς περιόδου φησίν «ἔστι κρήνη τῆς Ἀζηνίας, ᾗ τοὺς γευσαμένους τοῦ ὕδατος ποιεῖ μηδὲ τὴν ὀσμὴν τοῦ οἴνου ἀνέχεσθαι, εἰς ἣν λέγουσι Μελάμποδα. ὅτε τὰς Προιτίδας ἐκάθαιρεν, ἐμβαλεῖν τὰ ἀποκαθάρματα».[1]

fr. 27 = Plin. nat. hist. XXXI 16 (n. Oder, Philol. Suppl. VII (1899) 362 wohl aus Varro):

vinum taedio venire iis, qui ex Clitorio lacu biberint, ait Eudoxus, ...[2]

Phylarch fr. 67 (FHG I 354)=Athen. II 19 p. 43 f.:

Φύλαρχος δέ φησιν ἐν Κλείτορι εἶναι κρήνην, ἀφ’ ἧς τοὺς πιόντας οὐκ ἀνέχεσθαι τὴν τοῦ οἴνου ὀδμήν.

Die Übereinstimmung der Pliniusnotiz mit fr. 26 hinsichtlich des Inhaltes wie Autornamens lehrt, daß fr. 27 auf dieselbe Quelle zurückgeht wie fr. 26, nämlich auf das hierin genannte 6. Buch der Periodos. Andererseits läßt der Unterschied in Einzelheiten[3] zwischen fr. 26 und 27 noch erkennen, daß weder bei Stephanus Byz. noch bei Plinius das Eudoxoszitat wörtlich, sondern nur in gekürztem Zustande erhalten ist. Dasselbe gilt von den Parallelüberlieferungen zu fr. 26/7[4] außer bei

---

1) γῆς statt τῆς i. Cod. Voss. lese ich mit Meineke — ebenso mit Xylander (n d. Phylarchzitat bei Athen. verb.) οἴνου statt ὕδατος i. d. Hss.

2) In taediū d. Paris. Lat. 6797, Tolet. u. Harduin i. s. Ausg., ich lese n. Mayhoff taedio — ebenso iis statt tis i. Cod. Leid. Voss., his i. Paris. Lat. 6797 u. 6795 verb. n. Caesar. Ausg. u. der Lesart i. Vatic. Lat. 3861 — ait n. Harduin mit Mayhoff statt att i. Paris. 6795, at i. Paris. 6797 u. i. d. meist. Ausg. u. ad i. d. übrig. Hss. (für d. krit. Teil s. S. 20, 1).

3) So fehlt bei Plinius der Hinweis auf die Melampussage sowie der Name der Landschaft, der bei Eudoxos nachweislich gestanden hat (s. Steph. Byz.), und bei Steph. Byz. die genaue Lokalisierung der Quelle bei Klitor, die ebenfalls auf Eudoxos zurückgeht (s. fr. 27).

4) Für diese vgl. die nachträglich für diese Abhandlung noch benützte (s. S. 122) Dissertation Oehlers, der ebenfalls das Phylarchzitat auf Eudoxos zurückführt (Oehler a. a. O. S. 79) und auch die sonstige spätere Überlieferung über das Paradoxon von Klitor in ihrem Verhältnis zu Eudoxos betrachtet. Doch ist wohl sein Versuch, dieselbe ganz, einschließlich des bei Ps.-Sot. 24, Vitruv usw. (s. unten) überlieferten Epigramms, auf Eudoxos zurückzuleiten, nicht einwandfrei, da der, abgesehen von der Weglassung des Namens Klitor, doch wohl noch gut erhaltene eudoxische Wortlaut bei Steph. Byz. keinerlei Schluß auf die Beifügung des Epigramms durch Eudoxos zuläßt. Übrigens hält Oehler S. 77 selbst, hierin Weißhäuptl, Wiener Eranos 1909, S. 112/3 folgend, Vers 1—4 des Epigramms für nacheudoxisch; daß aber lediglich jene Verse, nicht das ganze Epigramm nicht von Eudoxos überliefert sei, ist wohl kaum denkbar. Auch durch den Hinweis auf die Überlieferung des Paradoxons bei Rufus (s. Oehler S. 75 bis 78) vermag Oehler seine Darstellung nicht zu stützen. Denn die sowohl das

Phylarch (siehe oben) auch bei Isigonos (= Ps. Sotion 12) u. a.,
die ebenfalls, teils direkt, teils indirekt, auf Eudoxos zurückgehen.[1])
Nach fr. 27 befand sich die Quelle des Eudoxos bei Klitor, genauer,
wenig nördlich hiervon bei der kleinen, später zu Klitor gehörigen
Ortschaft Lusoi in der Azania, der nordwestlichsten Landschaft Arka-
diens (s. Oberhummer R.-E. u. Az. 1). Daß ein Trunk aus der Quelle
den Weingeruch verekle, besagt in Bestätigung der eudoxischen Notiz
ein Epigramm, das einst bei der Quelle zu lesen war, und das sich bei
Ps.-Sotion in einer von obigen Stelle gesonderten, von Eudoxos wohl
unabhängigen (s. Oder a. a. O.) Nachricht erhalten hat: Ps.-Sot. 24
= Vitruv. VIII 3, 21 u. Anthol. Palat. III, ed. Cougny, Paris 1890, 393,
Kap. 4, 20:

> ἀγρότα σὺν ποίμναις τὸ μεσημβρινὸν ἤν σε βαρύνῃ
> δίψος ἀν᾽ ἐσχατιὰς Κλείτορος ἐρχόμενον,
> τῆς μὲν ἀπὸ κρήνης ἄρυσαι πόμα καὶ παρὰ Νύμφαις
> ὑδριάσι στῆσον πᾶν τὸ σὸν αἰπόλιον.
> ἀλλὰ σὺ μήτ᾽ ἐπὶ λουτρὰ βάλῃς χροΐ, μή σε καὶ αὔρη
> πημήνῃ τερπνῆς ἐντὸς ἐόντα μέθης·
> φεῦγε δ᾽ ἐμὴν πηγὴν μισάμπελον, ἔνθα Μελάμπους
> ῥυσάμενος λύσσης Προιτίδας ἀργαλέης
> πάντα καθαρμὸν ἔβαψεν ἀπόκρυφον, εὖτ᾽ ἄρ᾽ ἀπ᾽ Ἄργους,
> οὔρεα τρηχείης ἤλυθεν Ἀρκαδίης.

Zur Lösung des Widerspruchs, daß im ersten Teil des Epigramms
zum Trinken aus der Quelle aufgefordert, im zweiten hingegen vor derselben gewarnt wird, sind bei Reichel u. Wilhelm, Jahresh. d. öst. arch.
Instit. IV (1901) 5 zwei Quellen bei Lusoi angenommen, eine vollkommen
klare und eine von besonderer Eigenart, auf die sich der zweite Teil

---

Epigramm wie die eudoxische Tradition berührende Erzählungsweise des Rufus
könnte auch auf einen Autor zurückgehen, der, teils dem Eudoxos, teils einem
das Epigramm überliefernden Gewährsmanne folgend, beide Traditionen vereinigt hat. Dagegen ist es nicht ausgeschlossen, daß, was auch Weißhäuptl andeutet, Eudoxos das überlieferte Epigramm zum mindesten in seinem letzten
Teile gekannt und für seine Notiz über die Quelle bei Klitor benützt hat, worauf
insbesondere die enge Übereinstimmung zwischen den Schlußversen des Epigramms und fr. 26 hinweist.

1) Daß Isigonos auf Phylarch zurückgehe, suchte nach Oder a. a. O. S. 349,
Anm. 165 auch Oehler, S. 76, darzutun. Es fragt sich aber, ob Isigonus seine
Notiz nicht vielmehr Varro entlehnt hat, den Oehler selbst S. 159/160 für andere
Paradoxa als Quelle des Isigonus sehr wahrscheinlich gemacht hat, und den wohl
auch Plinius für das Paradoxon von Klitor als Autor benützte (s. auch S. 122, 1)
Varro selbst hängt vermutlich von Theophrast ab, der wie sonst (s. S. 28. 70.
122) auch seine Notizen über Quellen bei Klitor (s. Oehler S. 6, 6) wohl aus Eu-
doxos entlehnt hat.

des Epigramms und das Eudoxoszitat beziehen. Bedeutet aber κρήνη im ersten Teil des Epigramms nicht Quelle, sondern wie bei Kallimachos Epigr. 28 (s. Kornemann, Klio VII 285f., Berl. Philol. Wochenschr. 1907, Sp 893; Lumbroso, Arch. f. Papyr.-Forsch. V [1913] 406) Brunnen, so handelt es sich offenbar doch nur um eine Quelle; nur wird eben im zweiten Teil vor dem Trinken aus der Quelle unmittelbar gewarnt, im ersten dagegen zum Genusse des davon abgeleiteten, inzwischen filtrierten Brunnenwassers aufgefordert. Weinartige[1]) Quellen, wie die von Lusoi, kannten die Alten mehrere. Im Zeitalter des Eudoxos weiß außer diesem, wie aus Plinius a. a. O. hervorgeht, auch Theopomp von solchen — Theophrast[2]) kannte sie vermutlich durch Eudoxos oder Theopomp —; Strabo p. 346 erwähnt eine derartige Quelle in Elis, Plin. nat. hist. II 230/1 eine in Paphlagonien (s. auch Athen. II 17, p. 42e) und je eine weitere (n. Hülsen R.-E. u. Cales noch jetzt existierende) bei Cales (s. auch Val. Max. I 8, ext. 18) u. auf Andros (s. auch Paus. VI 26, 2). Neuerdings bei Lusoi nach der eudoxischen πηγὴ μισάμπελος angestellte Nachforschungen waren ergebnislos (s. Reichel u. Wilhelm a. a. O. 14/5; das Eudoxoszitat ebenda S. 3 Anm. 11), da sie höchstwahrscheinlich tief verschüttet liegt[3]); wohl aber lebt die Erinnerung an sie noch jetzt im Munde der Bewohner fort. — Über die an der Quelle von Lusoi haftende, von Eudoxos in fr. 26 kurz berührte Sage von den Proitiden s. Callim. Hym. in Art. 233/4, Paus. VIII 18, 7—8, Wolff, Rosch. Lex. u. Melamp. Sp. 2570/71, Reichel a. a. O. S. 5/6.

Das 3. Fragment über Arkadien, das sich auf die Bewohner der Landschaft bezieht, hat sich in dem Apolloniosscholion zu den Argon. IV 264 οἱ Ἀρκάδες δοκοῦσι πρὸ τῆς σελήνης γεγονέναι, ὡς καὶ Εὔδοξος ἐν Γῆς περιόδῳ[4]) erhalten, woraus das von Brandes als fr. 41 bezeichnete Periodoszitat in den Scholien zu Aristoph. Nub. 397 (ed. Dindorf. IV 455 Anm. 21) geflossen ist: Ἐπεὶ καὶ οἱ Ἀρκάδες προ-

---

1) Vgl. Geop. VII 31, 1 τῶν πινομένων μεθύειν ποιεῖ πρῶτον μὲν οἶνος, δεύτερον εἰ καὶ παράδοξον ὕδωρ. Für die Erklärung dieser Erscheinung s. Sen. Quaest. nat. III 20 similem vim habent (sc. lacus) mero, sed vehementiorem. nam quemadmodum ebrietas, donec exsiccetur, dementia est et nimia gravitate defertur in somnum: sic huius aquae sulphurea vis [et] habens quoddam acrius ex aere noxio virus mentem aut furore movet aut sopore opprimit.

2) Notizen Theophrasts liegen n. Kornemann a. a. O. noch vor bei Plin. u. Val. Max. a. a. O.; über die Weinquelle von Klitor vgl. auch Ovid. Met. XV 322f. u Kornemann, Oehler a. a. O.

3) Die Bemerkung Neigebaurs, Hdbch. f. Reis. i. Griech. II (1860) 242, die Quelle sprudle noch jetzt, beruht daher wohl auf einem Irrtum.

4) Γῆς περιόδῳ lese ich mit Merkel statt ἐν τῇ περιόδῳ n. d. Laurentianus (s. Merkel, Apoll. Rhod. a. a. O. Anm.).

σέληνοι ἐλέγοντο. Ἀπολλώνιος «Ἀρκάδες, οἳ καὶ πρόσθε σεληναίης ὑδέονται.» τοῦτο δὲ τοὔπος οἱ περὶ τὸν Λούκιλλον τὸν Ταρραῖον καὶ Σοφόκλειον καὶ Θέωνα ἑρμηνεύοντες τάδε φασίν· οἱ Ἀρκάδες δοκοῦσι πρὸ τῆς σελήνης γεγονέναι, ὡς καὶ Εὔδοξος ἐν τῇ Περιόδῳ. Θεόδωρος δὲ ἐν τῇ εἰκοστῇ δευτέρᾳ, ὀλίγῳ πρότερόν φησι τοῦ πρὸς Γίγαντας πολέμου Ἡρακλέους τὴν σελήνην φανῆναι ...Ἀριστοτέλης δὲ ἐν τῇ Τεγεατῶν πολιτείᾳ φησίν, ὅτι βάρβαροι τὴν Ἀρκαδίαν ᾤκησαν, οἵτινες ἐξεβλήθησαν ὑπὸ τῶν νῦν Ἀρκάδων πρὸ τοῦ ἐπιτεῖλαι τὴν σελήνην. διὸ καὶ προσωνομάσθησαν προσέληνοι.[1])

Wie das vorstehende, das Eudoxoszitat enthaltende Scholion zeigt, waren die Erklärungsversuche für die sprichwörtliche Redeweise, die Arkader seien älter als der Mond, d. h. in gewissem Sinn die Vertreter des Vorsintflutlichen, verschiedener Art. Unter den neueren Deutungen trifft wohl die von Zielinski, Hermes und die Hermetik, Arch.f.Religionswiss. IX (1906) 39/40 das Richtige, wonach jene Redeweise auf kosmogonische Mythen der Arkadier zurückgeht, die die Menschen vor der Mondgöttin ins Dasein treten ließen; s. auch Roscher i. Roschers Lex. u. Mondgöttin I 1 c u. Höfer ebend. u. Proselenos. In voreudoxischer Zeit kannte bereits Hippys v. Rheg. fr. 2 (= FHG II 13) das Sprichwort über die Arkader, und auch schon die alte Komödie (vgl. Aristoph. Nub. 398 u. Schol.) enthält eine Anspielung auf dasselbe. Der also schon damals landläufigen Redeweise Ἀρκάδες προσέληνοι wird es auch zuzuschreiben sein, daß Eudoxos bei seinem Aufenthalt in Griechenland von jenem leichten Spott enthaltenden Ausdruck Kenntnis erhielt.

Lakonien und Messenien.

Auf die Behandlung Lakoniens und Messeniens in der Periodos geht nur noch

fr. **30** bei Steph. Byz. (vgl. Lentz, Herodian a. a. O. II 872, 32—33) zurück u.:

Ἀσίνη, πόλις Λακωνικὴ ἀπὸ Ἀσίνης θυγατρὸς Λακεδαίμονος. δευτέρα Μεσσήνης παρὰ τὴν Λακωνικήν, οἰκισθεῖσα ὑπὸ Ἀργείων. τρίτη

---

[1] Der Apolloniosscholiast hat wie zu Argon. IV 264 so auch sonst (s. S. 77) die Periodos benützt; dagegen hat sich in den Aristophanesscholien, abgesehen von dem mit dem Eudoxoszitat bei Apollonios sich berührenden fr. 41 sonst kein Periodosfragment erhalten. Der Scholiast des Aristophanes hat daher ohne Frage fr 41 nicht der Periodos direkt, sondern dem Apolloniosscholion zu Argon. IV 264 entlehnt, zumal auch der übrige Teil des — oben exzerpierten — Aristophanesscholions mit dem Apolloniosscholion sich deckt und Apollonios (und damit wohl auch der Scholiast zu Apollonios) vom Aristophanesscholiasten sogar genannt ist (s. oben). — Vgl. Nachträge.

Κύπρου. τετάρτη Κιλικίας. τὸ ἐθνικὸν Ἀσιναῖος καὶ Ἀσινεύς, καθὼς Εὔδοξος ἐν ἕκτῃ γῆς περιόδου.[1])

Über das lakonische Asine am Lakonischen Golf zwischen der Hauptstätte der spartanischen Schiffswerft Gythium und dem Vorgebirge Tänarum s. Thucyd. IV, 54, 4, Xenoph. Hell. VII 1, 25, Polyb. V 19, 5, Strab. p. 363, Oberhummer R.-E. u. Asine 3 und Forbiger, Hdbch. d. alt. Geogr. III 682.

Über das messenische Asine an der Westküste des Messenischen Golfes vgl. namentlich Strab. p. 359; Oberhummer R.-E. u. Asine 2. Die von dem Autor des Stephanus wohl aus Eudoxos genommene Nachricht über die Besiedlung Asines durch die Argiver (s. oben *οἰκισθεῖσα ὑπὸ Ἀργείων*) bestätigen Parallelberichte bei Strab. p. 373 *ἠρήμησαν κτλ.* u. Paus. IV 34, 9 (s. Plin. nat. hist. IV 15, Mela II 51; Forbiger, Hdbch. d. alt. Geogr. III 677).

β) ILLYRIEN UND ITALIEN

Der Periegese der Peloponnes folgte weiterhin in Buch VI überleitend wohl zunächst die Beschreibung Illyriens und dann die Italiens. Bezeugt ist die Behandlung Italiens in Buch VI durch fr. 31. 32. 33; auch fr. 69 ohne Buchzahl ist diesem Teile des VI. Buches zuzuweisen, da es sich gleichfalls auf die Apenninenhalbinsel bezieht, dgl. das Eudoxoszitat über Illyrien (s. S. 100). Im einzelnen war die Periegese Italiens wohl in der Form eines Periplus gehalten, so daß Eudoxos, die ostwestliche Richtung bei der Beschreibung Europas im allgemeinen (s. S. 71) wahrend, von Illyrien her gleich Hekataios v. Milet (s. J. Großstephan, Beitr. z. Periegese des Hekat. v. Milet, Diss. Straßburg 1915, S. 13 ff.) zunächst die Osthälfte Italiens in nordsüdlicher und dann die Westhälfte in umgekehrter Richtung behandelte. Hierfür spricht, daß er auch Griechenland von Osten her beschrieb (s. S. 72. 82), sodann aber auch ein Fragment aus der eudoxischen Periegese Italiens selbst. In fr. 33 nämlich, worin die einst an der Ostküste Mittelitaliens seßhaft gewesenen Phelessäer genannt sind, kommt die nordsüdliche Richtung in der Periegese Italiens bei Eudoxos noch darin zum Ausdruck, daß erst von der Ausdehnung des Stammes gen Norden (*ὅμορον τοῖς Ὀμβρικοῖς*) und dann erst von der gen Süden hin (*πρὸς τῇ Ἰαπυγίᾳ*) die Rede ist. Analog dem dargelegten Beschreibungsgang in der Periegese Italiens seien daher die Fragmente in dieser Reihenfolge behandelt: das Eudoxoszitat über Illyrien (s. unten), fr. 69 über Nordostitalien,

---

1) *Μεσήνης* Rehdig. — *καθώς* lese ich mit Meineke statt *κακῶς ὡς* i. Rehdig. u. *κακῶς ὡς* i. d. Ald. u. d. Voss. (für den krit. Teil s. Meineke, Steph. Byz.).

fr. 33 über Mittelitalien, fr. 31 über Süditalien und schließlich **fr. 32** über einen Stamm an der Westküste Italiens Diese Reihenfolge ist als die in der Periodos ursprüngliche um so wahrscheinlicher, als sie auch sonst bei antiken Geographen vorkam (s. Ps.-Scyl. 4ff. = GGM I 17ff., Ps.-Scymn. 202ff. = GGM I 204ff., Strab. p. 209ff.), nur haben diese in umgekehrter Richtung zuerst die Westküste von Nord gen Süd und dann erst die Ostküste von Süd gen Nord behandelt.

Illyrien.

Das Eudoxoszitat hierüber (s. S. 7. 8. 69) steht bei Antig. hist. mir. 148 (n. Schneider, Callim. II 338 aus Kallimachos), fr. 91:

περὶ δὲ τὴν Ἀθαμανίαν ἱερὸν εἶναι Νυμφῶν, ἐν ᾧ τὴν κρήνην τὸ μὲν ὕδωρ ἔχειν ἄφατον ὡς ψυχρόν, ὃ δ’ ἂν ὑπερθῇς αὐτοῦ θερμαίνειν. ἐὰν δέ τις φρύγανον ἢ ἄλλο τι τῶν τοιούτων προσενέγκῃ, μετὰ φλογὸς καίεσθαι.

Dieselbe Notiz hat Isigonos bei Ps.-Sotion 11 (Isig. fr. 11 = FHG IV 436[1])), Ovid. Met. XV 311 sowie Plin. nat. hist. II 228. 238 u. Mela II 5, die indes hier wie auch sonst (für Isig. s. S. 96, f. Ovid S. 97, 2, f. Plinius S. 6ff. und für Mela S. 30) wohl in letzter Linie von Eu doxos abhängig sind. Wie schon die in den Worten περὶ δὲ τὴν Ἀθαμανίαν liegende, ungenaue Bestimmung des Nymphäums zeigt, lag dies wohl nicht in Athamanien selbst, dem südöstlichsten Gau von Epirus (vgl. Oberhummer R.-E. u. Ath.), sondern im Grenzgebiete des Gaues (vgl. auch fr. 45 περὶ Φρυγίαν = S. 61 oben). Zudem beweist eine Notiz bei Steph. Byz., wie schwankend der geographische Begriff Athamanien im Altertum war. Man wird daher der Vermutung Partschs (Neumann u. Partsch, Physik. Geogr. v. Griech., Breslau 1885, S. 270), daß das Nymphäum des Eudoxos (b. Antigonos a. a. O.) weit nördlicher von dem eigentlichen Athamanien, in der hiermit verwechselten Landschaft Ἀτινανία gelegen habe, um so eher zustimmen können, als sich daselbst, südöstlich von Apollonia (vgl. Hirschfeld, R.-E. u. Apoll. 1 u. u. Aoos 1), am rechten Ufer des Aoos in der Tat ein Nymphäum befand. Im Altertum behandelten dasselbe außer den bereits genannten Autoren z. T. wohl ebenfalls von Eudoxos abhängig Strabo p. 316, Plut. Sulla 27, Aelian. Var. hist. XIII 16[2]), Cass. Dio 41, 45, Vitruv VIII 3, 8, Vib. Seq. 153, 14, Lactant. Plac. narrat. fab. 15, 16.

---

1) Für das Eudoxoszitat bei Isigonos vgl. jetzt auch Oehler S. 5, s. 40. 73,4 (s. S. 122 dieser Abhdlg.).

2) Das Aelianzitat ist wohl durch Vermittlung des Favorinus (s. S. 48, 1) auf Eudoxos zurückzuleiten; vgl. Rudolph, Leipz. Stud. 7, 79ff., wo Aelian. Var. hist. XIII 16 auf Favorinus zurückgeführt ist

Unter den neueren Berichten über das noch jetzt bestehende Erd-
feuer bei **Apollonia** ist der des französischen Geologen **Cognand** bedeutsam (= **Bullet. d. l. Soc. Géol. 2 sér. 25** [1867—1868] **425**):

la molasse, dans son état normal, est une roche jaune à grains fins et
miroitants, presque entièrement composée de débris de coquilles. La roche d'as-
phalte, d'un brun chocolat dans la casure fraîche présente une foule de points
brillants très rapprochés, réfléchissant la lumière et identiques avec les grains
miroitants de la roche normale; mais dans les parties exposées à l'air elle devient
bleuâtre et ne ressemble pas mal alors à certains bancs du calcaire à Gryphées
arquées. Elle contient des coquilles marines, dans la plus abondante est une
grosse Siliquaria à tubes coturnés. Elle brûle avec facilité en répandant beaucoup de fumée et l'odeur de pétrole et en laissant pour résidu une carcasse
spongieuse de chaux caustique. Elle fait une vive effervescence dans les acides
et abandonne un bitume brun dont la proportion varie suivant que l'échantillon
choisi est plus ou moins riche en bitume . . . .

Nordostitalien.

Nachweislich erwähnt von diesem Teile der Apenninenhalbinsel
war in der Periodos fr. 69 zufolge die althellenische **Ansiedlung** Spina,
die an dem gleichnamigen rechten Mündungsarme des Po, am Spinos,
gelegen war, nach dem Wortlaut bei Strabo aber zu schließen[1]), im
späteren Altertum noch kaum irgendwelche Bedeutung besaß:

fr. 69 bei Steph. Byz. (vgl. **Lentz**, Herodian a. a. O. I 256) u.:

Σπῖνα, πόλις Ἰταλίας, ὡς Εὔδοξος καὶ Ἀρτεμίδωρος.[2]) τὸ ἐθνικὸν
Σπινάτης ὡς τοῦ Βέμβινα Βεμβινάτης. ἔστι δὲ καὶ ποταμὸς Σπῖνος
καλούμενος.

Der Zusatz πόλις Ἰταλίας stammt schwerlich aus Eudoxos, da der
geographische Begriff Italien bei Eudoxos (s. S. 103) wie auch sonst im
4. Jhd. die südliche Apenninenhalbinsel umfaßte (vgl. Nissen, Ital. Landesk.
I 65; B. Schulze, De Hec. Miles. fragm., quae ad Ital. merid. spectant,
Lips. 1912, S. 69 ff.), während die Gebietsteile Nord- und Mittelitaliens
gewöhnlich nach den sie bewohnenden Völkerschaften benannt waren. Das
πόλις Ἰταλίας in fr. 69 ist daher vom Autor des Steph. Byz. entweder
Artemidor entlehnt oder von ihm gleich dem πόλις Λιβύης in fr. 34[3])
frei ergänzt.

1) Vgl. Strab. p. 214: μεταξὺ δὲ Βούτριον τῆς Ῥαουέννης πόλισμα καὶ ἡ
Σπῖνα, νῦν μὲν κώμιον, πάλαι δὲ Ἑλληνὶς πόλις ἔνδοξος . . . φασὶ δὲ καὶ ἐπὶ
θαλάσσῃ ὑπάρξαι, νῦν δ' ἐστὶν ἐν μεσογαίᾳ τὸ χωρίον περὶ ἐνενήκοντα τῆς θαλάσσης σταδίους ἀπέχον. Vgl. auch Dionys. Halic. Arch. Rom. 1, 18: Niese, Röm.
Gesch.[4] S. 27; Forbiger III 405. 411.

2) Aus der Nennung des Artemidor hinter Eudoxos darf wohl auf eine Benützung der Periodos durch Artemidor geschlossen werden (s. auch S. 27).

3) Daß dieser Zusatz in fr. 34 nicht aus Eudoxos, sondern aus der Quelle
des Steph. Byz. stammt, zeigt das mit fr. 34 identische fr. 35, wonach bei Eudoxos nur von einem Volksstamm (ἐν Λιβύῃ τι ἔθνος), nicht aber einer πόλις
Λιβύης die Rede war (s. auch S. 80. 81).

Das östliche Mittelitalien.

Dieser Teil der Apenninenhalbinsel war vornehmlich von den Umbrern besiedelt, einem Volksstamm, den wie bereits Herodot I 94. IV 49, Philistos fr. 2 (= FHG I 185), Theopomp fr. 142 (= FHG I 302), Aristot. meteor. II 3 p. 359a 35 und Ps.-Skyl. 16 (= GGM I 24) auch Eudoxos gekannt hat, wie hervorgeht aus

fr. 33 bei Steph. Byz. (vgl. Lentz, Herodian a. a. O. I 131, 33—34) u.:

Φελεσσαῖοι, ἔϑνος ὅμορον τοῖς Ὀμβρικοῖς πρὸς τῇ Ἰαπυγίᾳ, ὡς Εὔδοξος ἕκτῳ.

Den hier genannten Stamm der Phelessäer erwähnt sonst keiner der alten Schriftsteller, und der Autor des Steph. Byz. besaß daher die aus fr. 33 sprechende Kenntnis von den Sitzen jener Völkerschaft schwerlich aus einer andern Quelle als aus Eudoxos, wie auch das Fragment selbst zeigt. Nach ihm zu schließen, wohnten die Phelessäer im Osten Mittelitaliens; denn ihre Sitze befanden sich zwischen den Umbrern in Nordostitalien und der Japygia, dem südöstlichen Länderstrich der Halbinsel, wobei Eudoxos unter Japygia wohl nicht mehr bloß das antike Kalabrien, sondern gleich dem ihm zeitlich nahestehenden Ps.-Skylax 14 (= GG I 22) ohne Frage den ganzen Südosten der Apenninenhalbinsel, vom Mons Garganus an gerechnet, verstanden hat. Vgl. hierzu auch Philipp, R.-E. u. Japyges Sp. 738, wo die Nachbarschaft der (? Phelessäer und) Umbrer mit der der zu den Japygern zählenden Messapier in Zusammenhang gebracht ist.[1]

Süditalien.

Aus der eudoxischen Periegese Süditaliens besitzen wir noch fr. 31 über das am Meerbusen gleichen Namens, an der Ostküste von Bruttium gelegene Skylletium[2]):

fr. 31 bei Steph. Byz. (vgl. Lentz, Herodian a. a. O. I 367, 29—30) u.:

Σκυλλήτιον, πόλις Σικελίας, ὡς Εὔδοξος ἕκτῃ. τὸ ἐϑνικὸν Σκυλλητῖνοι. τὸ κτητικὸν Σκυλλητικός.[3])

---

1) Für die Lage Japygias vgl. Herod. III 138, Thukydid. VII 33, 4; Forbiger III 498, Schulze a. a. O. S. 18, Philipp a. a. O. u. J. Großstephan, Beitr. z. Perieg. d. Hekat. v. Mil., Diss. 1915, S. 14f. Vermutlich ist der Name Phelessäer eine Kollektivbezeichnung für die zwischen den Umbrern und der Japygia seßhaft gewesenen Völkerschaften.

2) Für die Lage vgl. Strabo p. 261, Plin. nat. hist. III 95, Mela II 68, Ptol. Geogr. 3, 1, 10; Forbiger III 514.

3) Σκυλλῆτον Palat. — Σκυλλητηνοί d. Hss.; ich lese mit Meineke Σκυλλητῖνοι.

Daß Skylletium hier als Stadt Siziliens bezeichnet wird, geht wohl kaum auf eine analoge Bezeichnungsweise bei Eudoxos zurück, sondern ist wohl eine Eigentümlichkeit der Sekundärquelle des Steph. Byz., wonach der größte Teil Süditaliens Sizilien benannt war (vgl. Meineke i. s. Ausg. d. Steph. Byz. S. 570 Anm. zu Zeile 8) und derzufolge Bruttium (vgl. Steph. Byz. *Βρουττία, μοῖρα Σικελίας*) wie auch sogar Sinuessa im Lande der Aurunker (s. Steph. Byz. u. *Σιν.*) zu Sizilien gerechnet wurden.[1]

Westitalien.

Von den Völkerschaften Westitaliens waren dem Eudoxos nachweislich die Opiker oder, wie sie lateinisch hießen (s. Niese, Röm. Gesch., 1910, S. 25), Osker bekannt, deren Wohnsitze in fr. 32 zwar nicht genannt, nach Eudoxos aber wohl ebenso wie nach Antiochus fr. 8 (= FHG I 183), Thukyd. VI 4,5, Aristoteles Polit. VIII 10 p. 1329 b 18/9. 1571 a 24. 25 und Ps.-Scyl. 15 (= GGM I 24)[2] hauptsächlich in Kampanien zu suchen waren. Erhalten über sie ist

fr. 32 bei Steph. Byz. u.:

Ὀπικοί, ἔθνος Ἰταλίας. Εὔδοξος ἕκτῳ γῆς περιόδου. γλώσσας συνέμιξαν. οἱ δὲ ὅτι Ὀφικοὶ ἀπὸ τῶν ὄφεων.[3]

Die Angabe, daß die Opiker hier von Eudoxos als ein Volksstamm Italiens bezeichnet werden, zeigt, daß bereits Eudoxos, nicht erst der von ihm wie sonst (s. S. 135) so auch hierin vielleicht abhängige Theophrast[4]) den Begriff Italien auf Kampanien ausgedehnt hat. Die Notiz des Eudoxos über die Mischsprache der Osker scheinen neuere Sprachforschungen zu bestätigen; denn die oskische Sprache läßt, soweit sie inschriftlich bekannt ist, nur noch geringe Dialektunterschiede erkennen, was offenbar daher rührt, daß aus den früheren Dialekten eine einheitliche Mischsprache sich entwickelte: vgl. hierzu R. v. Planta, Die osk.-umbr. Dialekte, 1892, I 17.

---

1) Vielleicht ist an den drei zitierten Stellen, die infolge des eigentümlichen Gebrauches des Namens Siziliens ohne Frage auf einen Autor zurückgehen, statt *Σικελίας Ἰταλίας* zu lesen, was allerdings für die Erweiterung des geographischen Begriffs Italien bei Eudoxos von großer Bedeutung wäre. Daß die Benennung auf einem geographischen Irrtum des Eudoxos beruht, ist wohl kaum anzunehmen. Leider ist die oben zitierte Definition Bruttiums bei Steph. Byz. in dem Artikel Hülsens in R.-E. u. Bruttii übersehen.

2) Vgl. auch Polyb. XXXIV 11, 5 ff.; Forbiger III 386.

3) Der Zusatz οἱ δέ κτλ. ist, wie das zu Εὔδοξος im Gegensatze stehende οἱ δέ zeigt, nicht eudoxisch.

4) Für den Begriff Italiens bei Theophrast vgl. J. Großstephan, Beitr. z. Perieg. d. Hek. v. Mil., Diss. Straßburg 1915, S. 36.

γ) DAS LIGYERLAND U. IBERIEN

Die Beschreibung der westlichsten Länder Europas, insbesondere
Iberiens, die der Italiens in Buch VI folgte und mit der die Periegese
Europas in der Periodos schloß umfaßte bei der geringen Kenntnis
jener Länder im 4. Jahrh. v. Chr. (vgl. auch Müllenhoff, D. A. I 233)
bei Eudoxos schwerlich mehr als eine Angabe der wichtigsten Stämme,
Berge, Flüsse und, wie das einzige Beispiel, fr. 66, zeigt[1]), hellenischer
Kolonien. Darauf führt auch eine Notiz bei Strabo p. 93 καὶ νῦν
δ᾽ εἰρήσθω ὅτι καὶ Τιμοσθένης καὶ Ἐρατοσθένης καὶ οἱ ἔτι τούτων πρότεροι τελέως ἠγνόουν τά τε Ἰβηρικὰ καὶ τὰ Κελτικά, ..., der hiermit
deutlich genug auf die Dürftigkeit der Nachrichten voreratosthenischer
Geographen über Westeuropa hinweist und hierbei, namentlich in den
Worten οἱ ἔτι τούτων πρότεροι, wohl auch an Eudoxos, dessen Periodos
er selbst benützte (s. S. 8 f.), gedacht hat[2]). Überliefert ist fr. 66, das
einzige aus der Periodos über den Westen erhaltene, bei Steph. Byz.
(vgl. Lentz, Herodian a. a. O. I 312, 27—313, 1—5) u.:

Ἀγάθη, πόλις Λιγύων ἢ Κελτῶν ... ἔστι δὲ καὶ ἄλλη πόλις, ὡς
Φίλων, Λιγυστίων ἐπὶ λίμνης Λιγυστίας. τάχα δ᾽ ἡ αὐτή ἐστι τῇ πρώτῃ,
ὡς Εὔδοξος. βαρύνεται δέ.[3])

Die Ligyer, in deren Gebiet an der Südwestküste Galliens, wenig
nordöstlich von ihrem Hauptsitze Narbo, die massaliotische Kolonie

---

1) Daß die Beschreibung Westeuropas in Buch VI endete und demnach
fr. 66 diesem Buche angehörte, läßt sich schon daraus folgern, daß in Buch VI
(wohl im Anschluß an die Europas) bereits die Periegese Libyens gegeben war
(s. S. 105). Die Meinung Ungers, Philol. N. F. IV (1891) 229, Eudoxos habe in
einem neunten Buche der Periodos über die westliche Ökumene gehandelt, mit
andern Worten, er habe in Buch VI die Beschreibung Europas abgebrochen, um
in Buch VII zu der Libyens überzugehen und später wieder zu der Europa-
zurückzukehren, ist daher völlig unhaltbar. Zudem hat die Periodos mehr als
sieben Bücher überhaupt nicht enthalten (s. S. 12 f.). — Was übrigens die Behauptung Ukerts, Geogr. d. Gr. u. R., Weimar 1816 ff., II 1, S. 249 f. angeht, Nachrichten des Eudoxos über Westeuropa lägen noch bei Aristoteles (u. Basilius) vor,
so trifft sie entgegen der Auffassung Müllenhoffs, D. A. I 226 f., wohl zu, zumal
bei der in geographischen Dingen vielfach erweisbaren Abhängigkeit des Aristoteles von Eudoxos (s. S. 135). — S. Nachträge.

2) Daß Strabo in seinen Nachrichten über Westeuropa im Gegensatze zu
denen über die östliche Ökumene den Eudoxos als Autor nicht mehr nennt,
hängt wohl damit zusammen, daß Eudoxos über den Westen nur wenig berichtete
und daher für Strabo als Quelle nicht mehr in Betracht kam.

3) Λυστίων d. Hss., Λιγυστίνων Holsten, ich lese mit Meineke u. Xylander Λιγυστίων — ἐπί Schubart u Meineke, ἀπό Ald., Rehd., Voss., καὶ ἀπό
Palat. u Vatic. — Λιγυστίας nach Xylander u. Meineke, während die Hss. offenbar fehlerhaft Λυστίας haben. — Εὐδόξιος die Hss., mit einer auch sonst zu
belegenden Verschreibung, vgl. Boll. Catal. codd. astr. gr VII 182. Εὔδοξος ist zu

Agathe lag (s. Ps.-Scymn. 208 = G G M I 204, Strab. p. 182, Plin. nat. hist. III 33, Mela II 80; s. auch Müllenhoff, D. A. I 178. 189, Ihm, R.-E. u. Agathe 2), sind für jene Gegend schon durch Herodot VII 165 bezeugt, der sie unmittelbar hinter den Iberern nennt.[1]) In der weiteren Angabe in fr. 66 ἔστι δὲ καὶ ἄλλη πόλις . . . . ἐπὶ λίμνης Λιγυστίας. τάχα δ' ἡ αὐτή ἐστι τῇ πρώτῃ steckt unzweifelhaft eine dunkle Kunde von einer Agathe vorgelagerten Insel gleichen Namens, von der sonst nur noch Ptolemaios (Geogr. II 10, 9 νῆσοι δὲ ὑπόκεινται τῇ Ναρβωνησίᾳ Ἀγάθη μὲν κατὰ τὴν ὁμώνυμον πόλιν . . .) berichtet.[2])

b) LIBYEN

Wohl gleichfalls in Buch VI und offenbar im Anschluß an Europa war auch noch Libyen behandelt, mit dessen Darstellung die Beschreibung der Ökumene in der Periodos schloß. Erwiesen ist die Periegese Libyens in Buch VI, die übrigens wie die der westlichen Länder überhaupt (s. S. 104) bei der dürftigen Kenntnis derselben im 4. Jahrh. v. Chr. wohl nur von geringem Umfang war, durch fr. 34 über einen Volksstamm Nordafrikas, das ausdrücklich aus Buch VI zitiert ist. Außer diesem Fragment besitzen wir aus der eudoxischen Periegese Afrikas

lesen mit Xylander u. Meineke schon wegen der sonstigen Lesart in den übrigen Eudoxoszitaten bei Stephanus. — βαρύνεται τὸ ἐθνικόν Voss. (für den krit. App. s. Meineke).

1) Vgl. auch den der Zeit des Eudoxos sehr nahestehenden Periplus des Ps.-Skyl. 3 (= G G M I 17, wonach die Ligyer von Emporium bis zur Rhone hin wohnten, ferner Hecat. Miles. fr. 20 u. hierzu Athenstaedt, De Hecat. Miles. fragm., Leipz. Stud. XIV (1893) 71ff., Jacoby, R.-E. u. Hekat. v. Mil. 3 § 12, x; Geffcken, Timaeus' Geogr. d. West., Philol. Unters. 13 (1892) 150; Niese, Röm. Gesch. 1910, S. 28; Forbig., Handb. d. alt. Geogr., 1877, III 393.

2) Durchaus nichtig ist das Argumentum ex silentio Ungers, Philol. N. F. IV (1891) 221, zur Zeit des Ps.-Skylax könne Agathe noch nicht existiert haben, da es von diesem in seinem Periplus nicht erwähnt sei, und folglich könne auch fr. 66 unmöglich einem Werke des Eudoxos v. K. entstammen, sondern gehöre, wie auch die Periodos, der es entlehnt sei, einem Eudoxos des späteren Altertums. Denn für die Zeit der Entstehung Agathes besagt das Schweigen des Ps.-Skylax so gut wie nichts, vielmehr lehrt gerade fr. 66, daß Unger ohne Grund eben für spät ansieht, daß die Stadt zur Zeit des Eudoxos v. K. bereits bestand. Ist ihre Erwähnung wie so manches andere bei Ps.-Scymn. 208 (s. Dopp, D. geogr. Stud. d. Ephoros, Progr. Rost. 1900, S. 13/4) durch Ephoros veranlaßt, so konnte sie von Eudoxos, dem jüngeren Zeitgenossen des Ephoros (s. S. 5,1), um so leichter schon erwähnt werden. Wohl schon im 5. oder 4. Jahrh. v. Chr., bald nach Massilia, war die Stadt gegründet worden (s. auch E. Meyer, Gesch. d. Alt. III [1901] 672—674). Dem Ephoros oder Eudoxos scheint bei der Nennung Agathes wie auch sonst (s S. 112, 2) schon Timosthenes fr. 38 (n. E. Wagner, Die Erdbeschr. d. T. v. Rhod., Leipzig 1888, S. 8/9 u. 72) gefolgt zu sein.

noch das mit jenem ·identische fr. 35[1]) sowie fr. 83 ohne Buchzahl, das
aber wegen seiner Bezugnahme auf Karthago gleichfalls der Darstellung
Libyens in Buch VI der Periodos angehörte. Über eine weitere, vermutlich eudoxische Stelle aus der Beschreibung Afrikas s. S. 110; viel
mehr als Herodot, dessen Kenntnis Libyens noch ziemlich gering war
(s. Strenger, Strab. Erdkunde v. Libyen, Quell. u. Forsch. 28 S. 59 f.),
wird überdies Eudoxos angesichts der dürftigen Kenntnis der westlichen
Ökumene im 4. Jahrh. v. Chr. über Libyen kaum berichtet haben. Für
den Einzelverlauf der Darstellung Libyens gibt fr. 35 noch eine Andeutung. Der Wortlaut nämlich in diesem Fragment ἔϑνος ... ὅ (sc.
Γύζαντες) ὑπεράνω Σύρτεών τε καὶ Καρχηδόνος πρὸς ἀνατολὰς κεί-
μενον hat nur bei der Annahme Sinn, daß Eudoxos bei der Beschreibung Libyens, wie vielleicht schon Hekataios v. Milet (s. Großstephan,
Beitr. zur Periegese des Hekat. v. Milet, Diss. Straßburg 1915, S. 17 ff.)
in westöstlicher Richtung vorging. Im Anschluß an die im wesentlichen in Ost-West-Richtung gehaltene Periegese Asiens und Europas
folgte also wohl die in West-Ost-Richtung gehaltene Libyens, die daher
zu dem Ausgangspunkt der Periegese der Ökumene, zu Asien, zurückführte und somit den Kreis der Gesamtbeschreibung der Ökumene schloß.
Für die Behandlung der Fragmente über Libyen, das sich nach Eudoxos im Osten bis zur Westgrenze Ägyptens (s. S. 35f.), im Süden aber
bis über die Antiökumene (s. S. 39) hin erstreckte, kommt daher zunächst fr. 83 über Karthago, sodann fr. 34. 35 über die südöstlich davon
seßhaft gewesenen Gyzanten in Frage.

α) KARTHAGO

Von der Erwähnung dieser Stadt in der Periodos gibt außer fr. 35
(ὑπεράνω ... Σύρτεών τε καὶ Καρχηδόνος) insbesondere fr. 83 in den
Scholien zu Eurip. Troad. 221 Kenntnis:

ἔστι δὲ ἡ Καρχηδὼν πόλις Λιβύης. ὀλίγῳ δὲ πρότερον τῶν Τρωικῶν Εὔδοξος ὁ Κνίδιός [φησιν] ἀπῳκηκέναι τοὺς Τυρίους εἰς αὐτὴν (sc.

---

1) Die Lesart in diesem Fragment ἐν ζ (s. S. 108,1), wonach Eudoxos über die Gyzanten entgegen fr. 34 erst in Buch VII der Periodos gehandelt hätte, ist offenbar
fehlerhaft und wohl irrtümlich aus ἐν ς´ entstanden. Denn es ist kaum anzunehmen,
daß Eudoxos nach Beendigung der Periegese Asiens und Europas in Buch VI
mit der an sich wohl nur kurzen (s. oben S. 105) Schilderung Libyens noch zu
einem neuen, dem siebenten Buch (s. S. 110f.), übergegangen ist, in dem (entgegen der irrigen Annahme Müllenhoffs, D. A. I 239) als letztem nachweislich Inseln behandelt waren. Seltsamerweise hat übrigens Strenger (s. oben) bei seinem
geschichtlichen Exkurs über Libyen die Behandlung dieses Erdteils bei Eudoxos
völlig übersehen.

Καρχηδόνα Brandes) Ἀζάρου καὶ *Καρχηδόνος* ἡγουμένων, ἀφ᾽ οὗ καὶ τὴν ὀνομασίαν ἔσχεν ἡ πόλις.

Vgl. hierzu Philistos fr. 50 u. Georg. Sync. (corp. scriptt. hist. Byz.) I (1829) 324, 2f. (FHG I 190) aus Euseb.: *Καρχηδόνα* φησὶ Φίλιστος κτισθῆναι ὑπὸ Ἐζώρου καὶ *Καρχηδόνος* τῶν Τυρίων κατὰ τοῦτον τὸν χρόνον, ferner Hieronym. ad a. 803 Abr. in Euseb. Chronol. ed. Schoene II 50/1 u. Appian. Lib. 1, 1 *Καρχηδόνα* τὴν ἐν Λιβύῃ Φοίνικες ᾤκισαν ἔτεσι πεντήκοντα πρὸ ἁλώσεως Ἰλίου, οἰκισταὶ δ᾽ αὐτῆς ἐγένοντο Ζῶρός τε καὶ *Καρχηδών*, ὡς δὲ Ῥωμαῖοι καὶ αὐτοὶ *Καρχηδόνιοι* νομίζουσι, Διδὼ γυνὴ Τυρία (von Philistos wohl abhängig ist auch Steph. Byz. u. *Καρχηδών*, .. ἀπὸ *Καρχηδόνος* Φοίνικος).

Ein Vergleich dieser Philistoszitate mit fr. 83 lehrt ohne weiteres, daß Eudoxos für seine Notiz über die Gründung Karthagos das Geschichtswerk des Philistos von Syrakus als Quelle benützt hat.[1]) Da nun aber Philistos sein Geschichtswerk gegen 363 abgeschlossen hat (s. Christ-Schmid, Gesch. d. griech. Lit. I⁶ [1912] 525) und Eudoxos überdies wohl erst bei seinem Aufenthalt auf Sizilien mit Philistos und seinem Werke bekannt wurde, ergibt sich als terminus post quem für den Aufenthalt des Eudoxos auf Sizilien das Jahr 363 v. Chr.; es bestätigt sich also geradezu, daß Eudoxos wohl um 361 v. Chr., um die Zeit der dritten Reise Platons nach Sizilien, zusammen mit diesem und mit Helikon auf Sizilien war (s. S. 5, 1). Aber auch sonst verdient fr. 83 Beachtung: die Art, wie in ihm nach Philistos die Gründung Karthagos berichtet ist, steht im Gegensatze zu der jüngeren Überlieferung des Timaios[2]), die etwa seit 300 v. Chr. dominierte, und durch die nicht bloß das Gründungsdatum Karthagos richtiger bestimmt, sondern auch die Gründung selbst nicht wie bei Philistos und Eudoxos dem Azaros und Karchedon, sondern der Dido zugeschrieben wurde. So kennzeichnen sich fr. 83 und die Periodos, der es entstammt, entgegen der Meinung Ungers schon auf Grund ihrer älteren Überlieferung als Eigentum eines vortimäischen Autors, d. h. des Eudoxos von Knidos.

Daß die Überlieferung des Philistos und des (von ihm abhängigen) Eudoxos in letzter Linie auf einer karthagischen Qelle beruht, zeigen schon die von beiden Autoren angegebenen Namen der Gründer Karthagos, so insbesondere der des **Zor**, der nichts weiter als eine Personifikation des phönizischen Namens für Tyrus (צור) ist. Im übrigen beruht die **Nachricht** des Philistos und Eudoxos über die bereits vor

---

1) S. auch Aly, Rh. Mus. 66 (1911) 600 ff.; Meltzer, Gesch. d. Karth. I 105; A. v. Gutschmid, Kl Schr. I 250. II 90 f.; Unger, Rh. Mus. 35 (1880) 31.

2) fr. 21 (= FHG I 197); s. auch Aly a. a. O. S. 601; Meltzer, R.-E. u. Dido.

dem trojanischen Kriege erfolgte Gründung Karthagos wohl darauf, daß Philistos infolge eines Quellenmißverständnisses das Gründungsjahr von Neutyros, nach den tyrischen Annalen (s. Flav. Jos. Ant. iud. VIII 3, 1, c. Ap. I 17, Eus. ad a. Abr. 745; Unger, Rh. Mus. 35, 1880, S. 31 u. E. Meyer, Gesch. d. Alt. I², 2, S. 393) das Jahr 1198, zugleich für das Gründungsjahr Karthagos hielt. Die Einnahme Trojas fand n. Philistos (bei Appian a. a. O.) 50 Jahre später, also etwa um 1148 v. Chr. statt, ebenso wohl auch n. Eudoxos, der n. fr. 83 ὀλίγῃ πρότερον τῶν Τρωικῶν . . . . ἀπῳκηκέναι τοὺς Τυρίους εἰς αὐτήν in Abhängigkeit von Philistos die Zerstörung Trojas ebenfalls erst nach der Gründung Karthagos erfolgt sein ließ.

β) DIE GYZANTEN

Die zweite aus der eudoxischen Periegese Libyens uns gebliebene Nachricht über die südöstlich von Karthago seßhaft gewesenen Gyzanten ist in doppelter, gegenseitig unabhängiger Überlieferung auf uns gekommen.

fr. 35 = Apoll. hist. mir. 38:

*Εὔδοξος δὲ ὁ **Κνίδιος** ἐν τῷ ⟨ς⟩ γῆς περιόδου φησὶν ἐπὶ πλεῖστον τῶν ἐν Λιβύῃ τι ἔθνος εἶναι, ὃ ὑπεράνω Σύρτεών τε καὶ Καρχηδόνος πρὸς ἀνατολὰς κείμενον καλεῖται Γύζαντες· οἵτινες τέχνην ἐπιτηδεύουσιν τὰ ἄνθη συλλέγοντες τὰ ἐν τοῖς τόποις μέλι ποιεῖν τοσοῦτον καὶ τοιοῦτον, ὥστε γίγνεσθαι οἷον τὸ ὑπὸ τῶν μελισσῶν γιγνόμενον.*[1])

Dieselbe Notiz in gekürzter Fassung, fr. 34, ist wohl durch Vermittlung des Favorinus (s. E. Stemplinger, Stud. z. d. Ethnika des Steph. v. Byz., Progr. München 1902, S. 29/30) bei Steph. Byz. (vgl. Lentz, Herodian a. a. O. I 53, 20—22) überliefert u.:

Ζυγαντίς, πόλις Λιβύης. Ἑκαταῖος Ἀσίας περιηγήσει. οἱ πολῖται Ζύγαντες, οἵτινες τὰ ἄνθη συλλέγοντες μέλι ποιοῦσιν, ὥστε μὴ λει-

---

1) Statt dem von Meineke, Steph. Byz. u. *Ζυγαντίς* Anm. und Keller, Rer. nat. script. angenommenen *ἐν τῷ ζ* der Hs. lese ich entsprechend dem mit fr. 35 identischen fr. 34 *ἐν τῷ ς´* (s S. 106,1) — *γῆς* n. Keller statt *τῆς* i. d. Hs. — *ἔστιν ἐπὶ πᾶσιν τῶν ἐν λιβύῃ* d. Hs., von Meursius, Hercher u. Keller geänd. in *φησὶν ἐπὶ πλεῖστον Λιβύης* — s. fr. 46 *ἐπὶ πολύν τόπον* —; *εἶπεν* statt *ἔστιν* Leopardi, während Westermann die Stelle nach d. Hs. herausgab; nur beseitigte er *εἶναι*. Der Text ist hier offenbar verderbt. — *τε* Keller statt *δέ* i. d. Hs., das Leopardi verteidigt, während er sonst im Gegensatze zur Hs. *ὃ* vor *ὑπεράιω* (*ὑπὲρ ἄνω* d. Hs.) tilgt u. hinter *ὑπ.* eine Lücke vermutet. — *κείμενοι οἳ καλοῦνται* d. Hs., *κείμενον καλεῖται* n. Leopardi, Hercher u. Keller — *χαρχηδόνος* d. Hs. (für den krit. Teil s. Keller a. a. O.).

πεσθαι τοῦ ὑπὸ τῶν μελισσῶν γινομένου, ὡς Εὔδοξος ὁ Κνίδιος ἐν ἕκτῳ γῆς περιόδου (s. Jacoby, R.-E. VII 2729).[1])

Vgl. hiermit Herod. IV 194 τούτων δὲ Γύζαντες ἔχονται, ἐν τοῖσι μέλι πολλὸν μὲν μέλισσαι κατεργάζονται, πολλῷ δ'ἔτι πλέον λέγεται δημιοεργοὺς ἄνδρας ποιέειν.

Die Übereinstimmung zwischen Herodot und fr. 34/5 spricht dafür, daß Eudoxos, wie sonst (s. S. 132), so auch für seine Angabe über die Gyzanten Herodot benützt hat; denn gegenüber Herodot IV 194 enthalten die beiden Fragmente nichts Neues: der Zusatz in ihnen τὰ ἄνθη συλλέγοντες beruht wohl lediglich auf einer irrigen Deutung der Herodotstelle durch Eudoxos, da es sich bei dem Honig der Gyzanten nicht um Blüten-, sondern Früchtehonig handelt (s. unten). Auch die Bestimmung der Wohnsitze der Gyzanten in fr. 35 (ὑπεράνω Σύρτεών τε καὶ Καρχηδόνος), wonach sie von Eudoxos südöstlich von Karthago, im heutigen Südtunis, gedacht waren, erklärt sich aus der Benützung Herodots, nach dessen Bericht die Gyzanten offenbar gleichfalls im gebirgigen Süden von Tunis wohnten, da sie seiner Erzählung zufolge (s. Herod. IV 194) in den Bergen lebende Affen verzehrten: s. auch R. Neumann, Nordafrika n. Herodot, Leipzig 1892, S. 67; M. Vivien de Saint-Martin, Le Nord de l'Afrique dans l'antiquité Grecque et Romaine, Paris 1863, S. 57. Der Plural Σύρτεων in fr. 35 läßt übrigens die interessante Tatsache noch erkennen, daß im Gegensatze zu Herodot II 32. 150, IV 169. 173 (s. Strenger, Strab. Erdkunde von Libyen, Quell. u. Forsch. 28, S. 15) nicht Ps.-Skyl. 110, wie Strenger S. 119 glaubt, sondern schon Eudoxos außer der einen, der Großen Syrte, noch eine zweite, die Kleine Syrte, genannt hat.

Die künstliche Honigbereitung bei den Gyzanten, von der Eudoxos n. Herodot berichtet, betrifft ohne Frage die noch jetzt bei den Einge-

---

1) Eudoxos schrieb wohl, wie fr. 35 entgegen fr. 34 noch zeigt, Γύζαντες, zumal auch seine Quelle für fr. 34/5 (s oben), Herodot, den guten Hss. zufolge jene Namensform aufweist; für Γύζαντες in fr. 34 auch Niese, De Steph. Byz. auctoribus, Kiel 1873, S. 15f., dessen Ansicht, Stephanus habe die Notiz in ihrem ersten Teil aus Herodot, das übrige aus Apollonios (= fr. 35), wohl mit Stemplinger dahin zu berichtigen ist, daß sie ihm durch Vermittlung des Favorinus zugeflossen ist. Dieser aber hat die Periodos wohl direkt exzerpiert, nicht etwa durch Vermittlung des Apollonios, da sich durch ihn n. Stemplinger a. a. O. auch das nicht bei Apollonios stehende Fragment 29 über Kremmyon erhalten hat. Die Form Ζύγαντες in fr. 34 beruht wohl entgegen Stemplinger a. a. O., S. 28, 3 auf dem in fr. 34 berührten Hekataioszitat (fr. 306 = F H G I 23) und ist von da fälschlich in fr. 34 übertragen — γιγνομένου die Ald., Rehdig. u. Voss. γινομένου; so auch Meineke — Κνήδιος irrig d. Rehd.

8*

borenen von Tunis, vornehmlich im Beled-el-Dscherid[1]), sich findende
Gewinnung von Honig aus Früchten der Dattelpalme. Die Nachricht
des Herodot und Eudoxos ist also vollauf glaubwürdig und kultur-
historisch um so interessanter, als sie Herodot (s. IV 195 κατὰ τούτους
δὲ λέγουσι Καρχηδόνιοι) höchstwahrscheinlich von den Bewohnern Nordafrikas unmittelbar zuging (s. Windberg, De Herod. Scyth. et Libyae
descript., Diss. 1913, S. 57. 60).

Über einen weiteren Volksstamm Nordafrikas liegt vielleicht noch
ein indirektes Eudoxoszitat vor bei Aristoteles Polit. 2, 3, p. 1262a
18—21 ὅπερ φασὶ καὶ συμβαίνειν τινὲς τῶν τὰς τῆς γῆς περιόδους
πραγματευομένων· εἶναι γάρ τισι τῶν ἄνω Λιβύων κοινὰς τὰς γυναῖκας,
τὰ μέντοι γένομενα τέκνα διαιρεῖσθαι κατὰ τὰς ὁμοιότητας. Denn, daß
unter den hierin genannten γῆς περίοδοι in erster Linie an die Periodos
als die von Aristoteles benützte Quelle gedacht ist, liegt nahe genug,
da die Periodos auch sonst (s. S. 135) Quelle des Aristoteles war, und
weil zudem die Fragmente 14. 15 zeigen, daß Eudoxos die Sitte der
Weibergemeinschaft, von der das Exzerpt bei Aristoteles handelt, auch
sonst in seiner Periodos gegebenenorts erwähnt hat (vgl. auch ἄνω
Λιβύων mit dem ähnlichen ὑπεράνω Σύρτεων in fr. 35). Da die vermutlich eudoxische Notiz von Bewohnern Libyens handelt, ist sie vielleicht auf die Nasamonen zu beziehen, bei denen nach Herodot die Sitte
der Weibergemeinschaft herrschte (s. S. 26, 5).

7. BUCH VII

INSELN DER ÖKUMENE

Das 7. Buch der Periodos war, wenngleich dies nicht ausdrücklich
bezeugt ist, wohl ausschließlich der Beschreibung der Inseln auf den
östlichen und westlichen Meeren der Ökumene gewidmet. Diese Dar-
stellungsart, die Inseln nicht einzeln im Zusammenhang mit dem jeweils
ihnen zugehörenden Kontinent, sondern insgesamt in einem besonderen
Teile der Erdbeschreibung zu schildern, hatte für den antiken Geographen nichts Befremdendes. Vielmehr läßt eine Stelle in der ps.-

---

1) S. Fischer, D. Dattelpalme, Pet. Mitt. Erg.-Heft 64 (1881) 26; S. 25 das.
ist auf eine Dattelart in Tunis verwiesen, die Honigmutter heißt. Leider hat
der Verfasser die Zeugnisse Herodots u. des Eudoxos über die Honigbereitung
bei antiken afrikanischen Völkern übersehen, während er andererseits (auf S. 7)
mit Recht darauf hinweist, daß n. Herod. I 193 u. Strab. XVI 1, 14 auch in
Mesopotamien künstliche Honigbereitung nicht unbekannt war. S. noch Neumann a. a O. S 62, 1; Baehr, Herod. II 654, Anm. zu πολλῷ δ'ἔτι u. Forbig.,
Handb. d. alt. Geogr. II 842, Anm. 70.

arist. Schrift περὶ κόσμου 3, p. 394a 3 καὶ τὰς νήσους οἱ μὲν ἐξαιρέτους ποιοῦσιν, οἱ δὲ προσνέμουσι ταῖς γείτοσιν ἀεὶ μοίραις durchblicken, daß beide Beschreibungsweisen nebeneinander vorkamen, und das Verfahren des Dionysios perieg. 447 ff. (= G G M II 130 ff.), der seiner Beschreibung des Erdkreises eine Periegese aller Inseln der Ökumene anfügte, beweist ebenfalls, daß eine Gesamtbeschreibung der Inseln, wie sie Eudoxos in Buch VII der Periodos auf die Beschreibung der Kontinente abschließend folgen ließ, in der antiken Erdbeschreibungstechnik keine Seltenheit war. Spuren dieser Inselbeschreibung in der Periodos lassen sich noch an zwei Fragmenten nachweisen, wovon namentlich das erste bei Strabo noch den eudoxischen Wortlaut verrät:

fr. 74 (s. S. 121):

ἐν τῷ Αἰγαίῳ φησὶν (sc. Εὔδοξος) αὐτὴν (sc. τὴν Κρήτην) ἰδρῦσθαι.

fr. 57 (s. S. 112):

insulas toto eo (sc. Erythraeo) mari complures esse tradidit. . . . Eudoxus.

Die Form, in der diese zwei Eudoxoszitate überliefert sind, weist noch deutlich genug auf jenen Teil der Periodos, worin nur von Meeren und den darin liegenden Inseln die Rede war.

Für die bereits angedeutete Tatsache, daß die Inseln auf den östlichen Meeren in Buch VII erwähnt waren, mag fr. 36 als Zeugnis gelten, da es sich auf Samos bezieht (s. S. 119) und ausdrücklich als Zitat aus Buch VII bezeichnet ist. Ebenso zeigt andererseits das erhaltene Beispiel aus Buch VII über die Insel des westlichen Mittelmeeres Lipara (s. S. 127), daß entgegen der Meinung Ungers, Philol. N. F. IV (1891) 228 auch die Inseln der Westmeere der Ökumene in Buch VII der Periodos behandelt waren.

Wie die fr. 36. 37, entstammen also auch die über Inseln handelnden elf Eudoxoszitate ohne Buchzahl Buch VII der Periodos. Wir nennen die Inseln mit den darauf bezüglichen Fragmenten (einschl. der Fragmente 36. 37) aus Buch VII in der nachstehenden Reihenfolge, weil Eudoxos analog der Beschreibung Asiens und Europas vermutlich auch die hierzu gehörigen Inseln der Ökumene entsprechend ihrer Lage von Ost nach West behandelt hat: Inseln des Roten Meeres (fr. 57), Cypern (fr. 55/6), die Chelidonischen Inseln (fr. 46), Kos (fr. 50. 92), Samos (fr. 36 u. 86, d. Eudoxoszitat b. Jambl. de vit. Pyth. 2), Kreta (fr. 74 u. d. Eudoxosfr. 93 b. Antig. hist. mir. 163), Euböa (d. Eudoxosfr. 90 b. Plin. nat. hist. XXXI 13), Zakynthos (fr. 49), Sizilien (fr. 20), Lipara (fr. 37).

a) INSELN IM ROTEN MEERE

Entgegen dem heutigen geographischen Begriff verstand Eudoxos gleich den übrigen Geographen des Altertums (vgl. Berger, R.-E. u.

'Ερυθρὰ θάλασσα; Kiepert, Alt. Geogr., Berlin 1878, S. 30) unter dem Roten Meere ohne Frage das südöstlichste der Ökumene, das die Küsten Indiens, Persiens und Arabiens bespült. Auf Inseln dieses Meeres weist das von Plinius (n. E. A. Wagner, Die Erdbeschr. d. Timosthenes v. Rhodos, Diss. Leipzig 1888, S. 56 aus Juba) wiedergegebene Eudoxoszitat Nat. hist. VI 198 (ed. Mayhoff; vgl. auch Detlefsen, Quell. u. Forsch. z. alt. Gesch. u. Geogr. 9 [1904] 171) = fr. **57**:

Insulas toto eo[1]) mari et Ephorus conplures esse tradidit et Eudoxos et Timosthenes, ...

Unter den hier erwähnten, schon frühe im Altertum entdeckten (s. Detlefsen, Quell. u. Forsch. z. alt. Gesch. u. Geogr. 14 [1908] 49) Inseln mag Eudoxos vorzugsweise die südöstl. des Persischen Golfes liegenden verstanden haben, die ihm schon aus seiner sonstigen **Quelle**, Herodot (III 93. VII 80), bekannt sein konnten. Daneben kommt als Quelle des Eudoxos für fr. 57 auch Ephoros in Frage, der n. Plinius a. a. O. ebenfalls über jene Inseln gehandelt hatte, und mit dessen Angaben Eudoxos viell. an anderer Stelle (s. S. 105, 2) übereinstimmte.[2]) Dagegen war Hanno peripl. 8, den Wagner a. a. O. S. 40/1 als Vorlage annahm, nicht Autor des Eudoxos, da sein Bericht sich nicht auf Inseln im Ostmeere bezieht. Auch die Vermutung Müllers G G M I 7 Anm., die bei Plinius auf fr. 57 folgende Notiz über Cerne gehe auf Eudoxos zurück, bleibe dahingestellt.

b) CYPERN

Von den Nachrichten des knidischen Geographen über diese Insel besitzen wir, abgesehen von fr. **30**, worin die Erwähnung eines kyprischen

---

1) Nach Plin. nat. hist. VI 189. 196, wo das Meer ausdrücklich als das Rote bezeichnet wird, ist auch hier rubro zu ergänzen, nicht Aethiopico mit Brandes, der wie Detlefsen, D. Anord d geogr. Bücher d. Plin. u. ihre Quellen, Quell. u. Forsch. z. alt. Gesch. u. Geogr. 18 (1909) 145, fr. 57 bloß auf Inseln des äthiopischen Meeres bezogen wissen wollte. Denn da Plinius in dem geographischen Exkurs über die Länderstriche von Karmanien bis Äthiopien Nat. hist. VI 95—197 von den zugehörigen Inseln noch nicht abschließend gehandelt hat, ist in VI 198 augenscheinlich auf Inseln des ganzen östlichen Meeres verwiesen, das auch den persischen und arabischen Meerbusen umfaßt (s. Detlefsen a. a. O. S. 133). Auch die Eingangsworte einer weiteren Angabe in Nat. hist. VI 198 contra sinum Persicum.... scheinen anzudeuten, daß Plinius im vorangehenden Satze mit eo mari auch den persischen Meerbusen einbegriffen hat. In diesem Sinne ist die seiner späteren (s. oben) Ansicht gewissermaßen widersprechende Konjektur Detlefsens, in fr. 57 statt eo wie an zwei anderen Pliniusstellen Eoo mari zu lesen (s. Wagner a. a. O. S. 66), wenn auch handschriftl. nicht begründet, zutreffend

2) In der Folgezeit hat wohl, n. fr. 57 zu schließen, Timosthenes die Nachrichten des Ephoros und Eudoxos über Inseln im Roten Meere verwertet (s. auch Wagner a. a. O. S. 40/1).

Asine (s. S. 98 f.) wie der gleichnamigen lakonischen Ortschaft wohl
auf Eudoxos zurückgeht, noch einige Kenntnis durch die Fragmente[1])
55. 56.

fr. **56** im Cod. Bodl. 222, ed. Th. Gaisford, Paroemiogr. Graeci, Ox.
1836, S. 21 (s. auch Cod. Bodl. 579, wo Eudoxos als Quelle freilich
nicht genannt ist):

*Βοῦς Κύπριος εἶ ἀντὶ τοῦ σκατοφάγος. Εὔδοξος γὰρ περὶ τούτων
ἱστορεῖ, ὅτι κοπροφάγοι εἰσίν.*

fr. **55** bei Hesych. (ed. Schmidt):

*Βοῦς Κύπριος· κοπροφάγος, εἰκαῖος, ἀκάθαρτος. σημαίνει δὲ ἀτο-
πίαν τῶν Κυπρίων. καὶ Εὔδοξος ἀφηγεῖται, ὅτι κοπροφαγοῦσιν.*

Schon Antiphanes, der bekannte Dichter der mittleren Komödie
und ältere Zeitgenosse des Eudoxos, scheint von jener angeblichen
Eigenart kyprischer Rinder, Kot zu fressen, Kunde gehabt zu haben[2]),
wie fr. 126 (Kock, Com. Gr. fr. II [1884] 61) bei Athen. III 49, p. 95 f.
aus seiner Korinthia zeigt:

> *ἔπειτα κἀκροκώλιον*
> *ὕειον Ἀφροδίτῃ; γέλοιον. Β. ἀγνοεῖς;*
> *ἐν τῇ Κύπρῳ δ'οὕτω φιληδεῖ ταῖς ὑσίν,*
> *ὦ δέσποθ', ὥστε σκατοφαγεῖν ἀπεῖρξε*
> *τὸ ζῷον ⟨. . .⟩ τοὺς δὲ βοῦς ἠνάγκασεν.*

Auf Grund dieser Berührung der eudoxischen Angabe mit der des
Antiphanes ist eine Abhängigkeit des Eudoxos in fr. 55/6 von Antiphanes nicht ausgeschlossen, um so mehr, als Eudoxos bei seinem Aufenthalte in Athen von den Komödien des Antiphanes sicherlich Kenntnis erhalten hatte. Im späteren Altertum finden sich Anspielungen auf
die obengenannte Eigenart bei Ennius (s. Vahlen, Enn. poes. rell.[2], 1903,
S. 217, Sotad. fr. 2 Cyprio bovi merendam: s. auch Festus ed Lindsay,
1913, S. 51), Plinius (Nat. hist. XXVIII 266 boves in Cypro contra tor-
mina hominum excrementis sibi mederi), Diogenian III 49. V 80, dem
von ihm abhängigen Apostolios IV 100 (s. Christ-Schmid, Gesch. d.
griech. Lit.[5] II [1913] 701) und Suidas u. *Βοῦς Κύπριος*, die indes
alle in letzter Linie von Eudoxos oder Antiphanes abhängig sind. In
neuerer Zeit haben die Angaben der Alten über die kyprischen Rinder
in Oberhummers Monographie, Die Insel Cypern I (München 1903) 389
kurze Berücksichtigung gefunden.

---

1) Über deren Echtheit s. S. 10.
2) Über dieselbe Eigenart bei böotischen Rindern s. Schol. z. Aristoph
Plut. 706.

c) DIE CHELIDONISCHEN INSELN

Über die Inselgruppe an der Südostküste Lykiens, der lykisch-pamphylischen Grenze gegenüber[1]), war in der Periodos gemäß **fr. 46** (s. S. 76) gehandelt:

... φησὶν (sc. ὁ Κυρηναῖος Καλλίμαχος) Εὔδοξον ἱστορεῖν, ὅτι ἐν τῇ κατὰ ἱερὸν ὄρος θαλάττῃ τῆς Θρᾴκης ἐπιπολάζει κατά τινας χρόνους ἄσφαλτος, ἡ δὲ κατὰ Χελιδονίας (sc. θάλασσα) ὅτι ἐπὶ πολὺν τόπον ἔχει γλυκείας πηγάς.[2])

Dieselbe Notiz hat (vielleicht aus Varro; s. S. 19. 86. 95. 121,1) sonst nur noch Plinius Nat. hist. II 227 sed et fontium plurimorum natura mira est fervore ... nam dulcis haustus in mari plurimis locis, ut ad Chelidonias insulas, der aber hier wie auch sonst[3]) wohl von Eudoxos in letzter Linie abhängig ist. Die moderne geographische Forschung hat das Paradoxon des Eudoxos über Süßwasser bei den Chelidonischen Inseln bestätigt. Denn von der Küste von Grambousa, einem Eiland, das auch Forbiger (Strabo, übers. v. Forbiger, 6. Bd. [1859] S. 131, 27) zu den Chelidonischen Inseln gerechnet hat, vermerkt außer Ritter, Erdkunde v. Asien IX 2 (1859) 745 auch E. Reclus, Nouv. Géogr. Univ. IX, l'Asie Antér., Paris 1884, S. 482/3:

Une autre curiosité de ces parages est un petit ruisseau d'eau douce, qui coule dans l'îlot de Grambousa; beaucoup trop étroit en apparence pour que les pluies puissent y alimenter une fontaine aussi abondante; il est probable que l'eau provient du continent et rejaillit en source artésienne après avoir passé au-dessous du détroit qui n'a pas moins de 52 mètres de profondeur.

Das eudoxische Paradoxon ist also ein wertvolles Zeugnis für die Beständigkeit geologischer Verhältnisse auf der chelidonischen Inselgruppe während eines Zeitraums von nahezu $2^1/_2$ Jahrtausenden.[4])

d) KOS

Die Erwähnung dieser Insel in der Periodos ist bezeugt durch das auf eine chemisch bedeutsame Quelle auf Kos sich beziehende

---

1) Vgl. Ps.-Skyl. 100 (GGM I 74); Dionys. perieg. vss. 128. 510 (GGM II 110 bzw. 135); Strabo p. 520. 651. 666. 682; Agath. I 16 (GGM II 476); Stadias. maris magni 229 sqq. (GGM I 490/1); schol. εἰς Διον. 126/7 (GGM II 436); paraphr. in Dionys. 498—512 (GGM II 416); Plin. nat. hist. V 131. VI 206; Mela 2, 7 § 102; Avien. descript. vss. 183/4 (GGM II 178).

2) Der Text von Keller bietet keinen Anlaß zur Änderung; die hss. Versehen χελιδόνας und γλυκέας (verteid. v. Beckmann) sind bereits von Meursius und Bentley in χελιδονίας (n. Steph. Byz.) bzw. γλυκείας berichtigt.

3) Vgl. oben S. 4 ff.

4) Auch von den geologisch wohl ähnlich gestalteten (vgl. Ch. Fellows, A Journal in Asia Minor, London 1839, S. 216; W. M. Leake, Journal of a tour in Asia Minor, London 1824, S. 191 von Kilikien; F. Beaufort, Karmania or a

fr. **50** = Antig hist. mir. 161 (n. Schneider, Callim. II 345/6 aus Kallimachos):

Εἶναι δὲ παρὰ τοῖς Κώοις καὶ ἄλλο τι ῥευμάτιον, ὃ πάντας τοὺς ὀχετοὺς ὅθεν διαρρεῖ λίθους πεποίηκεν. τοῦτο δὲ καὶ Εὔδοξος καὶ Καλλίμαχος παραλείπουσιν, ὅτι ἐκ τοῦδε τοῦ ὕδατος οἱ Κῶοι λίθους λατομήσαντες ᾠκοδόμησαν τὸ θέατρον· οὕτως ἰσχυρῶς ἀπολιθοῦται πᾶν γένος.[1])

Eine Quelle auf Kos — heute *κοκκινόνερο* genannt —, die in ihren Ablaufrinnen einen kalksteinartigen Niederschlag bildet und dadurch sich geradezu natürliche Steinkanäle schafft, ist durch moderne geologische Forschungen auf der Insel nachgewiesen; vgl. den Bericht des franz. Geologen H. Gorceix, Aperç. géol. sur l'île de Cos, Ann. scient. de l'école norm. sup. II, sér. 5 (1876) S. 207:

les premières (erg. les eaux minérales de Kokkina-néra) sont froides, ferrugineuses et laissent déposer un travertin formant de couches épaisses autour de leur point de dégagement . . . (s. auch ebend. S. 208).

Da nun zudem, nach neueren Untersuchungen der Reste des koischen Theaters zu schließen, dessen Sitzbänke aus Kalkstein, also dem in jener Quelle sich bildenden Material bestanden (s. R. Herzog, Koische Forsch. u. Fund., Leipzig 1899, S. 157 ff.), ist wohl nicht zu zweifeln, daß der Zusatz zu fr. 50, die Koer hätten das in der Rinne entstehende Gestein zu Theaterbauten verwandt, sich auf die Herstellung von Theatersitzen aus dem Kalkstein des Kokkina-néra bezieht, kurz, daß die heutige Quelle mit der von Eudoxos und Antigonos in fr. 50 geschilderten identisch ist. Fr. 50 ist durch die Einleitungsworte *εἶναι δὲ . . . καὶ ἄλλο τι ῥευμάτιον* aufs engste mit der vorhergehenden Notiz bei Antigonos (hist. mir. 160) verknüpft; diese ist daher wohl um so mehr auf dieselbe Quelle wie Antig. hist. mir. 161 (= fr. 50), auf die Periodos des Eudoxos v. K. zurückzuführen, als sie sich gleichfalls auf ein koisches *ῥευμάτιον* bezieht: Antig. hist. mir. 160 (= Schneider, Callim. II 345), fr. 92:

Ὅμοιον δὲ τούτῳ καὶ τὸ περὶ τὸν Κώων χίτρινον γίνεσθαι· καὶ γὰρ ἐκεῖνον ἀτμὸν μὲν ἐκβάλλειν καὶ ποιεῖν ἔμφασιν τοῦ ζεῖν, τὰ δὲ καθειμένα καθ' ὑπερβολὴν ψύχειν.[2])

---

brief description of the South-coast of Asia Minor, London 1817, S. 38. 44. 203/4 210) Nachbarländern der Chelidonischen Inseln wird in neuerer Zeit ausdrücklich auf Süßwasserbildung hingewiesen: vgl. Hamilton, Asia Minor II (1842) 338. 341. 349. 350; derselbe in Journal of the Royal Geogr. Soc. 8 (London 1838): Journey in Asia Minor S. 156; Ch. Fellows a. a. O. S. 184 (Pamphylien).

1) Der Text n. Keller, da die hss. Varianten nur fehlerhafte Schreibweisen sind: *ἄλλό τι* d. Hs. (Palat. Gr. 398) statt d. Obig. — *καί* vor *Καλλίμ.* i. d. Hs. über d. Zeile — *του* vor *ὕδατος* ohne Akzent, ebenso *γενος*.

2) *τοῦ ζεῖν* verbess. Bentley aus *τοζιον* in d Antig.-Hs. (das ζ in *τοζιον* steht in d. Hs. auf einem ausrad. ξ).

Auch diese aller Wahrscheinlichkeit nach eudoxische Notiz handelt von noch jetzt fließenden Quellen auf Kos, und zwar solchen von Schwefelgehalt (s. Herzog a. a. O. 161/2).

e) SAMOS

Auf die Geburt und die Lehren des Pythagoras beziehen sich zwei Fragmente, wovon das eine ausdrücklich als Zitat aus Buch VII der Periodos bezeichnet ist. Sie entstammen der Inselbeschreibung in diesem Buche oder genauer den Angaben des Eudoxos über die Insel Samos. Denn wie Eudoxos sonst in der Periodos bedeutsamer Persönlichkeiten jeweils bei der Erwähnung ihrer Vaterstadt oder Heimat gedachte (s. S. 59,1), hat er zweifellos bei der Erwähnung von Samos auch über Pythagoras gehandelt. Für diese Annahme spricht bis zu gewissem Grade auch die Erzählungsweise Strabos p. 638 (s. hierzu auch Stemplinger, Strab. lit. Notiz., München 1894, S. 13), der, hierin vielleicht dem Eudoxos sogar folgend, mit seinen Notizen über Samos gleichfalls einen kurzen, literarhistorischen Exkurs über Pythagoras verknüpft hat.

Das Periodoszitat über die Empfängnis des Pythagoras und sein Verwandtschaftsverhältnis zu Apollo[1]), fr. 86, steht bei Jamblich de vit. Pyth. 6/7:

ὁ δὲ Μνήσαρχος συλλογισάμενος ὅτι οὐκ ἂν μὴ πυθομένῳ αὐτῷ ἔχρησέ τι περὶ τέκνου ὁ θεός, εἰ μὴ ἐξαίρετον προτέρημα ἔμελλε περὶ αὐτὸν καὶ θεοδώρητον ὡς ἀληθῶς ἔσεσθαι, τότε μὲν εὐθὺς ἀντὶ Παρθενίδος τὴν γυναῖκα Πυθαΐδα μετωνόμασεν ἀπὸ τοῦ γόνου καὶ τῆς προφητίδος, ἐν δὲ Σιδόνι τῆς Φοινίκης ἀποτεκούσης αὐτῆς τὸν γενόμενον υἱὸν Πυθαγόραν προσηγόρευσεν, ὅτι ἄρα ὑπὸ τοῦ Πυθίου προηγορεύθη αὐτῷ. παραιτητέοι γὰρ ἐνταῦθα Ἐπιμενίδης καὶ Εὔδοξος καὶ Ξενοκράτης, ὑπονοοῦντες τῇ Παρθενίδι τότε μιγῆναι τὸν Ἀπόλλωνα καὶ κύουσαν αὐτὴν ἐκ μὴ οὕτως ἐχούσης καταστῆσαί τε καὶ προαγγεῖλαι διὰ τῆς προφητίδος.[2])

---

1) Die an das Fragment anknüpfende Alternative Hultschs, R.-E. u. Eudox. 8 § 22, Sp. 947, Eudoxos habe die Geburt des P. bei d. Beschreib. v. Samos od. bei d. Gründunggeschichte Sidons berichtet, ist schon deshalb unnötig, weil aus der Jamblichstelle überhaupt nicht ersichtlich ist, ob nach Eudoxos Pythagoras in Sidon geboren ist. — Über die Bestreitung der Echtheit des Fragmentes durch Rohde, Kl Schr. II s. S 10, 1.

2) Ἀπόλλω: so die Vulgatalesart, ἀπόλλ''' d. Cod Flor (plut. 86, cod. 3); daß diese Form für ἀπόλλωνα steht, zeigt Nauck (s. N., Jambl. de vit Pyth. a. a. O. Anm.).

Mit diesem Eudoxoszitat[1]) berührt sich enge Porphyr. vit. Pyth. 2
τινὰς δ' Ἀπόλλωνος αὐτὸν ἱστορεῖν καὶ Πυθαΐδος τῷ γόνῳ, λόγῳ δὲ

---

1) Nach W. Bertermann, De Jambl. vit. Pyth. font., Diss. Königsberg 1913,
S. 40 ff. gehen die §§ 3—8 bei Jamblich, in denen das oben wiedergegebene
Eudoxoszitat enthalten ist, auf Timaios v. Tauromenion zurück. Für diese Herkunft d. fr 86 spricht, daß in der chronologisch geordneten Reihe der Autoren,
die den Pythagoras für einen Sohn Apollos hielten (s. oben das Eudoxoszitat:
Epimenides, Eudoxos, Xenokrates), kein Autor genannt wird, der nach Timaios
gelebt hat, sondern nur solche, die von ihm benutzt sein konnten. Daß n. § 7
bei Jambl. Epimenides über Pythagoras geschrieben hat, spricht ebenfalls für
eine Zurückführung jener Partie auf Timaios. Denn nach der noch bei Justin.
XX 4, 4 u. Antiphon (bei Diog Laert. VIII 3) vorliegenden Tradition des Timaios
stand Epimenides dem Pythagoras nicht bloß zeitlich, sondern auch persönlich
sehr nahe (s. Berterm. a. a. O. S 42 f) Stammen aber die Partien (bei Jambl
§ 3—8. 222, Diog. Laert. u. Just. a. a O.), in denen Pythagoras mit Epimenides
in Beziehung gebracht ist, aus Timaios, so folgt weiter, daß Timaios vielleicht
durch Vermittlung des Xenokrates, der bei Jambl. a a. O. hinter Eudoxos genannt wird und daher diesen offenbar benützt hat, aus Eudoxos geschöpft hat.
Denn nach § 7 bei Jambl., worin Epimenides vor Eudoxos genannt ist und daher
wohl auch als eine Quelle des Eudoxos für das Leben des Pythagoras anzunehmen ist, war es Eudoxos, der von Beziehungen und Angaben des Epimenides über Pythagoras zu berichten wußte. Diese Angaben des Eudoxos
waren also offenbar die Quelle des Timaios, und so ist es für uns noch ersichtlich, weshalb er den Epimenides zum Schüler und Begleiter des Pythagoras (s. Jambl. § 222 u. Diog. Laert. VIII 3, Just. XX 4, 4; vgl hierzu
Berterm. S. 42) machen konnte. Die innerlich zusammengehörigen, von Berterm.
a. a. O. S. 41 67 ff. auf Timaios zurückgeführten §§ 3—24. 215—222 bei Jambl.
sind also wohl von der Tradition des Eudoxos beeinflußt Bezeichnend für die Überlieferung des Eudoxos über Pythagoras u. Epimenides a. a O ist, daß in ihr die
Zeit des Epimenides richtig fixiert wird, da ja nach ihr und dem von ihr abhängigen Timaios Epimenides entgegen antiker Legendenbildung (s. Kern, R.-E.
u. Epim. 2) jünger als Pythagoras gedacht ist. Die bisher als glaubwürdig betrachteten antiken Angaben über die Zeit des Epimenides vor den Perserkriegen
erfahren also durch die alte Überlieferung des Eudoxos eine willkommene Bestätigung. Auf Grund der Abhängigkeit des Timaios von Eudoxos erklärt es
sich auch, weshalb Timaios bei Jamblich § 18,9 (s Berterm. S. 75) und Justin.
XX 4,3 sowie z. T. der von Timaios wohl abhängige (s. Berterm. S. 72) Neanthes
bei Porphyr. vit. Pyth. 1 über den Aufenthalt des Pythagoras bei den Ägyptern
und Chaldäern gleiches berichten wie Eudoxos in dem von mir erweiterten (s oben)
wiedergegebenen fr. 36. Mit den auf Eudoxos zurückgehenden Angaben des
Timaios über des Pythagoras Aufenthalt im Orient stimmt auch Antiphon bei
Diog L. VIII 3 und Androkydes, eine der Sekundärquellen des Jamblich, überein
s. Andr. b. Jambl. § 157/8 n Bert. S. 24 f., aber auch § 159 Anf.). Zweifelsohne gehen
daher auch die genannten Notizen auf dieselbe Quelle (s auch Berterm. S 35)
zurück, wie die des Timaios, auf Eudoxos. Die Auffassung Bertermanns S. 23/4,
Androkydes habe für die genannte Notiz eine ps.-philolaische Schrift, nämlich in
pythagoreischen Kreisen entstandene ὑπομνήματα über Pythagoras, benützt, ist
daher wohl so zu modifizieren, daß Androkydes aus Eudoxos geschöpft hat und
jene ὑπομνήματα nur durch Vermittlung des Eudoxos gekannt hat, der sie
u. fr 36 (καὶ ταῦτα μὲν σχεδὸν πολλοὺς ἐπιγιγνώσκειν διὰ τὸ γεγράφθαι ἐν ὑπομνήμασιν . . . . . . φησὶν Εὔδοξος ἐν τῇ ἑβδόμῃ τῆς Γῆς περιόδου . . .) benutzte.

Μνησάρχου φησὶν Ἀπολλώνιος. τῶν γοῦν ποιητῶν τῶν Σαμίων εἰπεῖν τινα· Πυθαγόραν ϑ’ ὃν ἔτικτε Διὶ φίλον Ἀπόλλωνι | Πυθαΐς, ἣ κάλλος

Die Benutzung des Eudoxos durch Androkydes ist um so wahrscheinlicher, als sich ein durch Androkydes bei Jambl. 108 (s. Berterm. S. 23) uns erhalten gebliebenes Symbolum des Pythagoras auch bei Eudoxos in fr. 36 findet (vgl. Jambl. 108 *ἀπέχεσϑαι τῶν ἐμψύχων* mit fr. 36 *τῶν ἐμψύχων ἀπέχεσϑαι*). Auch die Angaben des Androkydes üb. d. Symb. ähnliche Apophthegmata des Pythagoras bei Jambl. 161/2, die nach Rohde u. Berterm. S. 25 ff. mit den oben von Androkydes auf Eudoxos zurückgeführten §§ 157/8 bei Jambl. zusammenhängen, sowie das Symbolum bei Jambl. 227 stammen wohl kaum, wie n. Bert. S. 28f. zu vermuten, aus der jenem Autor bekannten Quelle, dem *ἱερὸς λόγος* sondern aus Eudoxos, da sich jene Apophthegmata und Symbola z. T. auch bei Plutarch in De Is. et Os. finden, der in dieser Schrift aus Eudoxos als einer Hauptquelle geschöpft hat und dabei (s. S. 53) die eudoxische Überlieferung über die Lehre der Pythagoreer nachweislich berücksichtigte (vgl. Plut. de Is. 10 *μηδὲ πῦρ μαχαίρῃ σκαλεύειν ἐν οἰκίᾳ* u. 76 *ἰσότητι ... τετρακτύς ... κόσμος* mit Androkydes bei Jambl. 227 *πῦρ μαχαίρῃ μὴ σκάλευε* [s. Berterm. S. 21] u. 162 *ἰσότης ... κόσμος ... τετρακτύς*; s. Berterm. 26). Daß Plutarch an den genannten Stellen dem Androkydes, nicht dem Eudoxos, gefolgt ist, halte ich nicht für wahrscheinlich, wenn schon Berterm. S. 31 mit Hoelk den Androkydes für eine Stelle bei Plut. (Ps.-Plut.?) de educ. lib. als Quelle vermutet. Trifft die obige Darlegung des Quellenverhältnisses Eudoxos—Androkydes—Timaios das Rechte, so ist wohl noch manche andere von Bertermann u. Rohde von Jamblich und Porphyrios auf Timaios u Androkydes (s. besonders Berterm. S. 75—77) zurückgeführte, aber im einzelnen wohl kaum mehr genau bestimmbare Angabe in letzter Linie auf Eudoxos zurückzuleiten. In Betracht kommen hierfür die n. Berterm. u. z. T. u. Rohde timäischen Partien bei Jambl. 3—24, 25, z. T. 26—32 (s. Berterm. 67 ff.), 33—36 (u. die hiermit z. T. identischen Angaben bei Porphyr. vit. Pyth. 21/2; s. Berterm. S. 45. 70, Rohde a. a. O. S. 131), 37—57 (u. hiermit übereinstimmend Porphyr. 18/9; s. Berterm. S. 35, Rohde S. 133f.), 60—62 (= Porphyr. 23—25; s. Berterm. 60, Rohde S. 135f.), 63 (s. Berterm. S. 60), z. T. 64—67 (= Porphyr. 31; s. Berterm. S. 60f., Rohde S. 136), 68—78 (s. Berterm. S. 61 ff.), 91—93 (s. Berterm. S. 60), 112—13 (s. Berterm. S. 65), 122—26 (s. Berterm. S. 66), 127—28 (s. Berterm. S. 8/9), 132/3 (s. Berterm. S. 50. 74), 134—36 (s. Berterm. S. 58), 140—44 (s. Berterm. S. 6. 60), 164—66 (s. Berterm. S. 15), 167—69 (s. Berterm. S. 74), z. T. 170 (= Porphyr. 4; Rohde S. 158), z. T. 171—73 (s. Berterm. S. 19), 177/8 (s. Berterm. S. 50f.), 185 (s. Berterm. S. 67), 187/8 (s. Berterm. S. 62), z. T. 189—94 (s. Berterm. S. 67), 195 (s. Berterm. S. 74), 214 (s. Berterm. S. 74), 215—22 (s. Berterm. S. 41), z. T. 223—30 (s. Berterm. S. 73. 76), 237—39 (s. Berterm. S. 73), 241—43 (s. Berterm. S. 69), 245—46 (s. Berterm. S. 70), 252—53 (s. Berterm. S. 72), 254—66/7 (s. Berterm. S. 67. 77). Des weiteren kommt die Periodos als Quelle in Frage für die (einschließlich der bereits oben erwähnten) auf Androkydes zurückgehenden Angaben bei Jambl. 80/1. 88/9 (z. T. = Porphyr. 37; s. Berterm. S. 20), 103—9 (s. Berterm. S. 21—23), 137—39 (s. Berterm. S. 9/10), 145—56 (Porphyr. 27—29; s. Berterm. S. 32f. 37, Rohde S. 152), 157/8 (s. Berterm. S. 24/5), 161—63 (s. Berterm. S. 13. 25), z. T. 170—73 (s. Berterm. S. 19), 186 (s. Berterm. S. 23), z. T. 198/9 (s. Berterm. S. 76), z. T. 223—38 (s. Berterm. S. 73), z. T. 244—47 (s. Berterm. S. 69f). Besonders die unter dem Namen des Aristoteles bei Jambl. 31 32. 62. 82—86 (s. Berterm. S. 69. 58. 29/30 u. a. vorliegenden Angaben gehen vielleicht teilweise auf Eudoxos zurück, ebenso solche aus Aristoxenos (s. Berterm. S. 75ff.); doch ist hier ein sicheres Urteil wohl kaum noch möglich.

πλεῖστον ἔχεν Σαμίων. Hiernach geht also, wie dies Rohde (s. S. 10,1)
auch für die analoge Stelle bei Jamblich a. a. O. annahm, die Behauptung
der Abstammung des Pythagoras von Apollo auf Apollonios zurück,
nur hat dieser nicht, wie Rohde glaubte, die Behauptung frei erfunden
und das Eudoxoszitat gefälscht, sondern wohl von Timaios (s. Berterm.
S. 37) und durch diesen von Eudoxos entlehnt. Wie Eudoxos und ihm folgend (bei Jamblich a. a. O.) Xenokrates auf Pythagoras (s. hierzu C. Ritter,
Platon I [1910] 12; Usener, Weihnachtsfest[2] hrsg. v. Lietzmann, Bonn
1911, S. 72, 1; nach Diog. L. VIII 9, 11 galt Pythagoras bei seinen
Schülern sogar als Apoll selbst; s. auch Diod. X 3, 2) weist ähnlich
bereits Speusipp bei Diog. Laert. III 2 auf Platon als Sohn Apollos hin.
Besonders treffend hierfür ist der Hinweis Fehrles auf Alexander als
Gottessproß; vgl. E. Fehrle, Kult. Keuschh. i. Altert., Relig.-gesch. Vers.
u. Vorarb. VI (1910) 25, wo auch das Motiv für jenen Glauben gegeben ist: „Für Menschen, die eine führende Stelle haben sollten, war
es nach dem Empfinden des Volkes Erfordernis, von einem Gott ge-
zeugt und einer Jungfrau geboren zu sein."

Nicht bloß auf die Herkunft, auch auf die wissenschaftliche Aus-
bildung sowie auf die Lehren des Pythagoras erstreckten sich die Angaben des Eudoxos über diesen Philosophen. Das zeigt **36** fr. bei
Porphyr. vit. Pyth. 6/7: ἔτι καὶ περὶ τῆς διδασκαλίας αὐτοῦ οἱ πλείους
τὰ μὲν τῶν μαθηματικῶν καλουμένων ἐπιστημῶν παρ' Αἰγυπτίων τε
καὶ Χαλδαίων καὶ Φοινίκων φασὶν ἐκμαθεῖν· γεωμετρίας μὲν γὰρ ἐκ
παλαιῶν χρόνων ἐπιμεληθῆναι Αἰγυπτίους, τὰ δὲ περὶ ἀριθμούς τε καὶ
λογισμοὺς Φοίνικας, Χαλδαίους δὲ τὰ περὶ τὸν οὐρανὸν θεωρήματα·
περὶ τὰς τῶν θεῶν ἁγιστείας καὶ τὰ λοιπὰ τῶν περὶ τὸν βίον ἐπιτηδευμάτων παρὰ τῶν μάγων φασὶ διακοῦσαί τε καὶ λαβεῖν. καὶ ταῦτα μὲν
σχεδὸν πολλοὺς ἐπιγιγνώσκειν διὰ τὸ γεγράφθαι ἐν ὑπομνήμασιν, τὰ δὲ
λοιπὰ τῶν ἐπιτηδευμάτων ἧττον εἶναι γνώριμα· πλὴν τοσαύτῃ γε ἁγνείᾳ
φησὶν Εὔδοξος ἐν τῇ ἑβδόμῃ τῆς Γῆς περιόδου κεχρῆσθαι καὶ τῇ περὶ
τοὺς φόνους φυγῇ καὶ τῶν φονευόντων, ὡς μὴ μόνον τῶν ἐμψύχων
ἀπέχεσθαι. ἀλλὰ καὶ μαγείροις καὶ θηράτορσι μηδέποτε πλησιάζειν.[1]

---

1) Hinter διδασκαλίας αὐτοῦ verm. Nauck eine Lücke — zu τὰ δὲ — λογισμούς
verm. Nauck ein regierendes Verbum — ἁγιστείας: so ist zu lesen mit Rittershusius
statt ἀγιστίας Bodl. Gr. 251, Vatic. Gr. 325, ἀγιστίας Vatic. 325 (2. Hd.), ἁγιστείας
Mon. 91 — μάγων φασί d. Vatic. u. Westerm.: φησί d. Bodl. 251. (Nauck,
Porphyr. z. a. O). — Außer fr. 36 (Brand. beg. bei περὶ τάς) wie d. ob. mitgeteilten,
vielleicht auf Eudoxos zurückgehenden Partien bei Porphyr. vit. Pyth. u. der
mit dem Eudoxoszitat bei Jamblich identischen Stelle Porphyr. 2 mag namentlich in den §§ 1—9. 18. 19. 54—57 bei Porphyr. noch diese oder jene Angabe
auf Eudoxos zurückgehen, da in der für jene Paragraphen von Rohde Kl. Schr.

Außer der v. Diels, Vors.[3] I 30 v. fr. 36 ausgeschriebenen Stelle $\pi\lambda\dot{\eta}\nu$ $\tau o\sigma\alpha\acute{v}\tau\eta - \pi\lambda\eta\sigma\iota\acute{\alpha}\zeta\varepsilon\iota\nu$ geht ohne Frage auch die dem Satze mit $\pi\lambda\dot{\eta}\nu$ vorausgehende Partie auf Eudoxos zurück, da sie dem inneren Zusammenhange nach aufs engste mit dem Eudoxoszitat aus Buch VII verbunden ist und überdies noch in ihrem letzten Teile (vgl. die Infinitive… $\dot{\varepsilon}\pi\iota\gamma\iota\gamma\nu\acute{\omega}\sigma\varkappa\varepsilon\iota\nu$ … $\ddot{\eta}\tau\tau o\nu$ $\varepsilon\tilde{\iota}\nu\alpha\iota$ $\gamma\nu\acute{\omega}\varrho\iota\mu\alpha$ … $\varkappa\varepsilon\chi\varrho\tilde{\eta}\sigma\vartheta\alpha\iota$.) in der Form des Acc. c. Inf. von $\varphi\eta\sigma\grave{\iota}\nu$ $E\mathring{v}\delta o\xi o\varsigma$ abhängt. Nicht wenig spricht auch für die Provenienz jener Partie aus Eudoxos, daß ihr zufolge (entgegen der auf ein späteres Altertum hinweisenden Überlieferung bei Porphyr. vit. Pyth. 12, wo Pythagoras mit Zoroaster in Beziehung gebracht ist; zu dieser historisch falschen Angabe s. auch Zeller, Philos. d. Gr.[4] I 275, 1) Pythagoras mit den Magiern moralphilosophische Studien betrieb. Denn auch nach Eudoxos kann Pythagoras unmöglich ein Jünger Zoroasters gewesen sein, da er die Lebenszeit Zoroasters um Jahrtausende vor der Platons und folglich auch vor der des Pythagoras ansetzte (s. S. 22). Doch auch abgesehen hiervon läßt sich die Nachricht in fr. 36, die Ägypter hätten die Geometrie, die Phöniker die Arithmetik und die Perser (d. i. die Magier) die Lebensphilosophie besonders gepflegt, schon deshalb unbedenklich dem Eudoxos vindizieren, weil er von jedem der drei Völker auch sonst gute, z. T. durch Autopsie erworbene (s. S. 35ff. 31f. 21f.) Angaben besaß und überdies als Astronom und Mathematiker mit der Geschichte jener Disziplinen zweifelsohne wohl vertraut war. Zudem ist in fr. 36 von Beziehungen des Pythagoras zu den Ägyptern die Rede, und daß hierüber Eudoxos gehandelt hat, dafür spricht in gewissem Sinne Plut. de Is. 10, wo Pythagoras neben Eudoxos als Zeuge für ägyptische Weisheit genannt, und wo diese Benennung des Pythagoras höchstwahrscheinlich durch die für Pythagoreisches auch sonst (s. S. 46) zutreffende Benutzung des Eudoxos seitens Plutarchs veranlaßt ist. Auch chronologisch steht einer Zurückführung jener Angaben auf Eudoxos nichts entgegen; denn von dem freilich nicht völlig erwiesenen Aufenthalte des Pythagoras in Ägypten spricht bereits Isokrates Bus. 28, von einem Verkehr des Pythagoras mit Chaldäern erstmals allerdings der durch Timaios von Eudoxos wohl indirekt abhängige Neanthes bei Porphyr. vit. Pyth. 1 u. Jambl. 14; vgl. auch

---

II 125/6 postulierten Quelle 1 Eudoxos benutzt war. Die §§ 18 9 überdies kommen schon wegen ihrer Koinzidenz mit den oben als timäisch-eudoxisch in Frage gestellten §§ 37—57 bei Jambl. als Eudoxosexzerpte in Betracht. Rohde a. a. O. vindiziert sie Dikaiarch; sie sind daher wohl von Dikaiarch, der auch sonst die Periodos höchstwahrscheinlich (s. S. 136) benutzt hat, auf Eudoxos zurückzuleiten.

Strab. p. 638, Clem. Alex. strom. I 15, 2, Schol. zu Plat. Rep. 600 *B*; Zeller, Philos. d. Gr.⁴ I 277/8 (s. Nachträge).

Zu den Enthaltsamkeitsvorschriften, wie sie Eudoxos fr. 36 zufolge von Pythagoras erwähnt hat, bietet die antike Literatur, abgesehen von dem wohl auf Eudoxos zurückgehenden Symbolum des Pythagoras bei Jamblich 108 (s. S. 117, 1), keine Parallele. Von einigem Belang ist nur das teilweise mit fr. 36 sich berührende Zeugnis des Onesikritos bei Strab. p. 716; vgl. auch Diels Vorsokrat.³ I 31 zu 9, Zeller, Philos. d. Griech.⁴ I 290, 6. -- S. Nachträge.

f) KRETA

Für die Definition der Lage Kretas bei Eudoxos besitzen wir fr. 74 als Zeugnis, aus dem wie auch aus Herodot II 97. 113 zugleich hervorgeht, daß schon damals die Bezeichnung Ägäisches[1] Meer den südöstlichen Teil des Mittelmeeres bis über Kreta hinaus umfaßte: fr. 74 = Strabo X 4, 2 p. 474:

Νυνὶ δὲ περὶ τῆς Κρήτης πρῶτον λέγωμεν· Εὔδοξος μὲν οὖν ἐν τῷ Αἰγαίῳ φησὶν αὐτὴν ἱδρῦσθαι ...[2]

Wenn trotzdem im Gegensatze hierzu bei den Alten für den Kreta bespülenden Teil des Ägäischen Meeres sich die Bezeichnung Kretisches Meer ungleich häufiger findet[3], so hängt dies offenbar aufs engste damit zusammen, daß bei ihnen weniger umfassende geographische Begriffe schon aus rein praktischen Gründen beliebter waren.

Außer fr. 74 besitzen wir noch eine weitere Angabe des Eudoxos über Kreta. Erhalten ist dies indirekte (s. S. 8. 67) Periodoszitat, fr. 93, bei Antig. hist. mir. 163 (s. auch Jacoby, R.-E. u. Eud. 7):

Καὶ περὶ τοῦ κατὰ τὴν Κρήτην ὑδατίου, οὗ οἱ ὑπερκαθίζοντες, ὅταν ὑετὸς ᾖ, διατελοῦσιν ἄβροχοι, παραδεδόσθαι δὲ τοῖς Κρησίν, ἀπ' ἐκείνου λούσασθαι τὴν Εὐρώπην ἀπὸ τῆς τοῦ Διὸς μίξεως.[4]

---

1) Vgl. Hirschfeld R.-E. u. *Αἰγαῖον πέλαγος*

2) *λέγομεν* d. Hss. ausg. d. Esc. u. Med. plut 28, 10, worin nachträglich *λέγωμεν* verbessert ist, sowie d. Paris 1394. -- Die sofortige Bezugnahme Strabos auf Eudoxos bei der Beschreibung Kretas spricht übrigens wohl auch für Eudoxos als **direkte** Quelle Strabos.

3) So schon Bacchylides XVI 4; für die Benennung Kretisches Meer in der Folgezeit vgl. Sophocl. Trach. 118, 9, Thukydid. IV 53, 3, V 110, 1, Ps.-Scymn. 550 = GGM I 218, Dionys. perieg. 109 = GGM II 109, Strab. p. 474, Plin. nat. hist. IV 19, Eustath. zu Dionys. perieg. 110/2 = GGM II 237; Forbiger, Hdbch. d. alt. Geogr. II 20/1.

4) *δέ* n. *παραδεδόσθαι* d. Antig.-Hs., *δή* Meursius — *λούεσθαι* d. Hs.: ich lese mit Beckmann u Keller *λούσασθαι* — am Rande dieser Antigonosnotiz der hs. Vermerk. MῩ (s. S 115, 1 üb. die Textausgabe).

Derselben Vorlage, also ebenfalls der Periodos, entstammt wohl auch die mit Antig. Hist. mir. 163 gleichlautende Notiz bei Ps.-Sotion 4 (vgl. jetzt auch Oehler, Paradoxogr. Florent., Diss. Tübingen 1913, S. 39): Ἐν Κρήτῃ ὀχετὸς ὕδατός ἐστιν· ὃν οἱ διαβαίνοντες ὕοντος τοῦ Διὸς ἄβροχοι διαβαίνουσιν ἐφ' ὅσον ἐν τῷ ὀχετῷ εἰσιν.

Ähnlich wie Eudoxos a. a. O. berichtete später von einer πηγή, bei der das Liebesabenteuer des Zeus mit Europa stattgefunden haben soll, Theophrast, Hist. plant. I 9, 5: ἐν Κρήτῃ δὲ λέγεται πλάτανόν τινα εἶναι ἐν τῇ Γορτυναίᾳ πρὸς πηγῇ τινι, ἣ οὐ φυλλοβολεῖ· μυθολογοῦσι δὲ ὡς ὑπὸ ταύτῃ ἐμίγη τῇ Εὐρώπῃ ὁ Ζεύς (aus Theophrast ist, wie ein Vergleich zeigt, Plin. Nat. hist XII 11 geschöpft). Bei der äußerst wahrscheinlichen Voraussetzung, daß das Riunsal des Eudoxos a. a. O. mit dem Theophrasts a. a. O. identisch ist, ergibt sich daher aus der Theophraststelle für das Periodosexzerpt, daß das darin genannte ὑδάτιον sich in der Gortynaia befand.[1]) Die bei Theophrast erwähnte stets blätterreiche Platane bei der Quelle war allem Anscheine nach auch der Grund des Paradoxons: die bei dem Rinnsal sich Aufhaltenden blieben deshalb vom Regen unbenetzt, weil sie von der bei der Quelle befindlichen immergrünen Platane überschattet waren. Theophrast ergänzt also die eudoxische Überlieferung bei den Paradoxographen aufs willkommenste, sowohl hinsichtlich jener Erklärung wie auch der genaueren Lokalisierung der Quelle. In diesem Zusammenhang sei immerhin auch der antiken Nachrichten gedacht, daß n. Polyb. XVI 12 das Dianabild im karischen Kindye bei Bargylla (s. auch Strab. p. 658), n. Plin. Nat. hist. II 210 die Altäre der Venus auf Paphos (s. auch Tacit. Hist. II 3) und in Nea in der Troas das Standbild der Minerva sowie n. Ampelius Lib. mem. VIII 15 die Dianastatue in Rosum in Syrien (andere lesen hier Rhodos) vom Regen unbenetzt blieb.[2])

---

1) Theophrast hat also wie sonst (s. 70) so auch hier direkt aus Eudoxos geschöpft, während die Notizen bei Antigonos u. Ps.-Sotion sowie bei Varro r. r. I 7, 6 u. Plin. nat. hist. XII 11 durch Kallimachos bzw. Theophrast vermittelt sind. Die Kenntnis der Varrostelle verdanke ich H. Oehler a. a. O. S. 39, 4, dessen Abhandlung ich bei der durch den Krieg verzögerten Revision dieser Arbeit noch benutzen konnte, und der gleich mir (s. oben) den Grund des Paradoxons ebenfalls bei Theophrast wiederfand. Auch in der Zurückführung der Stellen bei Antig und Ps.-Sotion 4 auf Eudoxos stimmt er mit der oben gegebenen Darlegung überein und leitet außer Plin. a. a. O., wie schon erwähnt, auch Varro auf Theophrast zurück; Plinius selbst benutzt den Theophrast wohl nur durch Varros Vermittlung (s. auch S. 19. 86. 95. 114. 123). Über die Bedeutung· von ὑδάτιον u. ὀχετός bei Antig. u. Ps.-Sot. s. Oehler S. 143.

2) Über das Heiligtum der Artemis Kindyas s. Bürchner, R.-E. u. Bargylia; s. auch Eisele, Rosch. Lex. u. Paphia 4.

g) EUBÖA

Eine Angabe wunderlicher Art, fr. 90, und nahezu die einzige unter den erhaltenen Nachrichten geographischen Inhalts, bei der Eudoxos einem seltsamen, auch sonst in der Antike verbreiteten (s. Oehler a. a. O. S. 53 ff.) Wunderglauben Spielraum gewährt zu haben scheint, hat sich n. Oder, Philol. Suppl. VII 362 durch Vermittlung Varros bei Plinius nat. hist. XXXI 13 aus der Periodos erhalten:

Eudicus (= Eudoxus; s. S. 4, 1) in Hestiaeotide fontes duos tradidit esse, Cerona, ex quo bibentes oves nigras fieri, Melea, ex quo albas, ex utroque varias.[1]

Ähnliche Angaben über diese beiden Flüsse der Hestiäotis, der nordöstlichen Landschaft Euböas, bei Ps.-Arist. mir. ausc. 170, Kallim. Paradox. Palat. 15, Antig. hist mir. 78, Strabo p. 449 u. Späteren[2], nur ist bei Kallimachos Θρᾴκη als Landschaft genannt und bei Ps.-Arist. wie bei Strabo sind die Eigenschaften der zwei Quellflüsse umgekehrt angegeben. Auch sind es n. Kallimachos u. Antigonos nicht die Tiere selbst, sondern die von ihnen zu erwartenden Jungen, auf deren künftige Farbe die beiden Flüsse Einfluß haben. Gleichwohl gehen wohl diese Notizen alle in letzter Linie auf Eudoxos zurück, da sie nicht nur in der Eigenart der Flüsse überhaupt, sondern im wesentlichen auch in der Benennung derselben mit dem Eudoxoszitat bei Plinius übereinstimmen. Es wird sich nur fragen, welche Version die ursprünglich von Eudoxos gegebene ist, und hierin dürfte, was speziell die Eigenart der Flüsse wie die Benennung der Landschaft angeht, die Darstellungsweise bei Plinius die eudoxische sein, da die bei Plinius angegebene Eigenart in der ältesten

---

1) Hestiaeotide n. d. Cod. Florent., Riccard. u. Gel. mit Mayhoff statt dem offenbar verderbten aeuticae i. Cod. Leid. Voss., estiaeotide i. Paris. 6797, hestiaeodicae i. Paris. 6795 u. hestia (-iaea Hermol. Barb.) euthice alt. Herausgeb. (Mayhoff verweist zur Begründ. s. Lesart auf Thukyd. I 114, 3, Strab. X 1, 3, p. 415 Diod. XII 22, 2) — Cerona: so n. Urlichs entsprechend d. Melea (Κέρων u. Νηλεύς heißen die Flüsse bei Antig., Κέρως u. Μηλεύς bei Kallim.) statt Ceronam nach Mayhoff u. ceronem nach Herausgeb. vor Salmasius — Melea: so n. d. wohl fehlerhaft mit 2 l geschrieb. mellea i. Cod. Leid. Voss., Riccard., Paris. 6797 u. Tolet. (vgl. auch Μηλεύς schon bei Kallim.) statt Nelea n. Mayhoff, der hierfür auf Strab., Ps.-Arist. u. Antig. verweist, n. Harduin, melle i. Paris. 6795 u d. noch durch d. Korrekt. i. Cod. Riccard. bekannten Hss: melam Caesarius n. Plin. II 230, mellem alt. Herausgeb. — Üb. d. Lage d. Hest. s. Bursian, Geogr. v. Gr. II 402.

2) Vgl. die Zusammenstellung bei Oehler a. a. O. S. 59, auf die sich die obige Parallele bei Kallimachos stützt. Doch hat Oehler S 58 mit seiner Kritik der Pliniusstelle (erravit Plinius non solum colores ex contrario indicans sed etiam Euboicam Hestiaeotidem cum Thessalica confudit) wohl unrecht.

uns erhaltenen Überlieferung bei Kallimachos und Antigonos analog geschildert und außerdem, abgesehen von dem wohl auf Verwechslung (s. Antig. 78) beruhenden Θϱάϰη bei Kallimachos, bei allen genannten Autoren das Paradoxon ebenfalls auf Euböa lokalisiert ist. Für die Ursprünglichkeit der Notiz des Plinius spricht in gewissem Sinne auch die im Vergleich zu den übrigen Autoren genauer gegebene Lokalisierung des Paradoxons „in Hestiaeotide", die noch deutlich Eudoxos, den exakten Geographen, verrät. Nur in der Angabe, daß jeder der beiden Flüsse auf die aus ihm trinkenden Schafe selbst farbeverändernd wirkt, wird die Pliniusstelle durch die ältere Überlieferung bei Kallimachos und Antigonos[1]) in eudoxischem Sinne zu berichtigen sein, und zwar dahin, daß das Trinken nicht auf die Farbe der Muttertiere selbst, sondern erst auf die der künftigen Jungen Einfluß hatte.[2]) Die beiden Flüsse Keron und Meleus[3]) sind wohl mit den Quellarmen des bei Kerinth mündenden Budoros identisch (vgl. F. Geyer, Quell. u. Forsch. z. alt. Gesch. u. Geogr. VI [1903] 10/11). Über ähnliche Eigenschaften anderer Flüsse vgl. Oehler a. a. O. S. 55 ff., wo namentlich die aus Theophrast angeführten Notizen gleich andern Nachrichten dieses Autors (s. S. 135) wohl ebenfalls auf Eudoxos zurückzuführen sind. Daß das oben angeführte Eudoxoszitat umgekehrt dem Autor des Plinius aus Eudoxos durch Theophrast vermittelt wurde (vgl. auch S. 122, 1), ist, wenn auch nicht weiter erweisbar, so doch wahrscheinlich, da auch die von Plinius in unmittelbarem Anschluß mitgeteilte Stelle (XXXI 13. 14) über den farbeverändernden Krathis aus Theophrast stammt.[4])

h) ZAKYNTHOS

Eine besondere Bedeutung für die Quellenfrage bei Eudoxos besitzt das Periodoszitat über Zakynthos, fr. 49, dem des Vergleichs halber auch die entsprechenden Notizen aus Herodot und Ktesias beigefügt sind:

----

1) Für den textkrit. Teil des Antigonoszitats, wo ich statt γυναῖϰες mit Politus αἶγες lese, vgl. Oehler S. 59 u. Keller, Rer. nat. scriptt. S. 21.

2) Vgl. Oehler, wo allerdings Eudoxos als Urquelle nicht berücksichtigt ist.

3) Für die mytholog. Deutung des Keron u. Meleus vgl. Gruppe, Gr. Mytb. u. Relig. 480, 2; Weizsäcker, Rosch. Lex. u. Mel. 1, Sp. 110.

4) Ob auch die Nachrichten über farbebestimmende Flüsse bei Aristoteles hist. anim. III 12 p. 519a 11 ff. gleich anderen Notizen bei ihm auf Eudoxos zurückgehen, ist unsicher, wenn auch nicht unwahrscheinlich.

fr. 49 = Antig. hist. mir. 153 (n. Schneider, Callim. II 342 aus Kallim.):	Herod. IV 195:	Ktesias hrgb. v. Müller, Paris 1887, S. 81 b (= Ktes. fr. 57, 10):
Ἐκ δὲ τῆς ἐν Ζακύνθῳ λίμνης φησὶν Εὔδοξον ἱστορεῖν, ὅτι ἀναφέρεται πίσσα, καίτοι παρεχούσης αὐτῆς ἰχϑῦς. ὅ τι δ' ἂν ἐμβάλῃς εἰς αὐτήν, ἐπὶ ϑαλάττης φαίνεσϑαι τεττάρων ὄντων ἀνὰ μέσον σταδίων.	. . . ἐν Ζακύνϑῳ ἐκ λίμνης καὶ ὕδατος πίσσαν ἀναφερομένην αὐτὸς ἐγὼ ὦρων ... ὅ τι δ' ἂν ἐσπέσῃ ἐς τὴν λίμνην, ὑπὸ γῆν ἰὸν ἀναφαίνεται ἐν τῇ ϑαλάσσῃ· ἡ δ' ἀπέχει ὡς τέσσαρα στάδια ἀπὸ τῆς λίμνης.	καὶ ἐν Ζακύνϑῳ κρηνῖδας ἰχϑυοφόρους εἶναι ἐξ ὧν αἴρεται πίσσα

Wie die nicht bloß inhaltlich[1]), sondern auch dem Wortlaut[2]) nach enge Übereinstimmung zwischen Herodot und fr. 49 lehrt, hat Eudoxos seine Angabe über die Erdpechquelle auf Zakynthos in der Hauptsache unmittelbar Herodot entlehnt, abgesehen von dem Zusatze über Fische in jenen Quellen, für den er den Ktesias als Nebenquelle benutzt hat.[3]) Gleich anderen hat sich auch diese Nachricht des Eudoxos und seiner Gewährsmänner[4]) durch neuere Forschungen als vollauf glaubwürdig erwiesen. Neben vielen anderen neueren Zeugnissen[5]) über das Vor-

---

1) Inhaltlich deckt sich die eudoxische Notiz mit der herodoteischen nicht bloß in der gleichmäßigen Erwähnung des auf die Wasseroberfläche gelangenden Erdpechs, sondern vor allem auch in den bei Ktesias fehlenden Angaben, daß in die Wassertümpel geworfene Gegenstände auf der Meeresoberfläche zum Vorschein kommen, wobei selbst die Maßangaben (τεττάρων ὄντων ... σταδίων bei Eudoxos, τέτταρα στάδια bei Herodot) dieselben sind. Die direkte Benutzung Herodots steht daher außer Frage.

2) Vgl. den Ausdruck ἐκ λίμνης bei Herod. u. Eudox., bei Ktes. dagegen κρηνίς; sodann ἀναφέρεται πίσσα bei Eudox., πίσσαν ἀναφερομένην bei Herod.; auch die Anfügung des Zusatzes ὅ τι δ' ἂν ... am Schluß der Notiz ganz wie bei Herodot spricht für direkte Benutzung Herodots durch Eudoxos, um so mehr als Eudoxos auch hier fast bis auf den Wortlaut (vgl. ὅ τι δ' ἂν ... εἰς ..., ἐπὶ ϑαλάττης φαίνεσϑαι bei Eudox., ὅ τι δ' ἂν ... ἐς ... ἀναφαίνεται ἐν τῇ ϑαλάσσῃ bei Herod., die Maßangabe beiderseits ganz am Schlusse!) Herodot folgt.

3) Die Benutzung Herodots durch Eudoxos berührt kurz Oehler a. a. O. S. 50, die des Herodot u. Ktesias, wie ich ebenfalls noch nachträglich erfreulicherweise feststellen kann, Capelle in seiner neuesten Schrift, Berges- u. Wolkenhöhen bei den griech. Physikern, Στοιχεῖα, 5. Heft, S. 12, 2, wobei seine Worte „der hier zitierte Eudoxos“ es freilich noch zweifelhaft zu lassen scheinen, daß Eudoxos v. Knidos der Autor des fr. 49 ist. Es sei hier übrigens nicht unerwähnt, daß für die von Capelle S. 3ff. behandelten geographischen Partien bei Aristoteles in erster Linie auch die von ihm häufig (s. S. 135) benutzte γῆς περίοδος des Eudoxos von Knidos als Quelle in Frage kommt, so möglicherweise für die Angaben des Aristoteles über die westliche Ökumene (s. S. 104, 1).

4) Spätere antike Überlieferung über die Pechquellen von Zakynthos, die wohl in letzter Linie auf Herodot oder Eudoxos zurückgeht, bei Vitruv. VIII 3, 8 § 195, Plin. nat. hist. XXXV 178, Dioscur. I 99 (Med. Graec. opp. XXV 101); Lentz, Mineral d. Griech. u. Röm., 1861, S. 13, 39.

5) Vgl. Bibliotheca Geogr. II (1896) 186; Bürchner, Berl. Philol. Wochenschr. 22 (1902) nr. 44 Sp. 1361/2 u. Niese, R.-E. u. Asphalt; s. auch J. Partsch, D. Insel

handensein von Erdpechquellen auf Zakynthos bestätigen dies besonders auch die auf Autopsie beruhenden Darlegungen Bernhard Schmidts, D. Insel Zakynthos, Freiburg i. B. 1899, S. 31/2:

„Jetzt sind nur noch zwei, um vieles kleinere Tümpel hier vorhanden, aus denen das Erdpech quillt, und diese liegen dem Strande näher. — Die Naphthabrunnen sind mit Wasser angefüllt, in welchen Gasblasen aufsteigen. Indem diese an der Oberfläche bersten, lassen sie buntschillernde, ölige Häutchen zurück, die obenauf schwimmen, wie Fettaugen auf Fleischbrühe. Stößt man einen Stock auf den Grund der Tümpel, so bleibt an seiner Spitze die schwärzliche Masse des in der Tiefe angesammelten Erdpeches haften.“

Die Verschiedenheit der Lage und Größe, die die Pechquellen von Keri — nach diesem Ort auf der Insel werden sie jetzt benannt — im Gegensatze zu einst (s. Herodot a. a. O.) jetzt haben, ist im Laufe der Zeit wahrscheinlich durch Erdbeben verursacht worden, wovon Zakynthos des öfteren heimgesucht war: s. Mitzopulos, Pet. Mitt. 42 (1896) 156 ff.; Schmidt a. a. O. S. 32; Baehr, Herodot II 656 Anm. Die Inselbewohner selbst sehen in dem Vorhandensein der Erdpechquellen einen Beweis unterirdischer, vulkanischer Tätigkeit: s. Ardaillon, Annal. de Géogr. 2 (1893) 278.

i) SIZILIEN

Die Erwähnung Siziliens in der Periodos ist bezeugt durch fr. **20** bei Steph. Byz. (vgl. Lentz, Herodian a. a. O. II 2 S. 867, 35—38) u.:

Καλὴ ἀκτή, πόλις Σικελῶν· Εὔδοξος ⟨ζ'⟩ γῆς περιόδου. ἔστι δὲ Μεγάλη κώμη. ἐκ τῶν δύο δὲ ἡ παραγωγή, Μεγαλοκωμήτης Καλακτίτης ἢ Καλοακτίτης διὰ τοῦ ι. ἐπεὶ καὶ παρὰ τὸ Ἀκτή Ἀκτίτης, ἢ Καλοακταῖος καὶ Καλοακταία θηλυκόν, ἢ Καλοάκτιος ὡς Πανάκτιος καὶ ἐπάκτιος.[1])

Zante, Pet. Mitt. 37 (1891) 166/7; A. Philippson, Über die Erdbeben auf Zante, Zeitschr. d. Ges. f. Erdkunde Berlin 20 (1893) 160 ff. 169; A. Issel, Cenno sulle costituzione geologica e sui fenomeni geodianamici dell'isola di Zante 1892/3; Neumann u. Partsch, Phys. Geogr. v. Griech., Breslau 1885, S. 270, 3; Baehr zu Herodot (1857) II 195 Anm.

1) Der Text des Fragments ist ziemlich entstellt überliefert: *Κελτῶν* d. Rehdig., *Καλτῶν* d. Palat., *Κρητῶν* d. Ald. u. d. Voss.; ohne Frage ist mit Holsten *Σικελῶν* zu lesen, woraus das in einigen Hss. stehende irrige *Κελτῶν* paläographisch leicht entstehen konnte. — *τετάρτῳ* d. i. δ' die Hss.; zu lesen ist offenbar nicht, wie Meineke will, ς', sondern ζ'; denn wie über die übrigen Inseln der Ökumene hat Eudoxos auch über Sizilien schwerlich in einem anderen als im VII. Buche der Periodos gehandelt. Buch IV kann für fr. 20 um so weniger in Betracht kommen, als es von Osteuropa (s. S. 71 f.) handelte. — *ὡς* vor *μεγάλη κώμη* erg. — wohl unnötig — Berkel; denn zur Zeit des Eudoxos war Kaleakte schwerlich mehr als ein großes Dorf. — *Καλακτίτης* lese ich mit Berkel, Holsten u. Meineke statt *καὶ ἀκτίτης* in d. Hss., dsgl.

Auch die von Brandes nicht zu fr. 20 gerechnete Notiz über Kaleaktes Größe ἔστι δὲ μεγάλη κώμη geht wohl auf Eudoxos zurück, der diese Angabe über den an der Nordküste Siziliens, westlich von Messana gelegenen Ort vermutlich seinem Aufenthalte auf Sizilien (s. S. 107) verdankte. Vor Eudoxos erwähnt Kaleakte bereits Herodot VI 22/3 ἡ δὲ Καλὴ αὕτη ἀκτὴ καλεομένη ἔστι μὲν Σικελῶν, πρὸς δὲ Τυρσηνίην τετραμμένη τῆς Σικελίης, eine Stelle, die überdies geradezu dafür spricht, daß in fr. 20 (s. oben Anm. 1) πόλις Σικελῶν zu lesen ist. Von einem anderen Kaleakte als dem Siziliens ist in den Schriften der Alten denn auch nirgends die Rede: s. Diod. XII 8, 2—3, Athen. VI 104 p. 272 f., XI 15, p. 466 A, Cic. in Verr. III 43 § 101.

k) LIPARA

fr. **37** == Harpocratio u.:

Λιπάρα. Δείναρχος Τυρρηνικῷ. μία τῶν καλουμένων Αἰόλου νήσων περὶ τὴν Σικελίαν ἡ Λιπάρα, ὡς Εὔδοξος ζ' περιόδου.[1])

In der Gruppe der sieben Inseln, die den Alten unter dem Namen Aeolusinseln bekannt waren und nördlich vom östlichen Sizilien liegen[2]), ist die größte Lipara. Wohl deshalb war sie von Eudoxos in der Periodos von den Aeolusinseln allein mit Namen (μία . . . . ἡ Λιπάρα) angeführt, insbesondere aber auch wohl darum, weil sich auf ihr etwa seit 579 v. Chr. eine knidische Kolonie befand, die als Pflanzstätte der Heimat des Eudoxos sein besonderes Interesse erregt haben mag. Über Lipara als knidische Kolonie s. besonders Thukyd. III 88, 2; Ps.-Scymn. 262/3 (= G G M I 207); Strab. p. 275; Eustath. in Dionys. perieg. 561 (= G G M II 304); Holm, Gesch. Sizil. i. Alt. I (Leipzig 1870) 194; Collitz u. Bechtel, Samml. griech. Dialektinschr. III 1 (1899) 221 ff. u.

mit Meineke Ἀκτίτης statt Ἀκτικός i. d. Hss. — Den Zusatz i. Voss., Palat. u. d. Aldin. καὶ Ἀκτικός· Ἀκτὴ γὰρ (i. Palat. u. Voss., i. d. Ald. Ἀκτική)) ἡ Ἀττική, der in den genannten Hss. hinter Ἀκτίτης steht, im Rehdig. aber fehlt, scheide ich mit Meineke aus. — Statt Πανάκτιος ist n. einer Vermutung Meinekes wohl Παράκτιος zu lesen. — Über die Lage Kaleaktes s. Müller zu Ptol. Geogr. III 4, 2; Forbiger, Hdbch. d. alt. Geogr. III 537.

1) Text in der v. Dindorf (Harpocrat. 1853) u. Bekker (Harpocrat. 1833) u. Λιπ. gegebenen Fassung; die handschriftl. Varianten (n. Dindorf) sind belanglos: αἰόλων νῆσος Vatic. 1362, Vratisl. — περί d. Ald. u. Epit., παρά eine röm. Hs., Vatic. 1362, Vratisl., Laurent. plut. 58, 4 — ἔνδοξος die röm. Hs., d. Vatic. 1362 u. d. Ald. — ζ': so d. Hss. und Bekker u. Dindorf im Gegensatze zu ξη i. Vratisl., eine Schreibung, aus der die von Ukert, Unger u. Hultsch (s. S. 12) angenommene falsche Lesart d. Aldina ἐν ῑ leicht entstehen konnte.

2) Vgl. Ps.-Skyl. 13 (= G G M I 22); Strab. p. 20 u. 258; Höfer in Roschers Lex. u. Liparas u. ebend. Schirmer u. Liparos.

Regist. III 1 S. 491; Müllenhoff, D. Alt. I (1890) 110 u. 451; für das hier behandelte Paradoxon Ps.-Arist. mir. ausc. 101 *ἐν μιᾷ τῶν ἑπτὰ νήσων τοῦ Αἰόλου καλουμένων, ἣ καλεῖται Λιπάρα κτλ.* gilt übrigens wie für andere Notizen in dem ps.-aristot. Traktat (s. S. 7) sehr wahrscheinlich Eudoxos als Autor, nicht nur wegen seiner im Wortlaut nahen Berührung mit fr. 37, sondern auch, weil die Bemerkung des Autors, er gebe das wunderliche Paradoxon nur wieder, weil er eine Ortsbeschreibung zu geben habe, für Eudoxos' kritische Art gut passen würde; ebenso vielleicht für Strab. p. 275, wo die Erwähnung der früheren Benennung Liparas (*Μελιγουνίς*) an Ähnliches bei Eudoxos erinnert (s. S. 91). Daß überdies Thukyd. a. a. O. . . . *τὰς Αἰόλου νήσους καλουμένας . . . νέμονται δὲ Λιπαραῖοι αὐτάς, Κνιδίων ἄποικοι ὄντες. οἰκοῦσι δ' ἐν μιᾷ τῶν νήσων οὐ μεγάλῃ, καλεῖται δὲ Λιπάρα· τὰς δὲ ἄλλας ἐκ ταύτης ὁρμώμενοι γεωργοῦσι,* wo für Eudoxos ein weiterer Grund zur Nennung der Insel gegeben war, diese besondere Erwähnung in der Periodos mitbestimmte, sei als immerhin möglich dahingestellt.

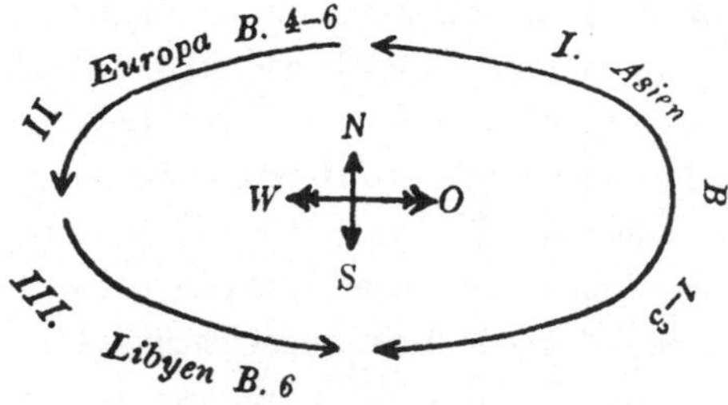

III. RÜCKBLICK

Mit den oben behandelten direkten und indirekten Eudoxoszitaten ist der Umfang der auf uns gekommenen Periodosfragmente im wesentlichen erschöpft. Ob noch weitere indirekte Notizen bei Aristoteles, Theophrast, Antigonos, Apollonios, Plutarch, Aelian, Plinius u. a. aus der Periodos vorliegen, bleibe dahingestellt und ist für ein Gesamturteil über die Periodos und ihren Verfasser nebensächlich, weil sich dasselbe in allem Wesentlichen auf die direkten Eudoxoszitate zu stützen hat. Hinsichtlich der Verfasserfrage erhärten diese die Boeckhsche Beweisführung über die Periodos als das Werk des Astronomen Eudoxos von Knidos und zwar in folgender Weise:

1. Sie enthalten Angaben, für die ein späterer Autor des Namens Eudoxos als der des 4. Jahrh. v. Chr., d. h. der von Knidos, nicht in Frage kommen kann.[1]

2. Die in ihnen namhaft gemachten Persönlichkeiten oder benützten Autoren haben alle vor oder höchstens gleichzeitig mit Eudoxos von Knidos gelebt.[2]

3. Sie enthalten mitunter Namensformen, die bei Autoren des höheren Altertums gebräuchlich waren.[3]

4. Manche Fragmente verraten, daß ihr Autor, wie dies für Eudoxos v. Knidos zutrifft, mathematische und astronomische Kenntnisse besaß und pythagoreisch-platonischen Kreisen nahestand.[4]

5. Wieder andere Bruchstücke der Periodos zeigen, daß sie bereits von Aristoteles, Theophrast und Kallimachos exzerpiert wurde, was gleichfalls dafür spricht, daß sie nicht später als im 4. Jahrh. v. Chr. entstanden sein kann.[5]

Für das Gesamturteil über die Periodos selbst aber, über ihre Komposition, ihren Inhalt, ihre Sprache, Abfassungszeit wie die in ihr benützten Quellen ergibt sich aus ihren Fragmenten etwa folgendes:

---

1) Vgl. d. Zeitbestimmung Zoroasters in fr. 59 (S. 22, 1), fr. 82 über Myson als einen der sieben Weisen (S. 64), fr. 78 über Artake (S. 65), fr. 83 über das Gründungsdatum Karthagos (S. 107); s. auch S. 24. 93, 1.

2) Vgl. die Eudoxoszitate über Zoroaster (S. 21), den Arzt von Knidos (S. 60, 1), Pythagoras (S. 116ff.), Protagoras (S. 78), Platon (S. 21). Hinsichtlich der in den Fragmenten benützten Autoren s. S. 132f.

3) Vgl. über die Namen Hämon, Kasthania, Kremmyon S. 75. 86. 91.

4) Vgl. S. 5. 8. 15, 2. 16. 22. 53f. 79. 84. 92. 116ff.   5) Vgl. S. 135.

Wie schon ihr ebenfalls ein höheres Altertum verratender Titel[1]) besagt, und wie die Fragmente noch erkennen lassen, enthielt sie eine ungefähr im Kreislauf beschriebene Wanderung durch die ganze Ökumene, und zwar in der Weise, daß zuerst — vgl. die Skizze S. 128 — Asien und Europa in ostwestlicher und dann daran anschließend Libyen in westöstlicher, also in einer zu Asien, dem Ausgang der Gesamtbeschreibung, zurückführenden Reihenfolge behandelt war (s. S. 18 ff. 105 f.). Die Erdteile galten dabei (n. Eratosthenes bei Strab. p. 65, s. Berger a. a. O. S. 92/3) Eudoxos vielleicht als Inseln, da er sie durch Flüsse, den Nil und den Tanais (s. S. 27. 35/6), voneinander trennte.

Den Schluß der Periodos, zu deren Form Eudoxos vermutlich durch das zum Teil bereits nach Art einer Periodos angelegte Werk seines sonstigen Autors Herodot mitangeregt wurde (s. Jacoby, R.-E. Suppl. 2. Heft, Sp. 342/3. 394. 470), bildete eine Beschreibung sämtlicher kleinen Inseln der Ökumene in Buch VII (s. S. 110 f.).

Nach dem Inhalt der Fragmente zu schließen, enthielt die Periodos mit gelegentlicher Berücksichtigung der Klimata[2]) geographische Beschreibungen von Ländern[3]), Städten[4]), Meerbusen[5]), Inseln[6]), Angaben über Sitze einzelner Völkerschaften[7]), naturwissenschaftlich interessante Meeresküsten[8]), Quellen[9]) und Flüsse[10]), Notizen über seltsame Grotten[11]),

---

1) Über die altertümliche Bedeutung dieses Titels im allgemeinen vgl. Berger, Gesch. d. wiss. Erdk. d. Gr.[2] S. 249 f.

2) Dies zeigt entgegen der Auffassung Müllenhoffs, D. A. I 240, neben fr. 71 noch besonders fr. 73; dagegen bieten die Fragmente keinerlei Anhalt dafür, daß Eudoxos, wie dies in dem Artikel Eudoxos 2 in Lübkers Reallexikon des klass. Altertums (8. Aufl. 1914, hrgb. v. Geffcken und Ziebarth) behauptet ist, geographische Breitenbestimmungen gelehrt hat, wenn schon einiges aus seiner Tätigkeit als Astronom darauf hinzudeuten scheint (vgl. Berger a. a. O. S. 247/8).

3) Vgl. fr. 71. 78 über Griechenland u. die Troas.

4) Vgl. fr. 7/8. 67. 72. 73. 40. 70. 28. 31. 83 über Tyros, Askalon, Askra, Platää, Korinth, Aegion, Skylletium u. Karthago.

5) S. fr. 24. 21. fr. 71 über den Melas Kolpos, die Meerbusen der Chalkidike u. Griechenlands; vgl. auch S. 65/6 über d. Hellespont; f. Gebirge fr. 24. 46. 70. 71.

6) Vgl. fr. 57 u. 74 über die Lage der Inseln im Roten Meere u. Kretas.

7) Vgl. fr. 13. 10. 76. 33. 35 über die Sauromaten, Chalyber, Skythen, Phelessäer u. Gyzanten.

8) Vgl. fr. 75. 46 über die Küste des Kaspischen Meeres u. Thrakiens.

9) Vgl. fr. 49. 47. 50. 46. 81. 51. 26. 27. 85. Antig. hist. mir. 148. 163, fr. 91. 93, Plin. nat. hist. XXXI 13 = fr. 90 über die Asphaltquelle auf Zakynthos, die Salzquelle bei Halos, die Kohlensäurequelle auf Kos, die Süßwasserquelle bei den Chelidonischen Inseln, die Aia in Makedonien, die Quellen in Pythopolis, bei Klitor, Delphi, in Athamanien, auf Kreta und Euböa (s. auch fr. 92).

10) Vgl. fr. 64. 65. 81 über den Nil u. den Axios.

11) Vgl. fr. 45 u. das Periodosfragment 91 bei Antig. hist. mir. 148 über die Grotte Kimbros und die bei Apollonia (s. S. 100).

Vorkommen von Tieren[1]), (Nutz-)Pflanzen[2]) und Mineralien[3]), wobei es mitunter scheint, als ob der Autor antikem Interesse entsprechend mythologisch bedeutsamen Stätten oder Dingen sich mit einer gewissen Vorliebe zuwendet: vgl. fr. 7. 14. 24. 26. 31. 41. 45. 60. 62. 53. 85.

Besonders auch waren in ihr Nachrichten historio-[4]) und ethnographischer[5]) Art enthalten, wie überhaupt solche, die kultur-[6]) und geistesgeschichtlich bedeutsam waren. Spezielle Beachtung verdienen hierbei die literarhistorischen Angaben, mit deren Aufnahme[7]) in die Periodos Eudoxos — nicht erst Ps.-Skylax 95. 98 (= G G M I 69. 71), wie Stemplinger, Strab. literarhist. Notiz., 1894, S. 93 irrig behauptete — ein neues γένος geographischer Darstellungsweise begründete und so für die Geographen der Folgezeit wie Ps.-Skylax a. a. O., insbesondere aber für Strabo, literarisches Vorbild wurde. In gewissem Sinne blieb die Universalität des knidischen Geographen für Strabo sogar unerreichbar, da die in die geographische Schilderung verflochtenen, literarhistorischen Notizen des Eudoxos mit ihrer Bezugnahme auf Nichtgriechen wie auf Zôroaster (s. S. 21) nichts von jenem Lokalpatriotismus verraten, der für Strabo bei der Aufnahme biographischer Angaben mitbestimmend war (s. Stemplinger a. a. O. S. 69; vgl. auch Strenger, Strab. Erdkunde v. Libyen, Quell. u. Forsch. 28, S. 128 ff.)

Eine Kontrolle für die mannigfachen, aus der Periodos erhaltenen Angaben, namentlich die geographischen und naturwissenschaftlichen,

---

1) Vgl. fr. 77. 48. 25. 55. 56 über Fische in Paphlagonien und im Askaniasee, über Krokodile bei Chalkedon, Meeraale bei Sikyon und Rinder auf Kypros.

2) Vgl. fr. 67 über Zwiebeln Askalons u. fr. 34. 35 über Honig enthaltende Pflanzen Nordafrikas (über Platanen auf Kreta s. S. 122)

3) Vgl. fr. 9. 10. 53 über Schmirgel in Armenien, Eisen bei den Chalybern und im Berekynthosgebirge.

4) Vgl. fr. 59 u. 83 über die Zeit Zoroasters und die Gründung Karthagos.

5) So wurden behandelt: Sitten der Inder (s. S. 20 f.), Massageten (s. S. 26), Chabarener (s. S. 30), Ägypter (s. S. 40 ff.), Achäer (s. S. 94), Arkader (? s. S. 98), Gyzanten (s. S. 108 f.), Sprache der Armenier (s. S. 28), Opiker (s. S. 103), Religion der Perser (s. S. 21 f.), Phryger (s. S. 60 f.), Phönikier (s. S. 31 f.), Ägypter (s. S. 42 ff.), Skythen (s. S. 72 f.); Astrologie der Chaldäer (s. S. 23).

6) Vgl. die Angaben über hellenische Kolonien in fr. 69. 31. 66. 37 über Spina, Skylletium, Agathe, Lipara.

7) Vgl. fr. 59. 82. 39. 23. 36 und das Periodoszitat bei Jambl. de vit. Pyth. 2, fr. 86, über Zoroaster, Thales, Chilon, Myson, ferner über den ungenannten Arzt von Knidos, über Protagoras und Pythagoras; wie im einzelnen gezeigt, enthielt die biographische Notiz auch jeweils eine Angabe darüber, welcher Berufskategorie die erwähnte Persönlichkeit beizurechnen war.

ist nicht mehr durchweg möglich[1]), teils infolge des Wandels der Zeiten, teils weil sich moderne Beobachtungen und Forschungen noch zu wenig auf das erstrecken, was dereinst das geographische Interesse des Eudoxos gefesselt hat. Viele andere Nachrichten[2]) aus der Periodos aber haben sich im Gegensatze zu bisherigen Annahmen (s. Rohde, Kl. Schr. II 128; Nebert, N. Jahrb. f. Phil. u. Päd. 153 [1896] 777; in gewissem Sinn auch Berger, Gesch. d. wiss. Erdkunde d. Griech.[2] S. 246 u. a.) zur Evidenz als glaubwürdig erwiesen und stellen somit für den wissenschaftlichen Sinn ihres Verfassers Zeugnisse ersten Ranges dar. Demgegenüber fällt die Befangenheit des Eudoxos in chronologischen Irrtümern[3]) seiner Zeit nicht ins Gewicht, um so weniger, als an anderen Fragmenten seine kritische Arbeitsweise bei der Quellenbenützung noch deutlich erkennbar ist. Sie offenbart sich vornehmlich in seinem Verhältnisse zu Herodot, dessen Werk er, wenn auch gleich dem des Xanthos[4]) nur mit Auswahl, doch immerhin stark benützte[5]), trotzdem aber mit Polemik nicht verschonte.[6]) Auch sonst zeigt sich die Vorsicht des Eudoxos bei der Aufnahme ihm zugegangener Mitteilungen noch darin, daß er — seinem eigenen Denken z. T. vielleicht nicht konforme — Anschauungen anderer in seiner Periodos mit dem Namen seiner Gewährsmänner[7]) angeführt hat.

An Quellen hat Eudoxos neben Xanthos (Hekataios von Milet, Hellanikos?; s. S. 63. 74/5) und Herodot, die von ihm wohl größtenteils für Nachrichten über die nordöstliche Ökumene exzerpiert wurden, auch das Werk des Ktesias benützt, namentlich wohl für seine Angaben über den indischen Orient (s. S. 17. 19 f.); daneben war Ktesias (zugleich mit Herodot) für fr. 49 über die Erdpechquelle auf Zakynthos (s. S. 125) Vorlage des Eudoxos. Für die Geographie des Westens in der Periodos ist neben Herodot (s. S. 109) Philistos als Quelle nachweisbar, und zwar für die Notizen über die phönikischen Besitzungen im Westen (s. S. 107). Auch für die Angaben über Phönikien selbst war Philistos vermutlich Autor des Eudoxos (s. S. 33).

Weitere Nachrichten in der Periodos verdankte Eudoxos allem Anscheine nach den Dichtungen Homers und Hesiods[8]) sowie dem

---

1) Vgl S. 23 f. über das Südufer des Kaspischen Meeres, S. 61 f. über die Höhle in Phrygien, S. 121 f. über Kreta, 123 f. über Euböa.

2) Vgl. S. 20 f. 26. 2–f. 34. 39. 40. 47 ff. 61 f. 68. 70 f. 73. 76. 79. 86. 88. 93. 96. 100. 103. 109 f. 114 f. 125.

3) Vgl. S. 22. 107.   4) Vgl. S. 22, 1. 35. 63.

5) Vgl. S. 26 f. 28. 40. 54 f. 73. 74. 77 f. 80. 86. 105. 109. 112. 125.

6) Vgl. S. 48. 55, 3. 57 f.; über seinen gegensätzlichen Standpunkt gegenüber Herodot vgl. auch S. 21. 30. 39. 45. 75.

7) Vgl. S. 37 f. (τῶν ἐν Αἰγύπτῳ ἱερέων). 53 (οἱ Πυθαγορικοί). 117, 1 (Ἐπιμενίδης).   8) Vgl. S. 81 f. 89.

Epimenides und Ion v. Chios[1]), wieder anderes beruhte auf mündlichen Mitteilungen[2]) oder geht auf seine eigenen[3]) Beobachtungen und Forschungen zurück. Über Ephoros und Antiphanes als vermutliche Quellen des Eudoxos vgl. S. 112 113.

In sprachlich-technischer Hinsicht war die Periodos im Stil der altionischen geographischen Darstellungsweise gehalten. Vornehmlich die ethnographischen Fragmente lassen das durch einen Vergleich mit der durch die Hekataiosfragmente und Herodot noch gut vertretenen ethnographischen Darstellungsweise ionischer Geographen erkennen, die neuerdings Pasquali, Hermes 48 (1913) 187 zweckmäßig als die Kunstform der altionischen Geographie bezeichnet hat.[4]) Denn wie bei Herodot und in den Hekataioszitaten[5]) folgt auch bei Eudoxos auf die Nennung des Volksstammes jeweils dessen geographische Begrenzung, sodann mitunter dessen $\nu\acute{o}\mu o\iota$[6]) oder, falls es sich um ein Land handelt, die $\pi\alpha\varrho\acute{\alpha}\delta o\xi\alpha$ dieses Landes. Ähnlich verfuhr Eudoxos bei der Angabe von Städten oder sonstigen Örtlichkeiten, wobei er ebenfalls auf die Nennung und auf eine Bemerkung über den Charakter der betreffenden Ortschaft als Stadt, Dorf usw. erwähnenswerte Eigentümlichkeiten folgen ließ[7]), und worin er gleich Herodot dem Interesse der altionischen Periegetik für die Eigenart jedes Volkes, jeder Stadt oder sonstigen Ortes (s. Pasquali a. a. O. S. 201) vollkommen entsprach.[8]) Auch die auf der Aufeinanderfolge der Örtlichkeiten beruhende Anknüpfung eines geographischen Details an das vorausgehende durch Präpositionen wie $\ddot{o}\pi\iota\sigma\vartheta\varepsilon\nu$ und $\mu\varepsilon\tau\acute{\alpha}$ in den Fragmenten 24 u. 21 weist auf einen durch

---

1) Vgl. S. 117, 1. 94.

2) Vgl. S. 24. 33. 36. 43 ff. **127.**

3) Vgl. S. 36 ff. 59 ff. 64 ff. 76. 79. 83 ff. 86 f. 89. 92 f. 95 f. 98. 100 ff. 114 f. 127. Für Anschauungen oder Mitteilungen, die ihm vielleicht aus platonisch-pythagoreischen Kreisen bekannt waren, s. S. 129, 4.

4) Vgl. F. Windberg, De Herodoti Scythiae et Libyae descriptione, 1913, S. 10.

5) Auch die für Herodot charakteristische Neigung zu Exkursen (s. Pasquali a. a. O. S. 188) finden wir bei Eudoxos, wennschon selten und beispielsweise da, wo ein geradezu traditionell gewordenes allgemeines Interesse für den Gegenstand, wie z. B. für eine Beschreibung Ägyptens, den Exkurs rechtfertigte.

6) Vgl. z. B. fr. 10 über die Chalyber, fr. 12 über die Chabarener, fr. 13 über die Sauromaten, fr. 33 über die Phelessäer, fr. 32 über die Opiker, fr. 34/5 über die Gyzanten.

7) Vgl. fr. 7/8 über Tyros, fr. 67 über Askalon, fr. 89 über Phlegra, fr. 22 über Sintia, fr. 29 über Kremmyon, fr. 28 über Ägion, fr. 30 über Asine, fr. 66 über Agathe, fr. 20 über Kaleakte.

8) Aus dieser für die frühantike Geographie bezeichnenden Neigung zu $\pi\alpha\varrho\acute{\alpha}\delta o\xi\alpha$ erklärt es sich also, daß deren so viele von Eudoxos berichtet wurden. Vgl. besonders fr. 45–53.

die ionische Geographie (für Herodot s. Windberg a. a. O. S. 9 unten)
konventionell gewordenen; von Eudoxos übernommenen Stil hin, der für
die geographische Beschreibungsweise auch späterer Geographen von
Einfluß geblieben ist. (Für den Gebrauch anderer Präpositionen in geo-
graphischem Sinne, beispielsweise von $\dot{v}\pi\varepsilon\varrho\acute{a}\nu\omega$, $\varkappa\alpha\tau\acute{a}$ und $\pi\varepsilon\varrho\acute{\iota}$ vgl. fr. 35.
18. 46. 77 und das Eudoxosfr. 91 bei Antig. hist. mir. 148). Und doch steht
der knidische Geograph, ganz abgesehen von seiner allgemeinen Erd-
betrachtung, zu seinen ionischen Vorgängern schon dadurch in einem
bemerkenswerten Gegensatz, daß sich bei ihm die einfache geographische
Beschreibung mitunter zu selbständiger choro- oder topographischer
Betrachtungsweise[1]) erhebt. Im übrigen offenbaren sich die sprach-
liche Einheit der Periodosfragmente und Eigentümlichkeiten der eudoxischen Beschreibungsweise[2]) in den Fragmenten noch mancherorts
in einer gewissen Einheitlichkeit des Sprachgebrauchs[3]), sowie in der
hervorhebenden, den lehrhaften Charakter der Periodos noch ver-
ratenden Art geographischer Benennung (s. fr. 45 $K\acute{\iota}\mu\beta\varrho o\varsigma\ \varkappa\alpha\lambda o\acute{v}\mu\varepsilon\nu o\varsigma$,
fr. 48 in der Parallele bei Steph. Byz. $\varkappa\varrho o\varkappa o\delta\varepsilon\acute{\iota}\lambda o\upsilon\varsigma$, $o\ddot{\iota}\ \varkappa\alpha\lambda o\tilde{v}\nu\tau\alpha\iota$
$Z\alpha\varrho\acute{\eta}\tau\iota o\iota$, fr. 24 bzw. fr. 87 $M\acute{\varepsilon}\lambda\alpha\nu\alpha\ \varkappa\acute{o}\lambda\pi o\nu\ \varkappa\alpha\lambda o\acute{v}\mu\varepsilon\nu o\nu$, fr. 89 $\Phi\lambda\acute{\varepsilon}$-
$\gamma\varrho\alpha\ldots\ \ddot{\eta}\nu\ldots\ \Pi\alpha\lambda\lambda\acute{\eta}\nu\eta\nu\ \varkappa\lambda\eta\vartheta\tilde{\eta}\nu\alpha\iota$, fr. 21 $\varkappa\acute{o}\lambda\pi o\nu\ldots \Chi\alpha\lambda\varkappa\acute{\iota}\delta\alpha\ \dot{\varepsilon}\pi o$-
$\nu o\mu\alpha\zeta\acute{o}\mu\varepsilon\nu o\nu$, fr. 85 $\Sigma\tau\upsilon\gamma\grave{o}\varsigma\ \ddot{v}\delta\omega\varrho\ \tau o\tilde{v}\tau o\ \varkappa\alpha\lambda\varepsilon\tilde{\iota}\sigma\vartheta\alpha\iota$, fr. 69 $\Sigma\pi\tilde{\iota}\nu o\varsigma$
$\varkappa\alpha\lambda o\acute{v}\mu\varepsilon\nu o\varsigma$, fr. 35 $\ddot{\varepsilon}\vartheta\nu o\varsigma\ \ddot{o}\ \varkappa\alpha\lambda\varepsilon\tilde{\iota}\tau\alpha\iota\ \Gamma\acute{v}\zeta\alpha\nu\tau\varepsilon\varsigma$, fr. 37 $\Lambda\iota\pi\acute{a}\varrho\alpha\ldots$
$\mu\acute{\iota}\alpha\ \tau\tilde{\omega}\nu\ \varkappa\alpha\lambda o\upsilon\mu\acute{\varepsilon}\nu\omega\nu\ A\acute{\iota}\acute{o}\lambda o\upsilon\ \nu\acute{\eta}\sigma\omega\nu$), in der gleichfalls einen instruk-
tiven Charakter tragenden ätiologischen Wiedergabe von Ortsnamen
(s. die Begründung der Namen Busiris, Taphosiris, Melas Kolpos, Plataiai,
Asine, Karthago in fr. 60. 87. 40. 30. 83, für Völkernamen wohl fr. 83),
der Anführung mehrerer gleichnamiger Orte (s. fr. 30 über Asine und

---

1) Außer . den **fr. 21. 73. 75** vgl. besonders die Fragmente 70. 71. 78
(s. auch S. 65/6. 85, 1).

2) Hierher gehört auch die Angabe von Ethnika, die uns für die Periodos
durch fr. 30 ($A\sigma\iota\nu\varepsilon\acute{v}\varsigma$, $\varkappa\alpha\vartheta\grave{\omega}\varsigma\ E\ddot{v}\delta o\xi o\varsigma\ldots$) ausdrücklich bezeugt ist.

3) Für Substantiva vgl. z. B. $\dot{\eta}\acute{o}\nu o\varsigma$ in fr. 75, $\dot{\eta}\acute{o}\nu\alpha$ in fr. 71; $\dot{v}\varepsilon\tau\tilde{\omega}\nu$ in **fr. 65**
u. $\dot{v}\varepsilon\tau\acute{o}\varsigma$ in Fragm. 93 bei Antig. 163; für Adjektiva vgl. z. B. S. 60, 3; $\varepsilon\dot{v}\omega$-
$\chi\acute{\iota}\alpha\varsigma$ in fr. 75, $\varkappa\alpha\tau\varepsilon\nu\omega\chi o\tilde{v}\sigma\iota$ in fr. 12; für Verba s. $\pi\alpha\varrho\alpha\delta\varepsilon\delta\acute{o}\sigma\vartheta\alpha\iota$ in fr. 15 u. d.
Fr. bei Antig. a a. O. (u. Strabo p. 380 $\pi\alpha\varrho\alpha\delta\iota\delta\acute{o}\alpha\sigma\iota$, s. S. 91); $\dot{\varepsilon}\mu\beta\alpha\lambda\varepsilon\tilde{\iota}\nu$ in fr. 26
u. $\dot{\varepsilon}\mu\beta\acute{a}\lambda\eta\varsigma$ in fr. 49, $\pi\varrho o\sigma\varepsilon\nu\acute{\varepsilon}\gamma\varkappa\alpha\nu\tau o\varsigma$ in fr. 7 u. $\pi\varrho o\sigma\varepsilon\nu\acute{\varepsilon}\gamma\varkappa\eta$ in Fragm. 91 bei
Antig. 118, s. auch S. 56, 1. Infinitivkonstruktion nach $\delta\iota\acute{a}$ wegen in fr. 7/8 u.
fr. 40 u. ä. In welchem Dialekt die Periodos geschrieben war, lassen die Fragmente nicht mehr klar erkennen, vermutlich im attischen. Doch finden sich
ionische Formen in fr. 53 $\gamma\acute{\iota}\nu\varepsilon\tau\alpha\iota$, fr. 34 $\gamma\iota\nu o\mu\acute{\varepsilon}\nu o\upsilon$, fr. 48 $A\zeta\alpha\varrho\eta\tau\acute{\iota}\alpha\nu$ (s. S. 69, 2)
($Z\acute{a}\varrho\eta\tau\alpha$, $Z\alpha\varrho\acute{\eta}\tau\iota o\iota$ bei Steph.) statt $A\zeta\alpha\varrho\iota\tau\acute{\iota}\alpha\nu$, fr. 73 $\ddot{A}\sigma\varkappa\varrho\eta$ wohl wegen Hesiod,
statt $\ddot{A}\sigma\varkappa\varrho\alpha$ (gegen **Schwartz** R.-E. u. Apollodor 61 Sp. 2871 sei hier — s. auch
S. 9 — vermerkt, daß das mit fr. 73 identische **fr. 72** nicht von Apollodor, sondern
von Strabo selbst Eudoxos entlehnt ist), fr. 26 $A\zeta\eta\nu\acute{\iota}\alpha\varsigma$ statt $A\zeta\alpha\nu\acute{\iota}\alpha\varsigma$.

66 über **Agathe**) und der gelegentlichen Bezugnahme auf frühere geographische Zustände oder lokale Sagen.[1])

Für die Abfassungszeit der Periodos ergibt sich aus fr. 59 als terminus post quem das Jahr 348/7 v. Chr., da Eudoxos dem Fragment zufolge den um 347 v. Chr. erfolgten Tod Platons in der Periodos noch erwähnt hat (s. S. 5).[2])

Die Bedeutung der Periodos im Altertum läßt sich, abgesehen von den eingangs dieser Abhandlung erwähnten Äußerungen antiker Autoren (s. S. 2) nicht wenig auch aus ihrer dereinstigen Benützung ermessen. Schon bald nach ihrer Entstehung, also bereits im 4. vorchristl. Jahrhundert, bis in die Zeiten des ausgehenden Altertums wurde sie exzerpiert und zudem von hervorragenden Autoren dieses Zeitraums wie von **Aristoteles**[3]), **Xenokrates**[4]), **Dikaiarch**[5]), **Theophrast**[6]), **Timaios**[7]), **Kallimachos**[8]), **Timosthenes**[9]), **Polybios**[10]), **Agatharchides**[11]), **Strabo**[12]), **Plutarch**[13]), die die Periodos wohl alle unmittelbar gekannt haben. In Anbetracht der hieraus wie auch aus der absoluten Glaubwürdigkeit der Fragmente selbst (s. S. 132, 2) sprechenden Zuverlässigkeit der geographischen Leistungen, sowie überhaupt der fortgeschrittenen geographischen Betrachtungsweise des Eudoxos (s. S. 15 ff.) erscheint dessen geradezu autoritativer Ruf als Geograph bei den Alten wohl verständlich; besitzt doch selbst für die exakte Wissenschaft unserer Zeit das Werk des Eudoxos durch die erhaltenen Fragmente noch Bedeutung, insbesondere für die Geologie, für die einzelne Periodoszitate durch ihr

---

1) **Vgl.** fr. 89 und die Eudoxosstelle über das früher zu **Megara** gehörige Kremmyon bei Strab. p. 380 (s. S. 91. 128); für die Erwähnung lokaler Sagen vgl. fr. 29 über die Theseus- und fr. 26 über die Melampussage (s. S. 91. 95 f ; auch S 121 f.).

2) **Der Einwand** Ungers, Philol. N. F. IV 223, zur Zeit des Aristoteles könne die Periodos noch nicht existiert haben, weil sonst Aristoteles in seiner Meteorologie II 5 (p. 362b 12/3) mit seinem Spott über die Verfasser der $\gamma\tilde{\eta}\varsigma$ $\pi\varepsilon\varrho\acute{\iota}o\delta o\iota$ auch die P mit einer d. arist. verw. Ansicht getroffen hätte, erledigt sich von selbst. Denn Aristoteles wendet sich a. a. O. nur gegen die Verfasser von $\gamma\tilde{\eta}\varsigma$ $\pi\varepsilon\varrho\acute{\iota}o\delta o\iota$, die im Gegensatze zu Eudoxos die Ökumene für kreisrund hielten. — Übrigens ergibt sich aus dem terminus post quem für die Abfassungszeit der Periodos auch ein solcher für die Entstehungszeit des aristotelischen Buches über das Steigen des Nil ($\pi\varepsilon\varrho\grave{\iota}$ $\tau\tilde{\eta}\varsigma$ $\tauo\tilde{\upsilon}$ $N\varepsilon\acute{\iota}\lambda o\upsilon$ $\mathring{\alpha}\nu\alpha\beta\acute{\alpha}\sigma\varepsilon\omega\varsigma$), das nicht um 348 v. Chr., wie Sieglin (bei Bolchert, N. Jahrb. f. d. klass. Alt. 27, 1911, S. 150 Anm. 4) meinte, sondern erst nachher abgefaßt worden sein kann, da in ihm die Periodos benützt war (s. S. 68).

3) **Vgl.** S. 10, 1 15 ff. 21. 35. 39. 58. 68. 80, 4. 104, 1. **110. 117**, 1.

4) **Vgl.** S. 117, 1.   5) **Vgl.** S. 119, 1.

6) **Vgl.** S. 28. 70. 96 f. 103. **122. 124**   7) **Vgl.** S. 117, 1.

8) **Vgl.** S. 7, 2. 94, 3. 123   9) Vgl. S. 36, 1.

10) **Vgl.** S. 25, 1; s. Berger, **a. a.** O. 524.   11) **Vgl.** S. 7, 1. 38.

12) **Vgl.** Register 1 u. Str. (S. 139 oben).   13) Vgl. Register 1 u. Pl. (S. 139 oben).

hohes Altertum zu interessanten Zeugnissen für die Stabilität gewisser geologischer Verhältnisse geworden sind (s. S. 76. 86. 100f. 114f. 125f.). Über die Bedeutung je eines weiteren Periodosfragmentes für die botanische Forschung bzw. die geographische Nomenklatur (die beiden Syrten nachweislich erstmals von Eudoxos erwähnt!) s. S. 34. 109.

Für die Geschichte der antiken Geographie überhaupt aber ist schon die Tatsache wichtig, daß im Gegensatze zu der bloß länderbeschreibenden Geographie der Ionier in der Periodos des Eudoxos die Länderperiegese in engem Anschluß an die mathematisch-astronomische Erdgeographie (s. S. 15 ff.) gegeben war, und daß somit bereits durch ihn, nicht erst durch Dikaiarch — der wohl durch ihn bereits beeinflußt[1]) war — und Eratosthenes, die Erdforschung auf eine umfassendere und wissenschaftlichere Basis gestellt wurde. Er hat den von Friedländer (Arch. Jahrb. 29, 108) bei Platon nachgewiesenen Versuch, „das Erdbild der Ionier auf die Kugel des Parmenides und der Pythagoreer zu legen", zur wissenschaftlichen Tat werden lassen und, wie Friedländer S. 120 in gerechter Würdigung betont, die entscheidenden Schritte für die Erkenntnis der Erdoberfläche[2]) getan. Die Geographie des Eudoxos bedeutete daher für die wissenschaftliche Erdkunde der Alten einen wesentlichen Fortschritt, um so mehr, als ein lediglich auf die Darstellung des Realen gerichteter Zug, wie er besonders die Schriften peripatetischer Wissenschaft charakterisiert, bereits aus dem Inhalte der meisten Periodosfragmente unverkennbar hervortritt. So läßt sich das Urteil, das schon Schiaparelli[3]) zusammenfassend über Eudoxos als Astronomen ausgesprochen, ohne weiteres auch auf ihn als den ältesten, streng wissenschaftlichen Geographen anwenden: aggiungero con Ideler, che tutte le notizie, rimaste di lui, concorrono a mostrarci in Eudosso un uomo di genio pratico e possitivo (come oggi si direbbe) ed alieno da ogni oziosa speculazione.

---

1) Vgl. F. Kähler, Die Entw. d. Geogr. bis auf Strabo, Jahresb. d. Gymn. Halle a. S, 1900, S. 22; auch Dikaiarchs Bergmessungen (Capelle, Stoich. V 33) sind wohl d. Eud. (fr. 70) angeregt.

2) Über seine Verteilung von Land (Ökumene u. Antiökumene) und Wasser auf der Erdoberfläche vgl. S. 16 f.; über seine Dreiteilung der Ökumene s. S. 17 f.

3) G. F. Schiaparelli, Le sfere omocentriche di Eudosso, di Callippo et di Aristotele, Mem. d. real. ist. Lomb. di scienze e lettere XIII, Milano 1877, S. 123.

NACHTRÄGE

Zu S. 2, 3: Die Periodos hat vor Ideler bereits Ukert, Geogr. d. Gr. u. R. II 249f. und später auch Forbiger, Hdb. d. a. G. I (1877) 112 als das Werk d. E. v. K. anerkannt.

Zu S. 39, 1: Interessant ist, daß n. E. i. fr. 64. 65 (S 37) Äthiopien auf der Antiökumene lag.

Zu S. 56: In c. 38. 39 scheint auch schon der Wortlaut den eudoxischen Charakter d. Erklärung d. Nilschwelle zu verraten: Vgl. c. 38 (Anfang) πλημμυρεῖ, c. 39 αὔξοντας ὄμβρους καταρραγῆναι sowie c. 39 ὅταν γὰρ ... τότε mit fr. 64 πλημμῦρον, fr. 63 αὔξειν, fr. 64 καταρρήγνυται u. ὅταν γὰρ ... τότε ebenda.

Zu S. 58: In Kap. 75 gehen wohl sicher auf Eudoxos zurück die Notizen οἱ δὲ Πυθαγόρειοι κτλ. schon wegen ihres sehr verwandten Charakters mit fr. 84 (S. 53f. u. 117, 1).

Zu S. 60, 2: Auch die fr. 53 bei Ps.-Arist. mir. ausc. 174 folgende und wie dies Fragment anlautende Notiz ἐν ὄρει δὲ Τμώλῳ γεννᾶσθαι λίθον παρόμοιον κισσήρει, ὃς τετράκις τῆς ἡμέρας ἀλλάσσει τὴν χρόαν· βλέπεσθαι δὲ ὑπὸ παρθένων τῶν μὴ τῷ χρόνῳ φρονήσεως μετεχουσῶν ist wohl eudox., nicht nur, weil sie sich auf ähnliche Länderstriche bezieht wie fr. 53, sondern auch wegen ihres sonst inhaltlich ähnlichen Charakters (vgl. παρόμοιον κισσήρει mit σιδήρῳ παραπλήσιος in d. Parallele d. fr. 53 bei Ps.-Arist. u. βλέπεσθαι ὑπὸ παρθένων τῶν μὴ φρονήσεως μετεχουσῶν m. fr. 53 ἐὰν εὕρῃ τις .. ἐμμανὴς γίνεται).

Zu S. 78: Die Fortsetzung d. fr. 23 b. Steph. Byz. οὗτος οὖν Πρωταγόρας καὶ Δημόκριτος Ἀβδηρῖται ist wohl ebenf. eud., da die Erwähnung d. Prot. b. Steph. auf E. zurückgeht u. dieser n. fr. 23 (τοῦ Ἀβδηρίτης μέμνηται Εὔδ.) diese in Ἀβδηρῖται wiederkehrende Form des Gentiliziums gebraucht hat. Damit aber ist auch die Erwähnung Demokrits i. d. Periodos wohl erwiesen.

Zu S. 85: fr. 71 zeigt nicht nur des Eudox. Interesse f. Meerbusen (außer d. Μέλας κόλπος i. fr. 87 u. Χαλκίς i. fr. 21 werden i. fr 71 weiter genannt τ. Κρισαίου κόλπον, [κόλπον τὸν] Ἑρμιονικόν, τ. Κορινθιακὸν κόλπον), es bezeugt für die Periodos auch die Namen und damit in gewissem Sinne die Beschreibung Attikas, d. Peloponnes, des Isthmos u. d. Megaris (vgl. fr. 71 τ. Ἀττικῆς, τ. Πελοπόννησον, τ. Ἰσθμῷ, τ. Μεγαρίδος), die für die Peloponnes durch die Fragmente ohnedies erwiesen ist (oben S. 90ff.), außerdem das geographische Interesse d. Knidiers für wichtige Vorgebirge (wie schon i. fr. 24: Σαρπηδονία πέτρα, i. fr. 21: Ἄθω), 1. f. die Akrokeraunischen Berge, 2. f. d. Vorgebirge Sunium.

Zu S. 91: Daß d. Strabozitat aus E. stammt, deutet wohl schon die Nennung τῆς Μεγαρίδος an, die n. fr. 71 (τῆς Μεγαρίδος) f. d. Periodos feststeht.

Zu S. 98, 1: Zu fr. 41: Die veränd. Lesart i. d. cod. Paris. 2727 lautet (z. Ap. Rh. Arg. IV 263): Τὸ δὲ τοὺς Ἀρκάδας ἀρχαίους εἶναι δηλοῦται μάλιστα ἐκ τοῦ προσελήνους αὐτοὺς λέγεσθαι. Εὔδοξός τε ἐν Περιόδῳ οὕτω φησὶ καὶ Θεόδωρος ἐν κ̄β̄, λέγων ὀλίγῳ πρότερον πρὸ τοῦ τὸν Ἡρακλέα πολεμῆσαι τοῖς Γίγασι τὴν σελήνην φανῆναι. Ὁμοίως δὲ τούτοις καὶ Ἀρίστων ὁ Χῖος ἐν ταῖς Θέσεσι καὶ Διονύσιος ὁ Χαλκιδικεὺς ἐν ᾱ Κτίσεων λέγουσι.

Zu **S. 104, 1**: Die Behauptung Ukerts trifft wohl namentlich zu f. Met. I 13 p. 350a 36f: *ἐκ δὲ τῆς Πυρήνης (τοῦτο δ᾽ ἐστὶν ὄρος πρὸς δυσμὴν ἰσημερινὴν ἐν τῇ Κελτικῇ) ῥέουσιν ὅ τε ῎Ιστρος καὶ Ταρτησσός. οὗτος μὲν οὖν ἔξω στηλῶν, ὁ δ᾽ ῎Ιστρος δι᾽ ὅλης τῆς Εὐρώπης εἰς τὸν Εὔξεινον πόντον.* Schon die astron. Bestimmung *πρὸς δυσμὴν ἰσ.* weist auf E., aber auch dessen zwar wohl noch geringe, (n. fr. 66) aber bessere Kenntnis des Westens. Für weitere verm. eud. Stellen bei Arist. vgl. Ukert a. a. O. (besonders f. Arist. de gen. an. II 8 p. 748a 25/6 . . . *περὶ Κελτοὺς τοὺς ὑπὲρ τῆς ᾽Ιβηρίας· ψυχρὰ γὰρ καὶ αὕτη ἡ χώρα*).

Zu **S. 119**: Die Auffassung von Diels, Vors.³ I 29 ob., aus Aristoteles' Buch *Περὶ τῶν Πυθαγορείων* stamme die erste Aufzeichnung d. Pythagoraslegende, bedarf also wohl der Berichtigung, daß bereits Eudoxos, in vielem die liter. Quelle d. Aristoteles, in der Periodos darüber berichtet hatte. — In der mit fr. 36 zum Teil identischen Partie bei Jamblich de vit. Pyth. 158/9 über des Pyth. Aufenthalt in Ägypten, die wie fr. 36 (vgl. Jambl. § 157) auf *῾Υπομνή- ματα* zurückgeht, findet sich eine ätiolog. Notiz über den Begriff Geometrie bei den Ägyptern, die Beziehungen z. Nil aufweist und darum besonders auf Eudoxos als Autor hinzudeuten scheint.

Zu **S. 121** oben: Die Wiedergabe v. Enthaltsamkeitsvorschriften d. Pyth. (fr. 36) u. d. Ägypter (S. 43) offenbart aufs neue das Interesse des Knidiers für Ähnliches bei Pythagoreern u. Ägyptern (S. 53).

Zu **S. 130**: Die vier Grenzvölker d. bewohnten Erde scheinen auf der Karte des Eudoxos dieselben gewesen zu sein wie auf der d. Ephoros (s. Berger, G. d. w. E.², 109), die Skythen im Norden, die Äthiopen im Süden, die Inder im Osten und die Kelten im Westen, da über jedes der vier V. Fragmente erhalten sind (fr. 16 *Σκυθῶν*, 65 *ἐν Αἰθιοπίᾳ*, 58 Indiae, 66 *Λιγύων ἢ Κελτῶν*).

Stellenverzeichnis der Schriftsteller, bei denen Eudoxosfragmente erhalten sind[1])

Agathemeros I 1: S. 10; I 2: S. 16.

Ailianos, De hist. an. X 16: S. 40; s. auch S. 44, 3. 48, 1. 50ff. 70, 1. 100.

Anecdota Graeca u. *Αἷμον*: S. 75.

Antigonos, Hist. mir. 123: S. 61; 162: S. 67; 147: S. 69; 129: S. 76. 114; 138: S. 86; 148: S. 100; 160/1: S. 115; 163: S. 121; 153: S. 125; s. auch S. 123.

Apollonios, Hist. mir. 38: S. 108.

Apollonios Rhod., Arg.,

Schol. z. A. I 922: S. 77; IV 264: S. 97.

Aristophanes, Schol. z. A. Nub. 397: S. 97.

Aristoteles bzw. Ps.-Aristot., Mir. ausc. 172: S. 60; s. auch S. 67. 70. 123. 128.

Athenaios, Deipnosoph. IX 47 p. 392 de: S. 31; VII 31 p. 288c: S. 92; s. auch S. 70, 1. 97.

Bodleianus (cod. *β*.) 725: S. 31; 222: S. 113.

Clemens Alex. Protr. V 64, 5: S. 72.

Diogenes Laert. prooem. 8: S. 21; IX 83: S. 26; VIII 90: S. 59; I 29/30: S. 63.

Doxographi bzw. Placit. phil. IV 1, 7: S. 37.

Euripides, Schol. z. E. Troad. 221: S. 106.

Harpocration u. *Λιπάρα*: S 127.

Homer, Schol. z. *δ* 477: S. 37; *λ* 239 bzw. *Φ* 158: S. 81.

Jamblich, De vit. Pyth. 6,7: S. 116.

---

1) Für die beglaubigten Fragmente ist die Stelle angegeben; für Stellen bei diesen Autoren, die eventuell mittelbar als Eudoxoszitate erweisbar sind, ist wie bei anderen bloß auf die Seite, wo sie behandelt sind, verwiesen.

Plinius, Nat. hist. VII 24:
S. 19; XXX 3: S. 21;
XXXI 16: S. 95; VI 198:
S. 112; XXXI 13: S. 123;
s. auch S. 27. 34. 61, 3.
70, 1. 86. 100. 113. 114.
122. 125, 4.

Plutarch, De Is. et Os. 6.
10: S. 43; 21: S. 52;
30: S. 53; 52. 62. 64:
S. 57; de Pyth. or. 17:
S. 87; s. auch S. 40. 43 ff.
117, 1. Ps.-Plut. de fluv.
et mont. nom. X 5: S 60.

Porphyrios, Vit. Pyth. 6/7:
S. 119; s. auch S. 117 f.

Proklos, Schol. z. Hesiod.
ἔργα κ. ἡμ. 638: S. 88;
s. auch 44, 4. 45, 3.

Sextus Empiricus, Pyrrh.
hypot. I 152: S. 26.

Stephanus Byzantinus u.
Συρμάται: S. 27; Ἀρ-
μενία: S. 28; Μοσσύν-
οικοι: S. 29; Χάλυβες:
S. 29; Χαβαρηνοί: S. 30;
Ἀσίνη: S. 31. 98. 112;
Ἀσκάλων: S. 34; Ἄσδυ-
νις: S. 40; Σκυμνιά-
δαι: S. 75; Ἄβδηρα:
S. 78. Χαλκίς: S. 79;
Φλέγρα: S. 80; Σιντία:
S. 80; Καστανία: S. 86;
Πλαταιαί: S. 89; Κρεμ-
μυών: S. 91; Αἴγιον:
S. 94; Ἀζανία: S. 95;
Σπῖνα: S. 101; Φελεσ-
σαῖοι: S. 102; Σκυλλή-

τιον: S. 102; Ὀπικοί:
S. 103; Ἀγάθη: S. 104;
Ζυγαντίς: S. 108; Καλὴ
ἀκτή: S. 126; s. auch
S. 51. 52. 69. 107.

Strabon p. 510: S. 23;
582/3: S. 65; 562/3: S. 67
70; 550: S. 74; VII 52:
S. 77; 465: S. 83; 390/1:
S. 83/4; 413: S. 88;
378/9: S. 92; 474: S. 121;
s. auch S. 26. 69. 76.
80, 4. 82. 86. 91. 97.
101. 104. 123 128.

Zenobios V 56: S. 31/2.

LISTE DER FRAGMENTE[1])

1: S. 10.	4: S. 3[4]).	7: S. 31. 32.	10: S. 29.	13: S. 27.	16: S. 72.
2: S. 2, 2. 3[2]).	5: S 3[5]).	8: S. 31. 32.	11: S. 29.	14: S. 26.	17: S. 43. 44.
3: S. 3[3]).	6: S. 83.	9: S. 28.	12: S. 30.	15: S. 26.	18: S. 40. 41.

1) Der ursprünglich für hier geplante Zusammendruck der Fragmente mußte wegfallen; statt dessen wird ein Verzeichnis derselben gegeben mit Angabe der Seite, wo sie behandelt sind; fr. 1—83 n. Brandes, N. Jabrb. f. Phil. XIII 221—230 u. 4. Jahresber. d. Ver. v. Freund. d. Erdk., Leipzig 1865, S. 58—70, die übrigen v. Jacoby, R.-E. u. Eud. 7 u. mir hinzugefügt, wobei gegenüber Brandes versucht wurde, den Textumfang d. einzelnen Fragmente schärfer zu erfassen.

2) Die Fragmente 2. 3. 4. 5. 43. 44. 52. 54 enthalten bloße Hinweise auf Eudoxos v. K. oder handeln v. Eudox. v. Rhodos; sie sollen hier vereinigt werden, da sie oben nicht näher behandelt u. abgedruckt sind. fr. 2: Plut. non posse suaviter vivi sec. Epic.: Ὅσα δ' Ὅμηρος ἐθέσπισε θέσκελα εἰδώς, ἢ γῆς περι[όδους] Εὔδοξος, ἢ κτίσεις καὶ πολιτείας Ἀριστοτέλης, ἢ βίους ἀνδρῶν Ἀριστόξενος ἔγραψεν. Für fr. 3. 4. 5 usw. vgl. d. Folgende.

3) fr. 3: Marcian. Heracl. Epit. peripl. Men. I 2 p. 62/3 (= GGM I 565): ἔτι μὴν Ἀπελλᾶς ὁ Κυρηναῖος καὶ Εὐθυμένης ὁ Μασσαλιώτης καὶ Φιλέας ὁ Ἀθηναῖος καὶ Ἀνδροσθένης ὁ Θάσιος καὶ Κλέων ὁ Σικελιώτης, Εὔδοξός τε ὁ Ῥόδιος καὶ Ἄννων ὁ Καρχηδόνιος· οἱ μὲν μερῶν τινῶν, οἱ δὲ τῆς ἐντὸς πάσης θαλάττης, οἱ δὲ τῆς ἐκτὸς περίπλουν ἀναγράψαντες.

4) fr. 4: Tzetzes Chiliad. VII 6. 42—49:

 Ὅτι δ' εἰσὶ τῶν ἀληθῶν, ἄλλοι φασὶ μύριοι,
 Τοιαῦτα καὶ καινότερα θεάσασθαι ἐν βίῳ,
 Κτησίας καὶ Ἰάμβουλος, Ἰσίγονος, Ῥηγῖνος,
 Ἀλέξανδρος, Σωτίων τε καὶ ὁ Ἀγαθοσθένης,
 Ἀντίγονος καὶ Εὔδοξος, Ἱππόστρατος, μύριοι
 Ὁ Πρωταγόρας αὐτὸς δὲ ἅμα καὶ Πτολεμαῖος,
 Ἀκεστορίδης δὲ αὐτὸς καὶ ἄλλοι πεζογράφοι
 Οὕς τε αὐτὸς ἀνέγνωκα καὶ οὓς οὐκ ἀνεγνώκειν.

5) fr. 5: Strab. p. 2: οἵ τε γὰρ πρῶτοι θαρρήσαντες αὐτῆς ἅψασθαι τοιοῦτοί τινες ὑπῆρξαν, Ὅμηρός τε καὶ Ἀναξίμανδρος ὁ Μιλήσιος καὶ Ἑκαταῖος, ὁ πολίτης αὐτοῦ,

19: S 75.	31: S. 102.	44: S. 3)¹	57: S. 112.	70: S. 92.	83: S. 106,7
20: S. 126.	32: S. 103.	45: S. 61.	58: S 19. 20.	71: S. 83. 84.	84: S. 53.
21: S. 79.	33: S. 102.	46: S. 76. 114.	59: S. 21.	72: S. 88.	85: S. 87.
22: S. 80. 81.	34: S.108/109.	47: S. 86.	60: S. 52.	73: S. 88.	86: S. 116.
23: S. 78.	35: S.108/109.	48: S. 69.	61: S. 57.	74: S. 121.	87: S. 77.
24: S. 77.	36: S. 119.	49: S. 125.	62: S. 57.	75: S. 23. 24.	88: S. 43.
25: S. 92.	37: S. 127.	50: S. 115.	63: S. 57.	76: S. 74.	89: S. 80.
26: S. 95.	38: S. 21.	51: S. 67.	64: S. 37.	77: S. 67. 70.	90: S. 123.
27: S. 95.	39: S. 59.	52: S. 3²).	65: S. 37.	78: S. 65.	91: S. 100.
28: S. 94.	40: S. 89.	53: S. 60.	66: S. 104.	79: S. 75.	92: S. 115.
29: S. 91.	41: S. 97. 98.	54: S. 3³).	67: S. 34.	80: S. 16.	93: S. 121.
30: S. 31. 98.	42: S. 40.	55: S. 113.	68: S. 86.	81: S. 81.	
99.	43: S. 3¹).	56: S. 113.	69: S. 101.	82: S. 63.	

ALLGEMEINES AUTORENVERZEICHNIS

Agatharchides 7, 1. 38.
Ammianus Marc. XVII 12,
21. XXX 12, 23: S. 73.
Antiphanes, fr.126: S.113.
Archestratos, fr. 18: S. 93.
Aristoteles, Met. II 3
p. 359a 16ff.: S. 35;
Hist. an. V 33 p. 558a
17—20: S. 58; fr. 248
(Rose): S. 68; Polit. II 3
p. 1262a 18—21: S. 110;
Ps.-Arist. Π.κ. 3 p. 394 a

3: S. 111; s. auch S. 7.
11. 15f. 21. 37. 39. 56.
104, 1.
Artemidor 101, 2.

Chairemon, fr. 4: S. 44.
Cicero, De div. II 42 § 87:
S. 23.

Diodor I 40, 1ff.: S. 38;
I 63, 3: S. 42; s. auch
S. 46ff.

Dionysios, Schol. z. Perieg.
d. D.: S. 14.

Ephoros, fr. 45: S. 62, 2.
Eustathios, Schol. z. Dion.
p.: S. 14.

Favorinus 40. 48ff. 69.

Geminos, εἰσαγ, εἰς τ. φ.
XVI 3: S. 14.

Hekataios v. Teos 47 ff.

καθὼς καὶ Ἐρατοσθένης φησί· καὶ Δημόκριτος δὲ καὶ Εὔδοξος καὶ Δικαίαρχος καὶ Ἔφορος καὶ ἄλλοι πλείους· ἔτι δὲ οἱ μετὰ τούτους Ἐρατοσθένης τε καὶ Πολύβιος καὶ Ποσειδώνιος, ἄνδρες φιλόσοφοι.

1) fr. 43: Ael. de hist. anim. XVII 14: Ἐγὼ μὲν οὐ πεπίστευκα, εἰ δὲ ἕτερος Εὐδόξῳ πείθεται, πιστευέτω ὅ φησιν Εὔδοξος, ὑπερβαλὼν τὰς Ἡρακλείους στήλας ἐν λίμναις ἑωρακέναι ὄρνιθάς τινας καὶ μείζους βοῶν. καὶ ὅτι μὲν οὐ πείθει με ὁ λέγων, ἤδη εἶπον· ἃ δ' οὖν ἤκουσα, οὐκ ἐσίγησα.

fr. 44: Ael. de hist. anim. XVII 19: Γαλάτας Εὔδοξος τοὺς ἑῴους λέγει δρᾶν τοιαῦτα, καὶ εἰ φανεῖταί τῳ πιστά, πιστευέτω, εἰ δὲ ἧττον τοιαῦτα, μὴ προσεχέτω. ὅταν αὐτῶν τῇ γῇ νέφη παρνόπων ἐπιφοιτήσαντα εἶτα λυπήσῃ τοὺς καρπούς, οἱ δὲ εὐχάς τινας εὔχονται, καὶ ἱερουργίας καταθύουσιν ὀρνίθων κατακηλητικάς· οἱ δὲ ὑπακούουσι, καὶ ἔρχονται στόλῳ κοινῷ. καὶ τοὺς πάρνοπας ἀφανίζουσιν. ἐὰν δὲ τούτων τινὰ θηράσηται Γαλάτης, τίμημά οἱ ἐκ τῶν νόμων τῶν ἐπιχωρίων θάνατός ἐστιν. ἐὰν δὲ συγγνώμης τύχῃ καὶ ἀφεθῇ, ἐς μῆνιν ἐμβάλλει τοὺς ὄρνιθας, καὶ τιμωροῦντες τῷ ἑαλωκότι οὐκ ἀξιοῦσιν ὑπακοῦσαι, ἐάν γε καλῶνται αὖθις.

2) fr. 52: Apoll. hist. mir. 3: Εὔδοξος ὁ Ῥόδιος περὶ τὴν Κελτικὴν εἶναί τι ἔθνος φησίν, ὃ τὴν ἡμέραν οὐ βλέπειν, τὴν δὲ νύκτα ὁρᾶν.

3) fr. 54: Gemin. εἰσαγ. εἰς τὰ φαιν. VIII 20: ὑπολαμβάνουσι γὰρ οἱ πλεῖστοι τῶν Ἑλλήνων ἅμα τοῖς Ἰσίοις κατ' Αἰγυπτίους καὶ κατ' Εὔδοξον εἶναι χειμερινὰς τροπάς, ... (vgl. auch Gem. a. a. O. VIII 22).

Herodot I 216: 26; IV 21.
57. 116: S. 27; VII 73:
S. 28; II 14: S. 40; IV 62:
S. 72; IV 17: S. 74; IV 93:
S. 75; VII 58: S. 77;
VII 123: S. 80; IV 194:
S. 109; IV 195: S. 125;
s. auch S. 21. 45 ff. 54 f.
56 f.
Homer 81 f.

Ion, fr. 17: S. 94.
Jordanes, De Get. 35: S. 73.

Kallimachos 7. 67. 69. 100.
115. 123. 125.

Ktesias, fr. 57, 10: S. 125;
s. S. 17. 20.

Livius XXVI 25: S. 81.

Pausanias, Perieg. X 25,
1 ff. 28, 1 ff.: S. 87.
Phanias S. 67, 2.
Philemon, fr. 79: S. 93.
Philistos, fr. 50: S. 107;
s. S. 33.
Phylarch, fr. 67: S. 95.
Polybios, Hist. X 48, 2:
S. 25, 1.
Ptolemaios, Geogr. V 9:
S. 75; II 10, 9: S. 105.

Sotion bzw. Ps.-Sotion 12:
S. 96; 11: S. 100; 4:
S. 122.

Theophrast, fr. II 7: S. 28;
fr. 171, 11: S. 70; Hist.
plant. I 9, 5: S. 122; s.
auch S. 135.
Thrasyalkes 38.

Varro 122, 1.

Xanthos, fr. 29: 22, 1; s.
auch S. 35. 63.

ALLGEMEINES VERZEICHNIS